Automotive SPICE® 3.1 und Automotive SPICE® 4.0

Soner Gülbas

Automotive SPICE® 3.1 und Automotive SPICE® 4.0

Gemeinsamkeiten und Unterschiede

Springer Vieweg

Soner Gülbas
Nuremberg, Deutschland

ISBN 978-3-662-72590-0 ISBN 978-3-662-72591-7 (eBook)
https://doi.org/10.1007/978-3-662-72591-7

Die Deutsche Nationalbibliothek verzeichnet diese Publikation in der Deutschen Nationalbibliografie; detaillierte bibliografische Daten sind im Internet über https://portal.dnb.de abrufbar.

Planung/Lektorat: Stella Ponstingl
Springer Vieweg ist ein Imprint der eingetragenen Gesellschaft Springer-Verlag GmbH, DE und ist ein Teil von Springer Nature.
Die Anschrift der Gesellschaft ist: Heidelberger Platz 3, 14197 Berlin, Germany

Vorwort

Vor etwa drei Jahren habe ich mein Aufgabengebiet innerhalb des Unternehmens gewechselt. Zu diesem Zeitpunkt beabsichtigte das Unternehmen, Systems Engineering einzuführen und gleichzeitig die Konformität zu A-SPICE® 3.1 sicherzustellen. Da ich zu Beginn weder über Systems Engineering noch über A-SPICE® nennenswerte Kenntnisse verfügte, war es notwendig, in relativ kurzer Zeit viel zu lernen und dieses Wissen zu verinnerlichen.

Nach ungefähr einem Jahr in meiner neuen Position begann ich darüber nachzudenken, wie der Einstieg in meine neue Rolle hätte erleichtert werden können – besonders für jemanden, der, wie ich damals, keinerlei Vorkenntnisse in Bezug auf Systems Engineering und A-SPICE® mitbringt. Daraus entstand die Idee, einen „Pocket Guide" zu erstellen: ein kompaktes Dokument, das die Prozesse aus dem Systems Engineering Handbuch, 4. Ausgabe, zu denen des VDA-Standards A-SPICE® 3.1 in Bezug setzt. In diesem „Pocket Guide" wurden den Elementen und Tätigkeiten der Systems-Engineering-Prozesse (ISO 15288) die Basispraktiken der A-SPICE®-Prozesse zugeordnet. Ein neuer Mitarbeiter hätte auf diese Weise nachvollziehen können, welche Elemente des A-SPICE®-Assessment-Modells durch die 1:1 Implementierung des entsprechenden Prozesses aus dem Systems-Engineering-Prozessreferenzmodell abgedeckt sind. Ein solches Hilfsmittel hätte mir zu Beginn enorm geholfen.

Nachdem die Arbeit am „Pocket Guide" abgeschlossen war und meine Kollegen und Kolleginnen das Dokument einem Review unterzogen hatten, schlug eine Kollegin vor ich solle ein umfassenderes Buch mit demselben Thema schreiben. Dies sollte nicht nur detaillierter und mit tiefergehenden Erklärungen versehen sein, sondern auch das Verständnis erleichtern, welche Aspekte von A-SPICE® bereits durch die Systems-Engineering-Prozesse abgedeckt werden, in welchen Fällen A-SPICE® mehr Aufwand erfordert und wo A-SPICE® Elemente einem spezifischen Prozess zuordnet, die im Systems Engineering in einem anderen Prozess beheimatet sind.

Inzwischen wurde A-SPICE® 3.1 durch A-SPICE® 4.0 abgelöst und die 5. Ausgabe des Systems Engineering Handbuchs, ist erschienen. Um ein umfassendes Buch zu verfassen, das die Systems Engineering Prozesse der 5.Ausgabe des Handbuchs mit A-SPICE® 4.0 vergleicht, ist es notwendig die Unterschiede zwischen A-SPICE® 3.1

und A-SPICE® 4.0 zu verstehen. Dieses Buch wird sich nur auf diesen Vergleich der beiden A-SPICE® Versionen auf Level 1 fokussieren.

Um den leider verstorbenen Steve Jobs zu zitieren: „One more thing“ – eine letzte Anmerkung: Perfekt und ich existieren in zwei verschiedenen Dimensionen. Daher kann ich grammatikalische, inhaltliche oder Übersetzungsfehler sowie Fehlinterpretationen meinerseits in dieser Arbeit nicht ausschließen. Falls jemand solche Malheurs bemerkt, freue ich mich über eine Kontaktaufnahme und werde mein Möglichstes tun, alle Vorschläge und Korrekturen so schnell wie möglich umzusetzen. Ich würde mich ebenso über Feedback dazu freuen, ob das Buch hilfreich war.

Alle Hinweise, Kommentare sowie Verbesserungsvorschläge bitte an die E-Mail-Adresse soner.guelbas@t-online.de einreichen.

Soner Gülbas

Danksagung

Dieser Abschnitt mag für viele Leser und Leserinnen von geringem Interesse sein, doch für mich als Autor umso bedeutsamer.

Mein tiefster Dank gilt Stella Ponstingl, Surbhi Sheetal Shahane und dem Springer Verlag – ohne ihre Unterstützung wäre dieses Buch nie entstanden.

Ebenso möchte ich Rene, Stefan, Jin und dem „anderen“ Stefan meinen Dank aussprechen. Unsere gemeinsame Arbeit an den Prozessgebieten hat mich erst auf die Idee gebracht, einen Vergleich zwischen den A-SPICE®-Versionen zu erstellen.

Ein herzliches Dankeschön geht an Gina, Dmitrij, Daniel, Mario und Ute, die früh von diesem Buchprojekt wussten und auf meine Bitte hin absolutes Stillschweigen bewahrten, bis Konkretes vorlag. Sie begegnen meinen – mitunter unkonventionellen – Ideen stets mit Offenheit und ermutigen mich, sie einfach auszuprobieren.

Mit einem Augenzwinkern danke ich meiner Nichte Melek, die mich einst fragte, warum ich mich mit solch merkwürdigen „Side Quests“ (ihre Worte) beschäftige. Ich hoffe, dass sie im Laufe der Zeit erkennt, dass gerade diese „Side Quests“ das Leben bereichern – manchmal sind sie sogar schöner als die „Main Story“. Sie verleihen dem Alltag einen gewissen Charme und eine Prise Magie.

Nicht unerwähnt bleiben darf Erich. Er war es, der mich dazu ermutigte, meinen Vergleich zu veröffentlichen – damals war der Vergleich noch in Englisch verfasst. Ohne seinen Anstoß hätte ich diesen Schritt womöglich nie gewagt. Lieber Erich, dieses Buch gäbe es ohne dich vermutlich nicht – danke dafür.

Ein ganz besonderer Dank gilt Isabelle, Selim, Anil, Lina, meiner Mutter, meiner Familie und meinen engen Freunden. Sie haben mit großer Geduld ertragen, dass ich mich immer wieder zurückgezogen habe, um dieses Buch fertigzustellen. Mit ihrer Nachsicht und Unterstützung haben sie es mir wie immer leicht gemacht – und sie sorgen stets dafür, dass ich mit Zuversicht und Freude durchs Leben gehe.

Interessenkonflikt Der/die Autor*in hat keine für den Inhalt dieses Manuskripts relevanten Interessenkonflikte.

Inhaltsverzeichnis

Abkürzungsverzeichnis

A-SPICE®	Automotive Software Process Improvement and Capability Determination
BP/BPs	Basispraxis/Basispraktiken
CCB	Change Control Board – ein Gremium zur Genehmigung von Änderungsanträgen
CL	Capability Level
DUT	Device under Test
ESD	Electrostatic Discharge – elektrostatische Entladung
GP	Generische Praktiken
HW	Hardware
IM	Informationsmanagement
KM	Konfigurationsmanagement
N/A	Nicht anwendbar
NDA	Non-Disclosure Agreement
PA	Prozessattribut
PAM	Prozess-Assessment-Modell
PDCA	Plan, Do, Check, Act
PRM	Prozessreferenzmodell
Req.	Requirement (Anforderung)
RM	Risikomanagement
RPZ	Risikoprioritätszahl
SE	Systems Engineering
SW	Software
Sys.	System
SysML	Systems Modeling Language
UML	Unified Modeling Language

Abbildungsverzeichnis

Tabellenverzeichnis

Motivation 1

Bei der Betrachtung von A-SPICE® 4.0, insbesondere der Änderungshistorie, fällt auf, dass lediglich eine vollständige Überarbeitung des Prozessreferenz- und Prozessassessment-Modells als Änderung vermerkt ist. Die konkreten Unterschiede zwischen den Prozessen der beiden Versionen bleiben jedoch unerläutert.

Für die Einführung A-SPICE®-konformer Systems-Engineering-Prozesse in Unternehmen, wie es bei uns beabsichtigt war, ist ein detailliertes Verständnis dieser Unterschiede unerlässlich. Andernfalls können bestehende Prozesse nicht gezielt von A-SPICE® 3.1 auf die Konformität mit A-SPICE® 4.0 angepasst werden. Im Rahmen des von mir qualitätsseitig betreuten Konfigurationsmanagements wurde dieser Vergleich zunächst in einem äußerst kompakten Format durchgeführt. Unweigerlich stellte sich die Frage, wer sich verantwortlich fühlen würde, die übrigen Prozesse einer vergleichenden Analyse zu unterziehen. Doch angesichts einer erkennbaren Abkehr von Systems-Engineering-Prozessen in unserem Unternehmen fühlte sich niemand wirklich zuständig.

Da mich die Unterschiede zwischen A-SPICE® 3.1 und 4.0 weiterhin beschäftigten, entschloss ich mich, eine umfassende Gegenüberstellung aller Prozesse vorzunehmen. Auf Drängen meines früheren Mentors im Bereich Qualität sowie einiger geschätzter Kollegen wurde aus dem ursprünglich kompakten Vergleich in Excel schließlich ein vollumfängliches Buch.

S. Gülbas, *Automotive SPICE® 3.1 und Automotive SPICE® 4.0*,
https://doi.org/10.1007/978-3-662-72591-7_1

2 Aufbau des Buches

Kap. 3 beginnt mit einer prägnanten Einführung in das Themengebiet A-SPICE®. Ein grundlegendes Verständnis der Struktur und Prinzipien von A-SPICE® ist essenziell, insbesondere die Unterscheidung zwischen dem Prozessreferenzmodell und dem Prozessassessment-Modell. Andernfalls könnte der Vergleich der Prozesse und Basispraktiken auf Level 1 wenig transparent wirken.

Kap. 4 bietet einen kompakten Überblick über A-SPICE® 4.0 im Vergleich zu Version 3.1, insbesondere im Hinblick auf die enthaltenen Prozesse. Kap. 5 widmet sich den primären Lebenszyklusprozessen, Kap. 6 den unterstützenden und Kap. 7 den organisatorischen Prozessen. Diese Kapitel folgen einer klaren Struktur:

- Vergleich des Prozesszwecks
- Gegenüberstellung der Prozessergebnisse
- Vergleich der Basispraktiken in chronologischer Reihenfolge (Name der Basispraxis A-SPICE ® 3.1/Name der Basispraxis A-SPICE® 4.0)
- Analyse der Unterschiede zwischen den Basispraktiken
- Hinweise/Interpretationen zu A-SPICE® 4.0

Die im Abschnitt „Hinweise/Interpretationen“ dargestellten Überlegungen spiegeln meine eigene Einschätzung wider. Es bleibt jedem selbst überlassen, diesen zuzustimmen oder eine andere Perspektive einzunehmen. In manchen Fällen enthält dieser Abschnitt lediglich Gedanken, die mir während des Vergleichs eingefallen sind. Falls eine Interpretation aus meiner Sicht unnötig ist oder die Unterschiede alleine schon aussagekräftig genug sind, habe ich „N/A“ als Angabe in der Interpretation verwendet.

Da die Differenzen zwischen den Basispraktiken bereits äußerst umfangreich sind, habe ich bewusst darauf verzichtet, die Arbeitsergebnisse („output work products“) bzw. die Informationselemente („output information items“) aus A-SPICE® 4.0 in den

S. Gülbas, *Automotive SPICE® 3.1 und Automotive SPICE® 4.0*,
https://doi.org/10.1007/978-3-662-72591-7_2

Vergleich einzubeziehen. Sollten sich die Prozessnamen zwischen den beiden Versionen unterscheiden, verwende ich die Bezeichnungen aus A-SPICE® 4.0 als Kapitelüberschriften.

Kap. 8 fasst die wesentlichen Unterschiede auf einer übergeordneten Ebene zusammen, bevor das Buch mit Kap. 9 abschließt, in dem ich meine persönlichen Beobachtungen und Kritikpunkte zu A-SPICE® darlege.

Übrigens: Es ist nicht erforderlich, das gesamte Buch von Anfang bis Ende zu lesen. Stattdessen kann gezielt jenes Kapitel aufgerufen werden, das von besonderem Interesse ist – beispielsweise das Kapitel „Projektmanagement".

Eine kurze Einführung ins Thema A-SPICE®

3

A-SPICE® (Automotive Software Process Improvement And Capability Determination) mit all seinen Facetten und unterschiedlichen Levelanforderungen ist nicht der Hauptgegenstand dieses Buches. Der Fokus liegt vielmehr auf dem Vergleich zwischen der vorherigen und der aktuellen Version des Standards in Bezug auf A-SPICE® Level 1. Dennoch ist eine kurze Einführung in das Thema A-SPICE® notwendig oder zumindest hilfreich. Ansonsten könnte es schwierig sein, zu verstehen was A-SPICE® ist, aus welchen Elementen es besteht und wie das A-SPICE® Modell funktioniert. Für diejenigen, die mit A-SPICE® bereits vertraut sind, wird dieses Kapitel keine neuen, grundlegenden Erkenntnisse bieten und kann daher bedenkenlos übersprungen werden.

3.1 Die Motivation A-SPICE® in Projekten einzuführen

Der Hauptgrund, den Aufwand zu betreiben, die Prozesse so zu verbessern, dass sie A-SPICE® konform sind, ist natürlich finanzieller Natur. Mit A-SPICE® konformen Prozessen kann ein Unternehmen Kosten einsparen, da Fehler wesentlich früher im Entwicklungsprozess entdeckt werden können. Umso besser die Prozesse funktionieren, desto

- früher werden Fehler entdeckt,
- weniger systematische Fehler verbleiben im Produkt,
- genauer werden (Kosten-)Abschätzungen und Planungen,
- besser wird die Vorhersagbarkeit des Unternehmens (bzw. die Vorhersagbarkeit des Erfolgs der Unternehmensprojekte),
- öfter können Lösungen und Wissen wieder verwendet werden,
- geringer werden die Kosten (Abb. 3.1).

S. Gülbas, *Automotive SPICE® 3.1 und Automotive SPICE® 4.0*,
https://doi.org/10.1007/978-3-662-72591-7_3

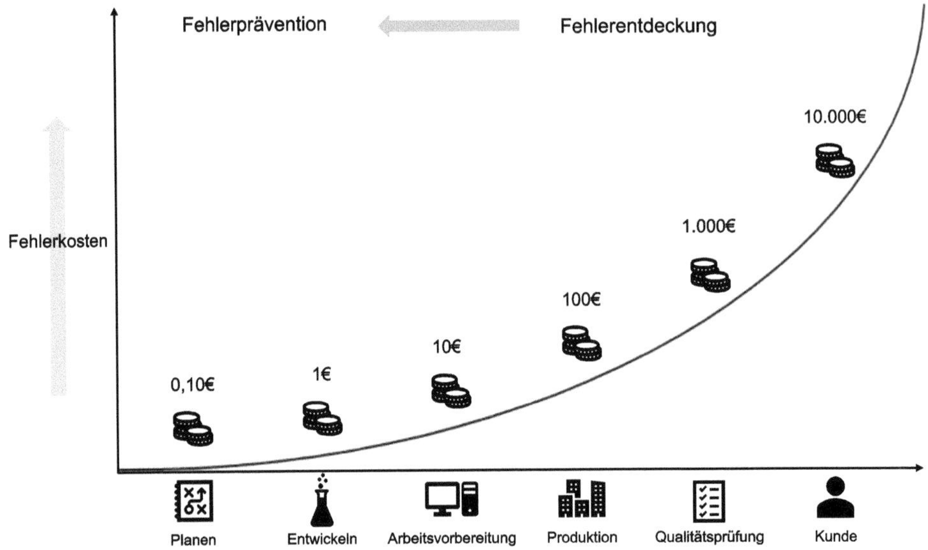

Abb. 3.1 10er-Regel der Fehlerkosten (eigene Darstellung)

3.2 Prozesse und Assessment-Modelle

Ein Prozess kann als eine Abfolge von aufeinander abgestimmten Tätigkeiten definiert werden, die aus einem oder mehreren Eingaben (Inputs), einen oder mehrere Ergebnisse (Outputs) erzeugen. Dabei existieren unterschiedliche Abstraktionsebenen oder Perspektiven, um einen Prozess zu betrachten. Die erste Ebene umfasst die Prozessziele, also das, was mit einem Prozess erreicht werden soll. Ebenso gehört die Begründung zur Verfolgung dieser Prozessziele zu dieser Ebene. Für diese Betrachtungsweise existieren verschiedene Normen oder Standards wie CMMI®, A-SPICE®, ISO 15504-5, ISO 15288 (Systems Engineering).

Die zweite Ebene beschreibt wie die vorgegebenen Prozessziele erreicht werden sollen. Sie umfasst Aspekte wie Produktlebenszyklusmodelle, Werkzeuge, Vorlagen, Kennzahlen, Führung, Methoden, Rollen, Verantwortlichkeiten, Befugnisse, sowie Anpassungsrichtlinien („Tailoring"). Diese Elemente formen in Kombination die Arbeitsabläufe („workflows"). Beispiele hierfür sind Ansätze wie Six Sigma, Design Thinking, das V-Modell oder Scrum.

Die dritte und abschließende Ebene beinhaltet die tatsächliche Umsetzung eines Prozesses. Dazu zählen die im Projekt durchgeführte Anpassung („Tailoring") und die Implementierung dieses spezifischen Prozesses. Ebenso ist in dieser Ebene die Initiierung des Projekts sowie die Leistungsüberwachung anhand der zuvor definierten Methoden inkludiert (Abb. 3.2).

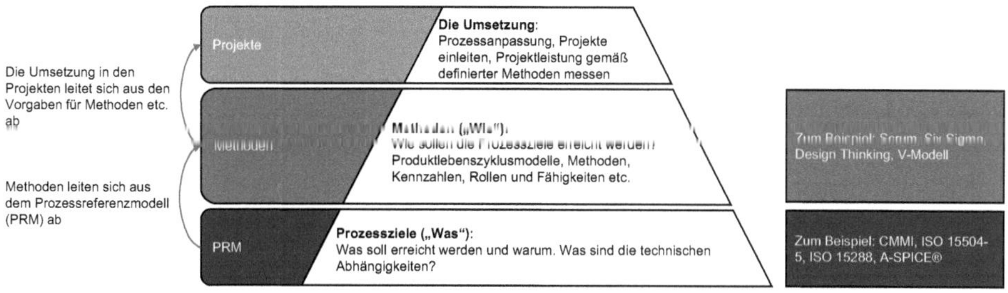

Abb. 3.2 Die drei Abstraktionsebenen eines Prozesses (eigene Darstellung)

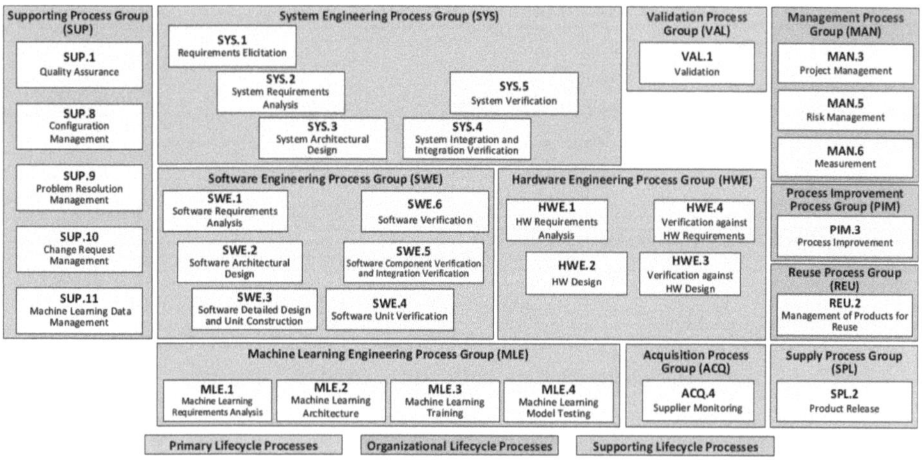

Abb. 3.3 Automotive SPICE® Prozessreferenzmodell (PRM) – Übersicht, VDA Working Group 13 (2023), Seite 15

3.3 Was ist A-SPICE®?

A-SPICE ist sowohl ein Prozessreferenzmodell (Abb. 3.3), als auch ein Prozess-Assessment-Modell (PAM). Das Prozess-Assessment-Modell besteht aus zwei Dimensionen.

Erstens die Prozessdimension:

- Sie enthält alle Messgrößen in Bezug auf die Prozessleistung für alle Prozesse.
- Die Messgrößen werden genutzt um zu beurteilen wie gut oder schlecht ein Prozess umgesetzt wurde.
- Diese Indikatoren unterscheiden sich von Prozess zu Prozess und sind eine wichtige Voraussetzung um das Prozessfähigkeitslevel („Capability Level", CL) 1 zu erreichen. Auf die verschiedenen Level wird später noch genauer eingegangen.

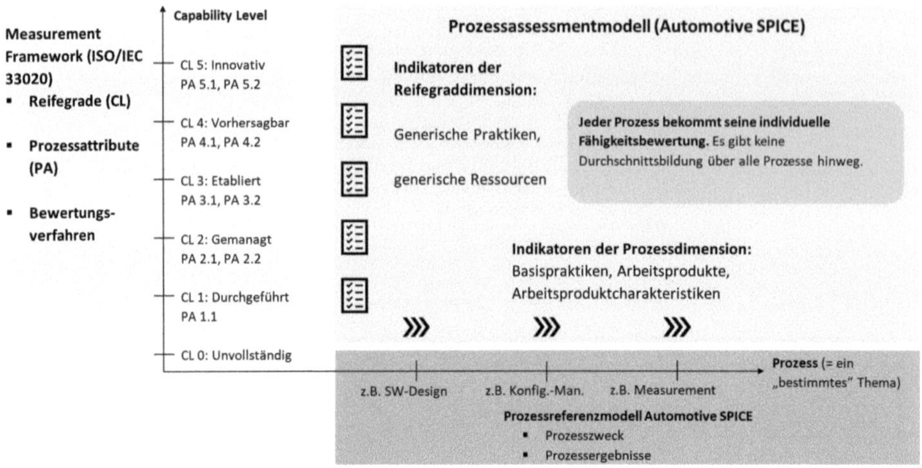

Abb. 3.4 Das A-SPICE® Prozessreferenz- und Prozess-Assessment-Modell. In Anlehnung an VDA Working Group 13 (2023), Seite14

Zweitens, die Prozessfähigkeitsdimension:

- Sie enthält alle Messgrößen/Indikatoren in Bezug auf die Prozessfähigkeit.
- Diese Indikatoren werden genutzt, um zu bestimmen welches Level erreicht wurde.
- Diese Indikatoren sind identisch für alle Prozesse (Abb. 3.4).

Wichtig A-SPICE® wird genutzt, um die in einem Projekt genutzten Prozesse zu beurteilen. Es ist möglich für einen Prozess in einem Projekt A-SPICE® Level 2 zu erreichen aber für denselben Prozess in einem anderen Projekt auf Level 0 zu verbleiben.

3.4 Der Aufbau eines Prozesses in Automotive SPICE® 4.0

Die Prozesse in A-SPICE® setzen sich, wie bereits erwähnt, aus zwei wesentlichen Elementen zusammen. Das erste Element umfasst die Prozess ID, den Prozessnamen, den Prozesszweck und die Prozessergebnisse. Diese vier Komponenten bilden das Prozessreferenzmodell (PRM). Hierbei ist zu beachten ist, dass die Prozessergebnisse eine detaillierte Darstellung des Prozesszwecks sind. Sie definieren die Ziele eines Prozesses präziser.

Das zweite Element, das das Prozess-Assessment-Modell (PAM) für Level 1 repräsentiert, besteht aus den Basispraktiken und den Informationselementen, die Prozessergebnisse darstellen. Basispraktiken beschreiben idealtypische Aktivitäten, die erforderlich sind, um die Prozessziele zu erreichen. Die Informationselemente dienen als Nachweis für das Erreichen der Prozessziele und sind typische Resultate eines Prozes-

Tab. 3.1 Struktur eines Prozesses in A-SPICE® 4.0

Prozess ID		Elemente des Prozessreferenzmodells
Prozess name		
Prozesszweck		
Prozessergebnisse		

Basispraktiken		Elemente des Prozess-Assessment-Modells Level 1
Informationselemente		

ses. Zusammen mit den Basispraktiken belegen die Informationselemente die Prozessziele erfüllt zu haben. Zusammenfassend stellen sie die Prozessmessgrößen/-Indikatoren dar, die den Nachweis für das Erreichen von A-SPICE® Level 1 erbringen. Tab. 3.1 bietet einen schematischen Überblick über den Aufbau eines Prozesses in A-SPICE® 4.0, während Tab. 3.2 ein Beispiel direkt aus dem Standard (in englischer Originalsprache) zeigt.

Wie aus dem PAM-Teil der Tab. 3.2 zu entnehmen, werden die Informationselemente den Prozesszielen zugeordnet, und es wird eine Verbindung zwischen den Basispraktiken und den Prozesszielen hergestellt. So umfasst der Kommunikationsnachweis („Communication Evidence“) die Prozessziele 1 (eine fortwährende Kommunikation mit den Stakeholdern ist etabliert) und 2 (die Stakeholder-Anforderungen sind verstanden, dokumentiert und vereinbart). Ein Kommunikationsnachweis könnte beispielsweise ein Besprechungsprotokoll sein, in dem Anforderungen thematisiert wurden.

Die zweite Basispraxis bezieht sich ebenfalls auf das zweite Prozessziel und liefert Hinweise darauf, ob dieses Ziel erreicht wurde. Da diese theoretische Darstellung für viele möglicherweise zu abstrakt ist, wird im Folgenden versucht eine verständlichere Erklärung zu geben.

Das zweite Prozessziel des Prozesses SYS. 1 gliedert sich in drei Teilziele:

a) das Verständnis der Stakeholder-Anforderungen,
b) die Definition der Stakeholder-Anforderungen,
c) die Übereinkunft über diese Anforderungen.

Damit wird der PRM-Teil dieses Prozesses in seine wesentlichen Aspekte zerlegt, während auch der PAM-Teil und die Basispraktiken zu berücksichtigen sind. Betrachten wir beispielsweise die zweite Basispraxis von SYS. 1 mit dem Titel „Vereinbart die Anforderungen“. Sie setzt sich aus mehreren Teilaktivitäten zusammen:

a) Die Umwandlung der Stakeholder-Erwartungen und Anfragen in formale Anforderungen,
b) die Schaffung eines gemeinsamen Verständnisses der Stakeholder-Anforderungen zwischen allen betroffenen Parteien,
c) die Einholung des expliziten Einverständnisses aller Parteien.

Tab. 3.2 VDA Working Group 13 (2023), Seiten 34–35, Prozess SYS. 1 Anforderungserhebung

Process ID	SYS. 1
Process name	Requirements Elicitation
Process purpose	The purpose is to gather, analyze, and track evolving stakeholder needs and requirements throughout the life cycle of the product and/or service to establish a set of agreed requirements
Process outcomes	1) Continuing communication with the stakeholder is established 2) Stakeholder expectations are understood, and requirements are defined and agreed 3) Stakeholder requirements changes arising from stakeholder needs are analyzed to enable associated risk assessment and impact management 4) Determination of stakeholder requirements status is ensured for all affected parties
Base practices	**SYS. 1.BP1: Obtain stakeholder expectations and request.** Obtain and defined stakeholder expectations and requests through direct solicitation of stakeholder input, and through review of stakeholder business proposals (where relevant) and other documents containing inputs to stakeholder requirements, and consideration of the target operating and hardware environment *Note 1: Documenting the stakeholder, or the source of the stakeholder requirement, supports stakeholder requirements agreement and change analysis (see BP2 and BP3)* **SYS. 1.BP2: Agree on requirements.** Formalize the stakeholder's expectations and requests into requirements. Reach a common understanding of the set of stakeholder requirements among affected parties by obtaining explicit agreement from all affected parties *Note 2: Examples of affected parties are customers, suppliers, design partners, joint venture partners, or outsourcing parties* *Note 3: The agreed stakeholder requirements may be based on feasibility studies and/or cost and schedule impact analysis* **SYS. 1.BP3: Analyze stakeholder requirement changes.** Analyze all changes made to the stakeholder requirements against the agreed stakeholder requirements. Assess the impact and the risks, and initiate appropriate change control and mitigation actions *Note 4: Requirements changes may arise from different sources as for instance changing technology, stakeholder needs, or legal constraints* *Note 5: Refer to SUP.10 Change Request Management, if required* **SYS. 1.BP4: Communicate requirement status.** Ensure all affected parties can be aware of the status and disposition of their requirements including changes and can communicate the necessary information and data

SYS. 1 Requirements Elicitation	Outcome 1	Outcome 2	Outcome 3	Outcome 4
Output Information Items				
15-51 Analysis result			X	
13-52 Communication Evidence	X	X		
17-00 Requirement		X		
17-54 Requirement Attribute		X	X	X

(Fortsetzung)

Tab. 3.2 (Fortsetzung)

Base Practices				
BP1: Obtain stakeholder expectations and requests	X			
BP2: Agree on requirements		X		
BP3: Analyze stakeholder requirement changes			X	
BP4: Communicate requirement status	X			X

Nur durch die komplette Durchführung aller Teilaktivitäten können die Stakeholder-Anforderungen prozesskonform aufgestellt und somit das zweite SYS. 1 Prozessziel vollständig erfüllt werden. Ohne das gemeinsame Verständnis der Anforderungen ist weder die Erreichung des zweiten Teil-Prozessziels – die Definition der Stakeholder-Anforderungen – noch die Erfüllung des dritten Teil-Prozessziels vollständig möglich, da ohne Verständnis der Anforderungen die Stakeholder den Anforderungen nicht zustimmen würden.

Hinweis *Es könnte zielführender sein, zunächst ein gemeinsames Verständnis der Stakeholder-Erwartungen und -Anfragen zwischen allen beteiligten Parteien zu schaffen und diese anschließend in Anforderungen zu formalisieren. Auch ein einheitliches Verständnis dieser Anforderungen bei allen Beteiligten sollte gewährleistet werden.*

Das Informationselement „Kommunikationsnachweis“ dokumentiert die erzielte Übereinkunft über die Anforderungen. Diese Übereinkunft kann als ein eigenständiges Dokument oder als Teil eines anderen, wie eines Besprechungsprotokolls, vorliegen. Assessoren können diesen Nachweis prüfen, um die Übereinkunft objektiv festzustellen. Beispiele für Kommunikationsnachweise sind zudem Kommentare aller Parteien in einem IT-Anforderungssystem, etwa DOORS, Codebeamer, oder Polarion.

Dies war ein Versuch, darzulegen, wie die Informationselemente und Basispraktiken mit den Prozesszielen verknüpft sind. Ich hoffe, die Erklärung war verständlich und nicht zu komplex.

3.5 A-SPICE® Level

Die A-SPICE®-Level gliedern sich in fünf Stufen, wobei ein sechstes Level hinzukommt, wenn man Level 0 als erreichbare Stufe miteinbezieht. Um ein höheres Level zu erreichen, muss das vorherige Level mit „Fully“ bewertet sein. Möchte man beispielsweise in einem Prozess Level 2 erreichen, so muss dieser Prozess zunächst auf Level 1 mit „Fully“ bewertet werden. Eine detailliertere Erklärung des A-SPICE®-Bewertungssystems erfolgt zu einem späteren Zeitpunkt. In diesem Kapitel liegt der Fokus auf der Beschreibung und der Bedeutung der einzelnen A-SPICE®-Level. Dabei ist zu beachten, dass die Level aufeinander aufbauen – vergleichbar mit einer Mauer, die Stein für Stein und Reihe für Reihe errichtet wird.

Auf **Level 0** steht man noch ganz am Anfang und versucht zu verstehen wie eine Mauer gebaut wird. Es gibt mehrere Versuche, die jedoch aus verschiedenen Gründen scheitern. Mal fällt die Mauer in sich zusammen, ein anderes Mal wird ein Teilstück vergessen. Manchmal fällt in einer Reihe ein Ziegelstein heraus, die Mauer hat nicht die richtigen Maße oder andere Probleme führen zum Scheitern.

Auf **Level 1** hat man aus den gesammelten Erfahrungen auf Level 0 gelernt, und ist in der Lage typische Fehler beim Bau einer Mauer zu vermeiden. Durch die Berücksichtigung der negativen Erfahrungen aus dem Level 0 gelingt es dieses Mal, die Mauer erfolgreich zu bauen.

Auf **Level 2** hat man eine Routine beim erfolgreichen Mauerbau nach den Prinzipien des Level 1 erreicht. Der Aufbau der Mauer wird nun systematisch geplant. Es wird berechnet wie viel Ziegelsteine und Mörtel benötigt, welche Werkzeuge gebraucht werden, wie viel Zeit und Geld das Errichten der Mauer erfordert, bis wann welche Teilabschnitte der Mauer fertiggestellt werden müssen und wer für diese Abschnitte verantwortlich ist. Zusätzlich wird festgelegt welche Kenntnisse und Fähigkeiten zum Errichten der Mauer notwendig sind. Die Abmessungen der errichteten Mauerabschnitte werden mit der Planung verglichen und bei Abweichungen wird korrigierend eingegriffen. Es wird geprüft, ob mehr oder weniger Ziegelsteine als ursprünglich geplant verbraucht wurden. Abschließend wird die fertiggestellte Mauer vermessen, um die endgültigen Abmaße zu überprüfen. Die technischen Zeichnungen für die Mauer werden sorgfältig aufbewahrt und bei Änderungen nachvollziehbar versioniert.

Auf **Level 3** hat man so viele Mauern nach der Logik von Level 2 errichtet, dass es nun möglich ist, einen Standardprozess zum Errichten von Mauern zu definieren. Dieser Prozess könnte beispielsweise beschreiben, wie viele Ziegelsteine für eine Mauer mit den Maßen 1 Meter Breite, 1 Meter Höhe und 50 cm Tiefe benötigt werden. Außerdem sollte dieser Prozess vorgeben welche Werkzeuge eingesetzt werden sollten, welches zusätzliche Material benötigt wird, welche Fähigkeiten und Kenntnisse hierfür gebraucht werden, und welche Anpassungsrichtlinien für den Prozess gelten. Anpassungen könnten zum Beispiel den Bau einer Mauer für ein Wohnhaus oder einer Schallschutzmauer auf der Autobahn betreffen.

Auf **Level 4** werden quantitative Daten erhoben, zum Beispiel die Anzahl der Ziegelsteine, die für einen Meter Mauer in diesem Projekt benötigt wurden. Diese Daten werden mit den historischen Vergleichsdaten ähnlicher Mauern abgeglichen. Entsprechen die Werte des aktuellen Projekts nicht den Erwartungen aus den historischen Daten, wird korrigierend eingegriffen. Dennoch lässt es sich auf Level 4 nicht vermeiden, dass es vereinzelt Mauern gibt, die mehr Ziegelsteine verbrauchen als die in der Vergangenheit errichteten Mauern.

Auf **Level 5** werden die erhobenen Daten umfassend analysiert, und es wird kontinuierlich nach Möglichkeiten gesucht, den Verbrauch an Ziegelsteinen pro Meter Mauer zu reduzieren. Ein Ansatz könnte die Verwendung von größeren Ziegelsteinen sein, die keine zusätzlichen Kosten verursachen und gleichzeitig dieselbe Festigkeit wie die kleineren Ziegelsteine aufweisen. Die Verwendung der größeren Ziegelsteine wird für zukünftige Projekte in den Standards festgelegt und in diesen eingesetzt.

Wie in Abb. 3.5 durch die Ergänzung von „PA X.1, PA X.2" in den Klammern neben den Level-Überschriften verdeutlicht wird, ist das Erfüllen der Prozessattribute entscheidend, um ein bestimmtes Level zu erreichen. Mit den Informationen aus Abb. 3.5,

Abb. 3.5 Die A-SPICE® Level, eigene Darstellung

den Erläuterungen darin sowie der Mauer-Metapher allein fällt es jedoch schwer, die zugrunde liegende Idee der A-SPICE®-Level vollständig nachzuvollziehen. Daher wird dieses Konzept im Folgenden anhand eines einfachen *Beispiels* – dem Backen – näher erläutert, da sich jeder darunter etwas vorstellen kann.

Für unser *Beispiel* definieren wir einen Prozess:

Backen.01 Einen Kuchen backen
(Prozess-ID) (Prozessname)

Der Zweck des Prozesses ist einen leckeren Kuchen zuzubereiten. (Prozesszweck)

Prozessergebnisse:

- Der Kuchen fällt nicht in sich zusammen,
- Der Kuchen schmeckt den Leuten,
- Die Gesundheit derjenigen, die den Kuchen essen, bleibt unbeeinträchtigt.

3.5.1 Level 0: Unvollständig

Man sammelt alle möglichen Zutaten ein (Zucker, Mehl, Wasser, Pfefferschoten etc.) und vermischt sie. Danach stellt man das Ganze in den Ofen bis es so aussieht als ob der Kuchen fertig gebacken wäre.

- Ergebnisse:
  - Der Kuchen fällt in sich zusammen,
  - der Kuchen schmeckt abscheulich,
  - eine der Personen, die den Kuchen gegessen hat, hat nach dem Verzehr des Kuchens eine Lebensmittelvergiftung.

Solche Ergebnisse führen offensichtlich zu einigen Fragen zum Prozess des Kuchenbackens, zum Beispiel:

- Passen die Zutaten auch zusammen?
- Wurden die Zutaten richtig vermischt?
- Hat die Reihenfolge der Zutaten gepasst?
- Wurde der Kuchen lange genug im Ofen gebacken?
- Schmeckt der Kuchen gut oder wirklich so schrecklich?
- Gefährdet der Verzehr des Kuchens auch nicht die Gesundheit?
- Schaut der Kuchen überhaupt wie ein Kuchen aus?

Von den beschriebenen Prozessergebnissen ausgehend müssten alle Fragen mit der Antwort „nein“ beantwortet werden. Nicht ein einziges Prozessziel wurde erreicht. Aus diesem Grund würde dieser Prozess in einem A-SPICE® Assessment mit dem Level 0 bewertet werden.

3.5.2 Level 1: Durchgeführter Prozess

Zuerst wählt man Zutaten aus, die dem eigenen Geschmack entsprechen und gut miteinander harmonieren. Anschließend werden diese Zutaten vermischt und in den Backofen gestellt. Basierend auf der eigenen Erfahrung wird der Kuchen bei einer bestimmten Temperatur für eine festgelegte Zeit gebacken, bis er fertig ist. Sowohl die Backtemperatur als auch die Backzeit beruhen auf persönlichen Erfahrungswerten.

Das Ergebnis: Die definierten Prozessziele wurden erreicht. Der Kuchen ist schmackhaft, ist stabil geblieben und alle können ihn bedenkenlos genießen.

Doch es ergeben sich weitere Fragen:

- Wie durchdacht war der Prozess tatsächlich?
- Wie zufriedenstellend waren die Prozessergebnisse? War der Geschmack des Kuchens nur „ok", köstlich oder war er gerade mal essbar?
- Ist sichergestellt, dass dieses Prozessergebnis auch in der Zukunft erreicht werden kann? Oder war es dieses Mal nur ein glücklicher Zufall?

Selbst wenn all diese Fragen mit „Ja" beantwortet werden könnten, bleibt ein Risiko bestehen: Es bestünde die Möglichkeit, dass bestimmte Prozessziele, wie etwa die Größe des Kuchens, der Zeitrahmen zum Backen oder das Budget, nicht eingehalten wurden.

3.5.3 Level 2: Gemanagter Prozess

Man tritt einen Schritt zurück und stellt einen Plan auf. Ein Rezept für den Kuchen wird ausgesucht, das Budget durchdacht, ein Zeitplan aufgestellt und andere Kriterien mit dem Team (Lebenspartner, Freunde, Verwandte, etc.) in Betracht gezogen. Jedem Teammitglied wird eine bestimmte Aufgabe und eine Zeitspanne für seine Tätigkeit zugeteilt. Die Tätigkeiten werden gemäß ihren Abhängigkeiten aufeinander abgestimmt (zum Beispiel kann man den Kuchen nicht in den Ofen stellen, bevor die nötigen Zutaten vermengt wurden).

- Ergebnis: Prozessergebnisse wurden erfüllt und es ist möglich die Prozessergebnisse für ähnliche Gegebenheiten zu wiederholen. Aber
  - Die Prozessergebnisse sind nur so gut wie die Methoden die eingesetzt wurden,
  - Die Prozessergebnisse sind nur für Kuchen erreichbar, die man in einem Team zubereitet.

3.5.4 Level 3: Etablierter Prozess

Ein Standardprozess für das Backen wird entwickelt, der mittels definierter Anpassungsrichtlinien situationsgemäß adaptiert werden kann. Der Standardprozess kann von einem Team, Einzelpersonen, Familien oder anderen Konstellationen genutzt werden und berücksichtigt unterschiedliche Geschmäcker und Budgets. Der Standardprozess wird gemäß den eigenen Erfahrungen sowie des Feedbacks der Nutzer stetig optimiert.

Ergebnis
Die Prozessziele werden für mehrere Situationen (Kuchen backen, Muffins backen, Cupcakes backen, Plätzchen backen etc.) erfüllt. Darüber hinaus ist der Prozess in der Lage verschiedene Einschränkungen mit wiederholbarem Erfolg zu berücksichtigen.

Jedoch gibt es auch hier ein ABER:

- Ist der Backprozess vorhersagbar?
- Ist es objektiv möglich zu beurteilen an welcher Stelle die Anpassungsrichtlinien verbessert werden müssen?
- Ist bekannt warum in manchen Fällen die Prozessziele doch nicht erfüllt werden?

Um diese Fragen beantworten zu können, ist das nächste A-SPICE® Level 4 erreichen.

3.5.5 Level 4: Vorhersagbarer Prozess

A-SPICE® Level 4 kann als die Übertragung der bekannten Methoden SPC bzw. der Prozessregelkarten aus dem Produktionsbereich in die Welt der Entwicklungsprozesse verstanden werden. Quantitative Daten werden basierend auf zuvor definierten Prozessleistungsmerkmalen („Performance Indicators“) erhoben. Diese historischen, quantitativen Daten werden statistisch analysiert und mit den aktuellen Daten verglichen. Dies dient dazu Fehlentscheidungen während des Prozesses „Backen“, wie beispielsweise dem Einstellen einer zu hohen Backtemperatur, zu vermeiden.

Ist der Backprozess vorhersagbar?

- Wie bereits erwähnt, könnten die Backtemperatur oder die Backzeit, die Menge an Zutaten (Gewicht) gemessen und mit den Daten aus allen früheren Backprozessen verglichen werden. Oder der Vergleich findet nur mit den historischen Daten der Backprozesse statt, deren Gegenstand ähnliche Kuchen waren.
- Aus diesem Vergleich könnten Korrekturmaßnahmen abgeleitet werden, beispielsweise die Erhöhung oder Senkung der Backtemperatur für den aktuellen Kuchen.

Ergebnis

Der „Kuchenbackprozess“ wird auf einer objektiven, quantitativen Zahlengrundlage geregelt. Die fundierte Datenbasis lässt die eigene Intuition im Hintergrund verblassen.

Das gelegentliche Auftreten schlechter Daten kann selbst mit Prozessen, die A-SPICE® Level 4 entsprechen, immer noch nicht gänzlich ausgeschlossen werden (Abb. 3.6).

3.5.6 Level 5: Innovativer Prozess

Die quantitativen Daten werden genutzt, um die Abweichungsursachen in Zukunft zu vermeiden.

Zum Beispiel durch:

- Das gezielte Sammeln zusätzlicher Daten über die Teilnehmer der „Verköstigung“ (wie den Bäcker oder diejenigen, die den Kuchen genießen),
- Die Untersuchung und Entwicklung neuer Backwerkzeuge oder -instrumente (zum Beispiel ein leistungsfähigerer oder „smarter“ Backofen),
- Der Optimierung der Methode zur Festlegung der Zufriedenheitskriterien.

Man könnte Abb. 3.7 auch mit einer Straße vergleichen, die sich im Laufe der Zeit immer weiter verengt. Dadurch bleibt dem Autofahrer, der sein Fahrzeug auf dieser Straße bewegt, immer weniger Spielraum für Fehler. Für den Autofahrer wird es irgendwann nicht mehr möglich sein die Spur ausschließlich durch seine Fähigkeiten zu halten.

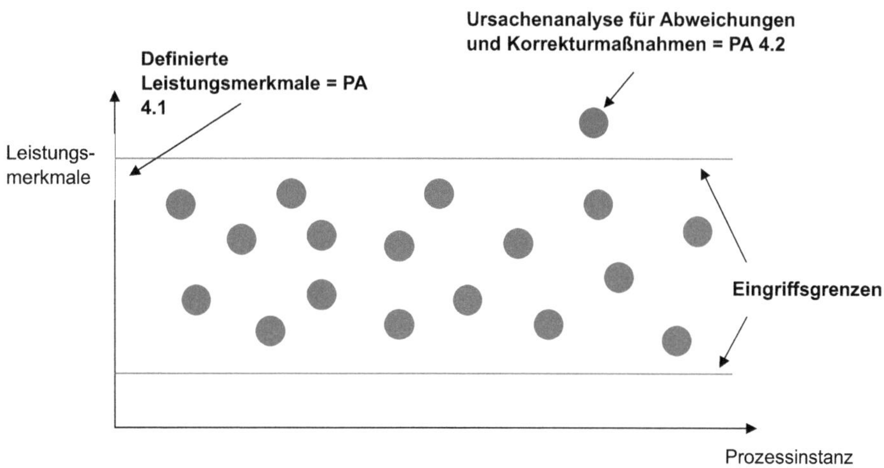

Abb. 3.6 Grafische Darstellung von A-SPICE® Level 4, vergleichbar mit SPC aus dem Produktionsbereich

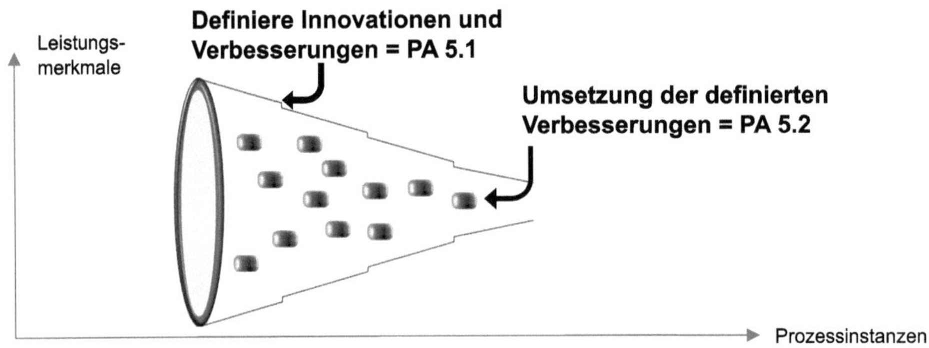

Abb. 3.7 Grafische Darstellung des A-SPICE® Level 5, der Level 5 Trichter

Deswegen werden kontinuierlich neue Innovationen und elektronische Assistenzsysteme ins Auto integriert, wie zum Beispiel ein Spurhalteassistent oder eine Notbremsassistent. Diese Technologien ermöglichen es dem Autofahrer die immer enger werdende Straße weiterhin unfallfrei zu befahren. Wobei erst diese grundsätzlichen Innovationen es ermöglichen, die Straße immer enger zu gestalten.

Diese Darstellung der A-SPICE® Level war bewusst sehr vereinfacht. Hoffentlich war sie dennoch hilfreich. Die generischen Praktiken der A-SPICE® Level 2 bis 5 umfassen weitere Anforderungen, auf die nicht näher eingegangen wird. Für ein grundlegendes Verständnis der A-SPICE® Level sollten die angeführten Beispiele und Erklärungen ausreichend sein.

3.6 Das A-SPICE® Bewertungsschema

Das vorherige Kapitel hat sich mit den einzelnen A-SPICE® Leveln an sich befasst. In diesem Kapitel wird das A-SPICE® Bewertungsschema zum Erreichen eines bestimmten Levels betrachtet. A-SPICE® definiert für jedes Level Prozessattribute (PA). Die Erfüllung dieser Prozessattribute wird in einem Assessment beurteilt.

Prozessattribute können, vereinfacht ausgedrückt, als Anforderungen an den Prozess verstanden werden, die erfüllt werden müssen, um ein bestimmtes Level zu erreichen. Während eines Assessments werden diese Prozessattribute mit „N“, „L“, „P“ oder „F“ bewertet.

Die Tab. 3.3 zeigt eine Übersicht der Bewertungsstufen (Tab. 3.3).

Es ist ebenso mögliche eine feinere Unterteilung innerhalb „Partially achieved“ and „Largely achieved“ vorzunehmen. Die Informationen für diese Unterteilung sind der Tab. 3.4 zu entnehmen (Tab. 3.4).

Tab. 3.3 A-SPICE® Bewertungsschema, angelehnt an VDA Working Group 13 (2023), Seite 20

Abkürzung	Bedeutung	Erklärung	Prozent
N	Not achieved	Es gibt kaum oder keine Nachweise dafür, dass das definierte Prozessattribut im bewerteten Prozess erfüllt wurde	0–15 %
P	Partially achieved	Es gibt einige Nachweise auf eine (systematische) Vorgehensweise zur Erfüllung des Prozessattributs im bewerteten Prozess, sowie einige Belege für die Erfüllung des Prozessattributs. Einige Aspekte der Zielerreichung des Prozessattributs könnten unvorhersehbar sein	>15–50 %
L	Largely achieved	Es gibt Nachweise für eine systematische Vorgehensweise und für eine deutliche Erfüllung des definierten Prozessattributs im bewerteten Prozess. Es könnten ein paar Schwächen in Bezug auf die Erfüllung dieses Prozessattributs im bewerteten Prozess existieren	>50–85 %
F	Fully achieved	Es gibt Nachweise für eine vollständige und systematische Vorgehensweise sowie für die vollständige Erfüllung des definierten Prozessattributs im bewerteten Prozess. Es existieren keine wesentlichen Schwächen in Bezug auf dieses Prozessattribut im bewerteten Prozess	>85–100 %

Tab. 3.4 Bewertungsschema mit feinerer Unterteilung VDA Working Group 13 (2023), Seiten 20–21

Abkürzung	Bedeutung	Erklärung	Prozent
P-	Partially achieved	Es gibt einige Nachweise auf eine (systematische) Vorgehensweise zur Erfüllung des Prozessattributs im bewerteten Prozess, sowie einige Belege für die Erfüllung des Prozessattributs. Viele Aspekte der Zielerreichung des Prozessattributs könnten unvorhersehbar sein	>15–32,5 %
P+	Partially achieved	Es gibt einige Nachweise auf eine (systematische) Vorgehensweise zur Erfüllung des Prozessattributs im bewerteten Prozess, sowie einige Belege für die Erfüllung des Prozessattributs. Einige Aspekte der Zielerreichung des Prozessattributs könnten unvorhersehbar sein	>32,5–50 %
L-	Largely achieved	Es gibt Nachweise für eine systematische Vorgehensweise und für eine deutliche Erfüllung des definierten Prozessattributs im bewerteten Prozess. Es könnten viele Schwächen in Bezug auf die Erfüllung dieses Prozessattribut im bewerteten Prozess existieren	>50–67,5 %
L+	Fully achieved	Es gibt Nachweise für eine systematische Vorgehensweise und für eine deutliche Erfüllung des definierten Prozessattributs im bewerteten Prozess. Es könnten ein paar Schwächen in Bezug auf die Erfüllung dieses Prozessattribut im bewerteten Prozess existieren	>67,5–85 %

Fähigkeitsbewertung		Prozessattribut (PA)								
		PA 1.1	PA 2.1	PA 2.2	PA 3.1	PA 3.2	PA 4.1	PA 4.2	PA 5.1	PA 5.2
Innovativ	5	F	F F	F F	F F	F F	F F	F F	L F	L F
Vorhersagbar	4	F	F F	F F	F F	F F	L F	L F		
Etabliert	3	F	F F	F F	L F	L F				
Gemanagt	2	F	L F	L F						
Durchgeführt	1	L F								
Unvollständig	0	N P								

Abb. 3.8 A-SPICE®-Levelbewertungen von 0 bis 5

Prozess		Prozessattribut PA 1.1	PA 2.1	PA 2.2	PA 3.1	PA 3.2	Erreichtes A-SPICE® Level
MAN.3	Projektmanagement	L	F	L	L	P	1
SUP.1	Qualitätssicherung	L	P	L	F	P	1
SUP.8	Konfigurationsmanagement	F	L	L	N	N	2

Abb. 3.9 Fiktives Beispiel eines A-SPICE®-Assessmentbewertung

Es kann schwierig sein, genau zu bestimmen, ob 30 % oder 50 % eines Prozessattributs erfüllt wurden. Die Basispraktiken von A-SPICE® Level 1 sowie die „Generischen Praktiken“ (GP) der A-SPICE® Level 2–5 bieten jedoch hilfreiche Hinweise und eine gute Orientierung für diese Unterscheidung.

Im vorherigen Kapitel wurde bereits erwähnt, dass A-SPICE® Level 3 beispielsweise nur erreicht werden kann, wenn die vorhergehenden Level 1 und 2 mit „Fully“ bewertet wurden. Abb. 3.8 zeigt diesen Zusammenhang.

Um mit einem Prozess Level 3 zu erreichen, müssen die Prozessattribute PA 1.1 bis PA 2.2 mit „Fully“ (F) bewertet werden. Gleichzeitig ist für die Prozessattribute PA 3.1 und PA 3.2 mindestens eine Bewertung mit „Largely“ (L) erforderlich.

Ein fiktives Beispiel für ein Ergebnis in einem A-SPICE Assessment zeigt Abb. 3.9.

3.7 Der grundlegende Ablauf eines A-SPICE® Assessments

Im Rahmen eines Assessment macht sich der Assessor zuerst mit der Art und Weise vertraut, wie die Prozesse und Methoden für die Projektdurchführung definiert sind. Anschließend führt der Assessor Gespräche mit verschiedenen Personen, um zu prüfen, ob die tatsächliche Arbeitsweise im Projekt der festgelegten Vorgehensweise übereinstimmt.

Der Assessor vergleicht die gesammelten Informationen mit den A-SPICE® Level-Indikatoren, um festzustellen ob und in welchem Maße sie erfüllt sind. Basierend auf dem Erfüllungsgrads dieser Indikatoren wird für jeden bewerteten Prozess ein Fähigkeitsprofil erstellt. Nach Abschluss des Assessments erhält die bewertete Organisation

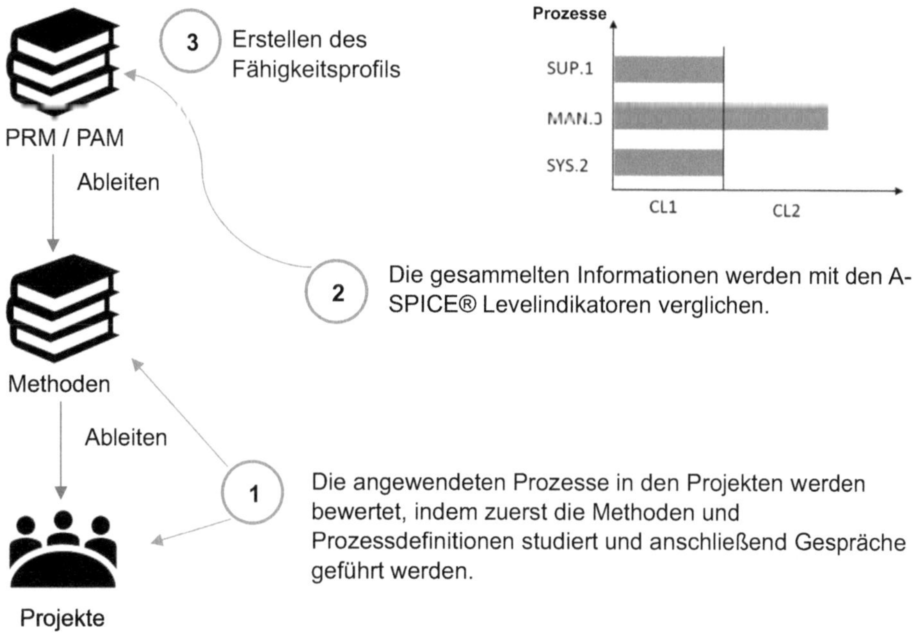

Abb. 3.10 Der Ablauf eines A-SPICE® Assessments, in Anlehnung an VDA Working Group 13 (2023), Seite 28

einen Assessmentbericht. Dieser enthält das erreichte Level für jeden Prozess, die identifizierten Schwächen in den bewerteten Prozessen und gelegentlich auch die festgestellten positiven Merkmale der Prozesse (Abb. 3.10).

3.7.1 Merkmale eines Assessments

- Ein Prozess-Assessment dient zur Ermittlung der Prozessfähigkeit.
  - Es bewertet den aktuellen Zustand des Prozesses.
  - Es stellt weder ein Prozessänderungsmanagement noch ein Prozessverbesserungsprogramm dar.
- Ein Prozess-Assessment analysiert die Prozesse.
  - Es umfasst kein technisches Review der Prozessergebnisse.
  - Es bewertet nicht die individuelle Leistung eines/einer Angestellten.
  - Das finale Produkt, wie zum Beispiel ein Auto, wird durch das Assessment ebenso wenig beurteilt.
- Ein Prozess-Assessment bietet einen Vergleich zu internationalen „Best practices“ für den betreffenden Prozess, um Prozessrisiken zu identifizieren.
  - Es fungiert nicht als Checkliste für Handlungen im Prozess.

Tab. 3.5 Tabellarische Übersicht zur Unterscheidung Assessment/Audit

Prozess-Assessment (ISO 330xx, A-SPICE®)	Audit (IATF 16949, ISO 900x)
Produktentwicklung mit dem Fokus auf die Entwicklungsprozesse	Gesamte Organisation mit End-to-End Prozessen
Detaillierter Produktentstehungsprozess	Prozesse sind abstrakter und decken mehr als „nur" die Entwicklung ab
Bewertung erfolgt anhand von sechs Beurteilungsstufen (Level), keine Zertifizierung	Beurteilung erfolgt mit dem Ergebnis „Bestanden" oder „Nicht bestanden"
Anpassbarer Umfang (gewählte Prozesse, beurteilte Fähigkeitslevel, Organisationseinheiten)	Definierter Umfang (bestimmte Organisationseinheiten zum Beispiel)
Haben keine festgelegte Frequenz, mit der sie stattfinden müssen	Jährlich, alle zwei Jahre oder findet in dem Turnus statt den Industriestandards festlegen

- Ein Prozess-Assessment stößt Prozessverbesserungen an, um Mechanismen für die Prozess- und Projektlenkung einzuführen.
  - Es trägt zur Verbesserung der Prozesseffizienz und der Produktqualität bei.
  - Ein Assessment ist keine für sich alleinstehende Maßnahme.

3.7.2 Der Unterschied zwischen einem Assessment und einem Audit

Die folgende Übersicht vergleicht zwei Ansätze zur Bewertung und Analyse von Prozessen: das Prozess-Assessment sowie das Audit. Beide Methoden dienen der Qualitätssicherung und Prozessoptimierung, unterscheiden sich jedoch deutlich in ihrem Fokus, ihrer Methodik und ihrem Umfang. Die Tabelle veranschaulicht die wesentlichen Unterschiede und hilft dabei, ihre jeweiligen Anwendungen besser zu verstehen (Tab. 3.5).

Literatur

Müller M, Dr. Hörmann K, Dittmann L, Zimmer J (2016) Automotive SPICE® in der Praxis, Interpretationshilfe für Anwender und Assessoren, 2. Aktualisierte und erweiterte Auflage, dPunkt. Verlag, ISBN 978-3-8649-326-7

VDA QMC Working Group 13 (2017)/Automotive SIG. Automotive SPICE® Process Assessment/ Reference Model, Version 3.1

VDA Working Group 13 (2023), Automotive SPICE® Process Assessment/Reference Model, Version 4.0. https://vda-qmc.de/wp-content/uploads/2023/12/Automotive-SPICE-PAM-v40.pdf

A-SPICE® 4.0 im Vergleich zu A-SPICE® 3.1 – ein Überblick 4

Bevor die einzelnen Prozesse im Detail betrachtet werden, ist ein Überblick erforderlich, welche Prozesse durch A-SPICE® 4.0 im Vergleich zu A-SPICE® 3.1 abgedeckt sind.

Aus Übersichtlichkeitsgründen wurden die Prozessnamen in der Abb. 4.1 weggelassen (Abb. 4.1).

Es ist deutlich erkennbar, dass sich vieles geändert hat. Beispielsweise gehört fast die komplette „Acquisition Process Group" nicht mehr zum Prozessreferenzmodell von A-SPICE® 4.0. Der einzig verbliebene Prozess dieser Gruppe, der in die neue Version des Standards übernommen wurde, ist „ACQ.4 Supplier Monitoring". Ähnliches gilt für die „Supply Process Group", die jetzt nur noch aus dem Prozess „SPL.2 Product Release" besteht. Jedoch umfasste diese Gruppe bereits in A-SPICE® 3.1 lediglich zwei Prozesse.

In der „Supporting Process Group" wurde „SUP.4 Joint Review" aus A-SPICE® 4.0 entfernt, während "SUP.11 Machine Learning Data Management" hinzugekommen ist.

Der Prozess „SUP.2 Verification" ist nicht länger Teil der Unterstützungsprozesse, sondern wurde in das V-Modell der „Systems Engineering Process Group" integriert. Darüber hinaus wurde „SUP.7 Documentation" ebenfalls aus A-SPICE® 4.0 gestrichen.

Es gibt drei neue Prozessgruppen:

1. „Validation Process Group", die ausschließlich den Prozess „VAL.1 Validation" umfasst. Mit der Unterscheidung zwischen Verifikation und Validierung hat sich das A-SPICE® 4.0 Prozessreferenzmodell, stärker dem Prozessreferenzmodell des Systems Engineerings (SE, Norm ISO 15288) angenähert.
2. Die „Machine Learning Engineering Process Group", die vermutlich aufgrund der steigenden Bedeutung von künstlicher Intelligenz und maschinellem Lernen in den Standard aufgenommen wurde. Ich kann nicht beurteilen in wie weit diese Prozesse die neuen EU-Standards für künstliche Intelligenz berücksichtigt haben.

S. Gülbas, *Automotive SPICE® 3.1 und Automotive SPICE® 4.0*,
https://doi.org/10.1007/978-3-662-72591-7_4

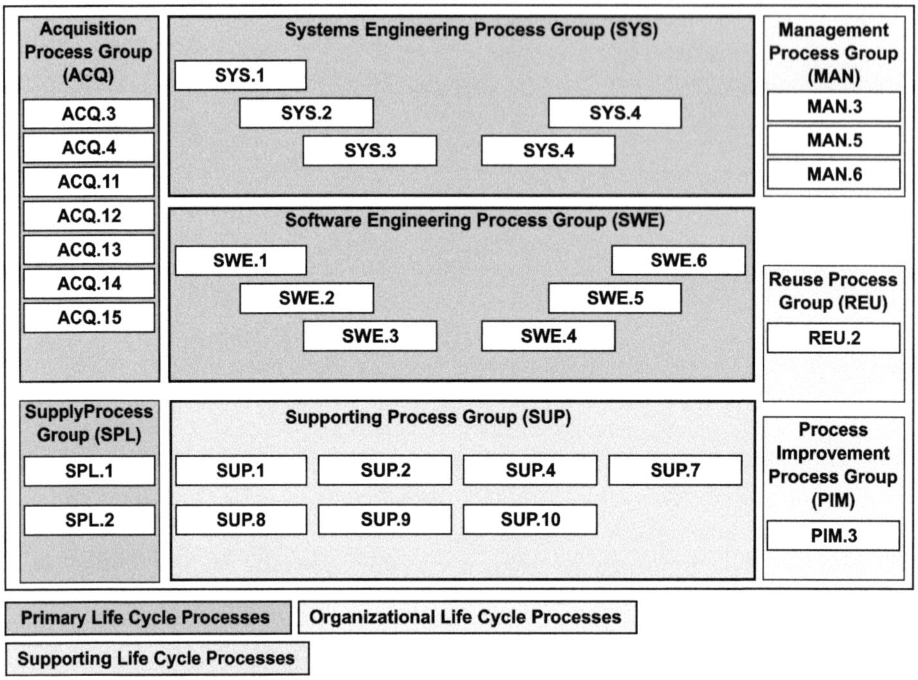

Abb. 4.1 Prozessreferenzmodell aus A-SPICE® 3.1, in VDA QMC Working Group 13 (2017), Seite 12

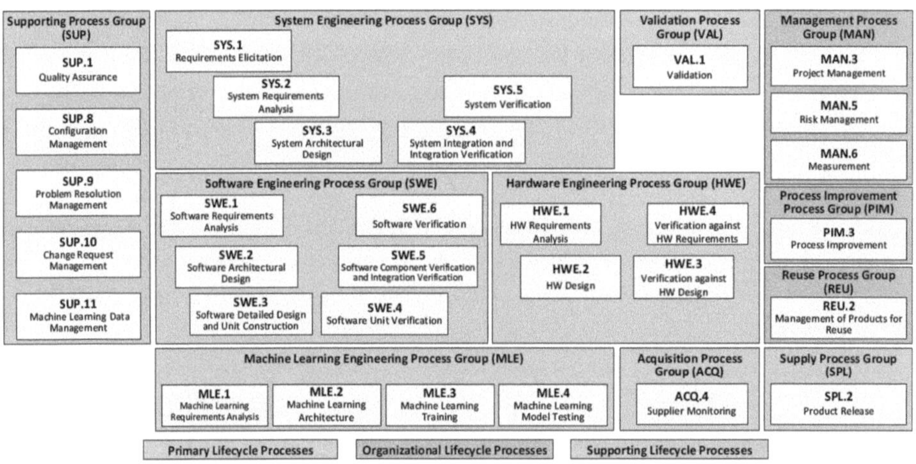

Abb. 4.2 Automotive SPICE® 4.0 Prozessreferenzmodell (PRM) – Übersicht gemäß VDA Working Group 13 (2023), Seite 15

3. Die „Hardware Engineering Group“, die als dritte neue Gruppe eingeführt wurde. Im Systems Engineering Prozessreferenzmodell gibt es keine separate Unterteilung für System, Hardware und Software wie in A-SPICE®. Ein möglicher Grund für die Unterscheidung in A-SPICE® könnte in der Historie des Standards liegen, da sich A-SPICE® ursprünglich mit der Software befasst hat. Im Gegensatz zu A-SPICE® 4.0 werden diese drei Bereiche im Systems Engineering durch die „Technischen Prozesse“ abgedeckt.

Insgesamt besteht A-SPICE® 4.0 weiterhin aus 32 Prozessen, genauso wie A-SPICE® 3.1. In den folgenden Kapiteln werden die Prozesse aus A-SPICE® 4.0 und A-SPICE® 3.1 detailliert verglichen. Die neuen Prozesse in A-SPICE® 4.0 werden in diesem Buch jedoch nicht behandelt, da sie keine Entsprechungen in A-SPICE® 3.1 haben, die einen Vergleich ermöglichen würden.

Eine Anmerkung noch vorab: Die Übersetzungen des englischen Originaltexts der A-SPICE® 3.1 Basispraktiken lehnen sich maßgeblich an Müller et al. (2016) an. Ich habe die Übersetzungen, wenn möglich, hinsichtlich treffenderer und passenderer Sinnmäßigkeit überarbeitet, um die ursprüngliche Intention des Englischen noch präziser wiederzugeben.

Literatur

Müller M, Dr. Hörmann K, Dittmann L, Zimmer J (2016) Automotive SPICE® in der Praxis, Interpretationshilfe für Anwender und Assessoren, 2. Aktualisierte und erweiterte Auflage, dPunkt. Verlag, ISBN 978-3-8649-326-7

VDA QMC Working Group 13 (2017) Automotive SIG. Automotive SPICE® Process Assessment/Reference Model, Version 3.1

VDA Working Group 13 (2023) Automotive SPICE® Process Assessment/Reference Model, Version 4.0. https://vda-qmc.de/wp-content/uploads/2023/12/Automotive-SPICE-PAM-v40.pdf

5 Vergleich der primären Lebenszyklusprozesse zwischen A-SPICE® 3.1 und 4.0

Der Vergleich wird tabellarisch dargestellt. Auf der linken Seite der Tabelle sind die Elemente aus A-SPICE® 3.1 (VDA QMC Working Group, 2017) aufgeführt, während die rechte Seite die Elemente aus A-SPICE® 4.0 (VDA QMC Working Group, 2023) enthält. Anschließend erfolgt eine detaillierte Gegenüberstellung der Prozessreferenzelemente und Basispraktiken. Den Abschluss bildet eine kurze Zusammenfassung bzw. Interpretation. Die Erklärungen der ersten Prozesse werden ausführlicher gestaltet, um eine fundierte Grundlage zu schaffen. Danach werde ich den Vergleich möglichst kompakt und prägnant halten. Einige Prozessgruppen werden in diesem Kapitel nicht behandelt, da sie in A-SPICE® 3.1 kein entsprechendes Pendant haben:

- „HW-Engineering Process Group“ (HWE.1 – HWE.4)
- „Machine Learning Process Group“ (MLE.1 – MLE.4)
- „Validation Process Group“ (VAL.1)

Dieses Kapitel konzentriert sich daher auf die folgenden Prozessgruppen und deren zugehörige Prozesse:

- „Systems Engineering Process Group“ (SYS. 1 – SYS.5)
- „Software Engineering Process Group“ (SWE.1 – SWE.6)

5.1 SYS.1 Requirements Elicitation (Anforderungserhebung) Prozessvergleich

Dieses Kapitel behandelt die Unterschiede und Gemeinsamkeiten der Anforderungserhebungsprozesse, wie sie in beiden Versionen des Standards beschrieben werden.

S. Gülbas, *Automotive SPICE® 3.1 und Automotive SPICE® 4.0*,
https://doi.org/10.1007/978-3-662-72591-7_5

5.1.1 Vergleich der Prozessreferenzmodell-Elemente

Siehe Tab. 5.1

Tab. 5.1 Vergleich der SYS.1 PRM-Elemente

	A-SPICE® 3.1	A-SPICE® 4.0
Prozess ID	SYS. 1	SYS. 1
Prozessname	„Requirements Elicitation" (Anforderungserhebung)	„Requirements Elicitation" (Anforderungserhebung)
Prozesszweck	Sich kontinuierlich entwickelnde Stakeholder-Bedarfe und -Anforderungen über den gesamten Lebenszyklus des Produkts und/oder der Dienstleistung zu erfassen, zu verarbeiten und zu verfolgen, um eine Anforderungs-Baseline zu definieren, die als Grundlage für die Definition der benötigten Arbeitsergebnisse dient	Sich kontinuierlich entwickelnde Stakeholder-Bedarfe und -Anforderungen über den gesamten Lebenszyklus des Produkts und/oder der Dienstleistung zu erfassen, analysieren und zu verfolgen, um einen vereinbarten Satz an Anforderungen zu erstellen
Prozessergebnisse	a) Fortlaufende Kommunikation mit den Stakeholdern ist etabliert b) Vereinbarte Stakeholder-Anforderungen sind definiert und eine Baseline wurde erzeugt c) Ein Änderungsmechanismus ist ein eingeführt, um basierend auf den sich ändernden Stakeholder-Bedarfen Änderungen zu bewerten und Änderungen an den Stakeholder-Anforderungen in die Anforderungs-Baseline aufzunehmen d) Ein Mechanismus ist eingeführt um die Stakeholder-Bedarfe kontinuierliche zu verfolgen e) Ein Mechanismus ist eingerichtet, um sicherzustellen, dass Kunden den Status und die Bearbeitung ihrer Änderungsanträge leicht nachvollziehen können f) Änderungen, die sich aus der sich verändernden Technologie und den Bedürfnissen der Stakeholder ergeben, werden identifiziert, die damit verbundenen Risiken bewertet und ihre Auswirkungen behandelt	a) Fortlaufende Kommunikation mit den Stakeholdern ist etabliert b) Stakeholder-Erwartungen werden verstanden und Stakeholder-Anforderungen werden definiert und vereinbart c) Änderungen, die sich aus sich ändernden Technologien und den Bedürfnissen der Stakeholder ergeben, werden identifiziert, die damit verbundenen Risiken bewertet und ihre Auswirkungen behandelt d) Die Bestimmung des Status der Stakeholder-Anforderungen ist für alle betroffenen Parteien sichergestellt

Unterschiede:
Prozessname:
Kein Unterschied.

Prozesszweck:
Zwischen A-SPICE® 3.1 und A-SPICE® 4.0 gibt es eine bedeutende Änderung im Prozesszweck. In Version 3.1 musste eine Baseline erstellt werden. Das bedeutete, dass die Anforderungen zu einem bestimmten Zeitpunkt eingefroren werden mussten. Dieses Einfrieren musste unveränderlich und reproduzierbar sein. Die erstellte Anforderungs-Baseline sollte verwendet werden, um die erforderlichen Arbeitsergebnisse zu definieren.

In A-SPICE® 4.0 besteht keine explizite Notwendigkeit mehr, eine Baseline (ein Einfrieren der Anforderungen) zu erstellen. Es reicht aus, eine Menge vereinbarter Anforderungen festzulegen. Es steht einem weiterhin frei, eine Baseline für die vereinbarten Anforderungen zu erstellen, jedoch ist dies kein Prozesszweck mehr. Man muss es nicht tun. Zumindest ist das mein Verständnis. Dadurch wird weniger Aufwand benötigt, um den Prozesszweck zu erreichen.

Dies wird deutlicher, wenn die Prozessergebnisse Schritt für Schritt verglichen werden:

Prozessergebnis 1: In A-SPICE® 3.1 wird verlangt, dass eine fortlaufende Kommunikation mit den Stakeholdern etabliert wird. Dies hat sich in A-SPICE® 4.0 nicht geändert.

Das zweite Prozessergebnis gemäß A-SPICE® 3.1 lautet:

a) Vereinbarte Stakeholder-Anforderungen werden definiert
b) und eingefroren (baselined).

Das zweite Prozessergebnis in A-SPICE® 4.0 ist etwas anders, jedoch hat diese Änderung weitreichende Konsequenzen:

a) Die Erwartungen der Stakeholder werden verstanden.
b) Anforderungen werden definiert.
c) Anforderungen werden vereinbart.

A-SPICE® 4.0 hat den Prozess in mehrere Schritte unterteilt. Zuerst müssen die Erwartungen der Stakeholder verstanden werden. Ohne dieses Verständnis wird es sehr schwierig sein, Anforderungen zu definieren (zweiter Schritt), denen alle zustimmen können (dritter Schritt). Es ist jedoch nicht erforderlich, eine Baseline der Anforderungen zu erstellen. Das Wort „Baseline" erscheint im zweiten Prozessergebnis des Anforderungserhebungsprozesses in A-SPICE® 4.0 nicht mehr. Dies könnte den Aufwand und die Bürokratie zur Erreichung des Prozesszwecks reduzieren.

Das dritte Ergebnis von A-SPICE® 3.1 fehlt in A-SPICE® 4.0 vollständig. Entweder besteht keine Notwendigkeit mehr, einen Änderungsmechanismus für die Anforderungen zu etablieren, oder die Autoren hielten diesen Punkt für redundant, da er durch Prozessergebnis 6 von A-SPICE® 3.1 (ähnlich Prozessergebnis 4 in A-SPICE® 4.0) abgedeckt wird. Es könnte auch sein, dass A-SPICE® impliziert, „SUP.10 Change Management“ (Änderungsmanagement) zu verwenden, sodass es nicht notwendig ist, diesen Punkt in den Prozessergebnissen anderer Prozesse abzudecken.

Das vierte Prozessergebnis von A-SPICE® 3.1 ist ebenfalls nicht mehr Teil von A-SPICE® 4.0. Wahrscheinlich war die Einrichtung eines Mechanismus zur kontinuierlichen Überwachung der Bedürfnisse der Stakeholder redundant, da dies bereits durch das erste Prozessergebnis – die kontinuierliche Kommunikation mit den Stakeholdern sicherzustellen – abgedeckt sein könnte. Natürlich nicht vollständig, da kontinuierliche Kommunikation auch nur regelmäßige Statusaktualisierungen bedeuten könnte. Nichtsdestotrotz verlangt A-SPICE® 4.0 nicht mehr die Einrichtung einer kontinuierlichen Überwachung der Stakeholder-Bedürfnisse.

Das fünfte Prozessergebnis von A-SPICE® 3.1 ähnelt dem vierten Prozessergebnis von A-SPICE® 4.0. Es gibt jedoch Unterschiede in der Formulierung. A-SPICE® 3.1 besagt:

„Ein Mechanismus wird eingerichtet, um sicherzustellen, dass Kunden

a) den Status
b) und die Bearbeitung ihrer Änderungsanträge leicht nachvollziehen können.

Die Anforderungen in A-SPICE® 4.0 sind etwas anders:

a) Die Bestimmung des Status der Stakeholder-Anforderungen ist sichergestellt
b) für alle betroffenen Parteien.

Es ist nicht mehr erforderlich, einen Mechanismus einzurichten. Eine E-Mail, eine gemeinsame Überprüfung im Anforderungstool etc. könnten ausreichen. Der zweite Unterschied liegt darin, dass das Wort „Änderungsanträge“ durch „Anforderungen“ ersetzt wurde. Änderungswünsche könnten zu Änderungen führen; Anforderungen hingegen sind diejenigen, die definiert und vereinbart wurden. Der dritte Unterschied ist, dass das Wort „leicht“ entfernt wurde. „Leicht“ kann abhängig vom eigenen Standpunkt vieles bedeuten. Es könnte heißen, im gemeinsamen Anforderungstool nachzusehen, oder einen Export nach Excel zu erstellen, um den Status der Anforderungen zuzusenden, oder den Status während Review-Meetings einzusehen usw. Da schwer festzulegen ist, was „leicht“ bedeutet, war es eine gute Entscheidung, das Wort aus den Prozessergebnissen zu entfernen. Der entscheidende Unterschied besteht jedoch darin, dass ein Mechanismus nicht mehr eingerichtet werden muss.

5.1.2 Vergleich der SYS.1 Basispraktiken zwischen A-SPICE® 3.1 und A-SPICE® 4.0

Die nächsten Abschnitte werden die grundlegenden Unterschiede und Gemeinsamkeiten der SYS.1-Prozesse beschreiben, wie sie in der „alten" und der aktuellen A-SPICE®-Version dargestellt sind.

5.1.2.1 BP1: Hole Stakeholder-Anforderungen und -Bedarfe ein

Siehe Tab. 5.2

Unterschiede

„Stakeholder-*Anforderungen* erhalten und definieren" wurde in A-SPICE® 4.0 zu „Stakeholder-*Erwartungen* erhalten und definieren" geändert. Der neue Standard orientiert sich

Tab. 5.2 SYS. 1 BP1 Vergleich.

A-SPICE® 3.1	A-SPICE® 4.0
Hole Stakeholder-Anforderungen und -Bedarfe **ein** Erhalte und definiere a) Stakeholder-Anforderungen und b) Bedarfe durch c) direkte Einholung von Kunden-Input sowie durch d) Review von Geschäftsangeboten der Kunden (falls zutreffend), e) Review der Zielbetriebs- und f) Hardwareumgebung, sowie g) andere Dokumente, die sich auf die Kundenbedarfe beziehen. [Prozessergebnisse 1, 4] *Anmerkung 1: Die Erhebung von Anforderungen* *kann sowohl Kunden als auch Lieferanten einbeziehen* *Anmerkung 2: Die vereinbarten Stakeholder-Anforderungen und die Bewertung von Änderungen können auf Machbarkeitsstudien und/oder Kosten- und Zeitanalysen basieren* *Anmerkung 3: Die Informationen, die erforderlich* *sind, um die Rückverfolgbarkeit für jede Kundenanforderung sicherzustellen, müssen gesammelt und dokumentiert werden*	**Hole Stakeholder-Anforderungen und -Bedarfe ein** Erhalte und definiere a) Stakeholder-Erwartungen und b) Bedarfe durch c) direkte Einholung von Kunden-Input sowie durch d) Review von Geschäftsangeboten der Kunden (falls zutreffend) e) andere Dokumente mit Inputs zu Stakeholder-Anforderungen, und f) Berücksichtigung der Zielbetriebs- und g) Hardwareumgebung *Anmerkung 1: Die Dokumentation des Stakeholder-Anforderungen oder der Quelle der Stakeholder-Anforderungen unterstützt die Vereinbarung der Stakeholder-Anforderungen sowie die Analyse von Änderungen (siehe BP2 und BP3)*

(in Anlehnung an Müller et al. 2016, S. 39)

stärker an der Logik der ISO 15288 (Standard für Systems Engineering-Prozesse), da gemäß ISO 15288 zunächst Stakeholder-Erwartungen und Bedarfe ermittelt, bevor Stakeholder-Anforderungen definiert werden. A-SPICE® 4.0 scheint einem ähnlichen Ansatz zu folgen.

Zweiter Unterschied: Das Wort „Kunde" wurde durch „Stakeholder" ersetzt. Ein Kunde ist normalerweise der direkte Kunde. Allerdings ist der Kunde nur einer der Stakeholder. Nicht jeder Stakeholder ist ein Kunde. Ein Stakeholder könnte beispielsweise die Regierung mit ihren Gesetzen, die Gemeinschaft, die Mitarbeiter usw. sein. Zusammenfassend ist die Gruppe der zu berücksichtigenden Personen größer geworden.

Dritter Unterschied: „andere Dokumente, die sich auf Kundenanfragen beziehen" wurde zu „andere Dokumente mit Inputs zu Stakeholder-Anforderungen" geändert. Die Absicht der Basispraxis ist dieselbe, aber die neue Formulierung ist weniger verwirrend.

A-SPICE® 3.1 verlangte dennoch ein Review der Zielbetriebs- und Hardwareumgebung. A-SPICE® 4.0 erfordert hingegen lediglich eine Berücksichtigung der Zielbetriebs- und Hardwareumgebung.

Hinweise/Interpretationen

Meiner Ansicht nach war A-SPICE® 3.1 in diesem Punkt strenger und schwerer zu erfüllen. Ein Review ist ein sehr intensiver, formaler und dokumentierter Vorgang. Eine Berücksichtigung ist im Grunde genommen wie zu sagen „Ja, ich habe darüber nachgedacht". Natürlich ist das jetzt überspitzt dargestellt.

5.1.2.2 BP2: Erlange ein Verständnis der Stakeholder-Erwartungen/Anforderungen vereinbaren

Siehe Tab. 5.3

Unterschiede

Die erste offensichtliche Änderung in Bezug auf die BP2 findet sich in der Überschrift der Basispraxis. Bisher war es ausreichend, ein gemeinsames Verständnis der Anforderungen zu erreichen. Jetzt muss eine Vereinbarung über die Anforderungen getroffen werden. A-SPICE® 4.0 folgt erneut etwas stärker der Logik der ISO 15288. Zuerst müssen die Erwartungen und Bedarfe der Stakeholder erhalten und in Anforderungen übersetzt werden. Anforderungen weisen eine Reihe von Eigenschaften[1] auf, die erfüllt werden müssen. Bedarfe und Erwartungen entsprechen nicht diesen Eigenschaften.

Nachdem die Anforderungen definiert wurden, muss ein gemeinsames Verständnis der Anforderungen zwischen allen betroffenen Parteien (und nicht nur zwischen Kunde

[1] Eigenschaften einer einzelnen, guten Anforderung sind nach GfSE (2016), Seiten 88–89, die Notwendigkeit, die Umsetzungsunabhängigkeit, die Eindeutigkeit, die Vollständigkeit, die Umsetzbarkeit, die Atomarität, die Nachweisbarkeit und die Übereinstimmung (mit Standards).

Tab. 5.3 SYS. 1 BP2 Vergleich

A-SPICE® 3.1	A-SPICE® 4.0
Erlange ein Verständnis der Stakeholder-Erwartungen Stelle sicher, dass sowohl a) der Lieferant als auch b) der Kunde c) jede Anforderung auf dieselbe Weise verstehen *Anmerkung 4: Das Review der Anforderungen und Anträge zusammen mit dem Kunden unterstützt ein besseres Verständnis der Kundenbedürfnisse und -erwartungen. Siehe auch Prozess SUP.4 Joint Review (Gemeinsame Reviews)* (Müller et al. 2016, Seite 40)	**Vereinbare Anforderungen** Übersetze a) die Stakeholder-Erwartungen b) und Bedarfe c) in formale Anforderungen d) Erlangt ein gemeinsames Verständnis des Satzes an Stakeholder-Anforderungen zwischen allen beteiligten Parteien, e) durch die ausdrückliche Zustimmung aller beteiligten Parteien *Anmerkung 2: Beispiele für betroffene Parteien sind Kunden, Lieferanten, Designpartner, Joint-Venture Beteiligte oder externe Firmen/Dienstleister* *Anmerkung 3: Die vereinbarten Stakeholder-Anforderungen können auf Machbarkeitsstudien und/oder Analysen zu Kosten- und Zeitplan-Auswirkungen basieren*

und Lieferant) erreicht werden. Schließlich muss der Nachweis möglich sein, dass alle betroffenen Parteien den Anforderungen ausdrücklich zugestimmt haben. Dies könnte durch die Dokumentation in einem Anforderungs-Tool, einer formellen Notiz im Besprechungsprotokoll, oder per E-Mail-Bestätigung durch alle beteiligten Parteien oder auf eine andere erdenkliche Weise erfolgen. Das gemeinsame Verständnis wird durch die ausdrückliche Zustimmung aller betroffenen Parteien gewährleistet.

Beispiel:

In der folgenden Darstellung wird die Basispraxis nicht vollständig erfüllt:

Ein Kunde hat die Anforderung an den Lieferanten, dass das Gehäuse für ein elektronisches Bauteil nicht durch Edelstahlkugelstrahlen entgratet werden darf. Der Kunde stimmt dieser Anforderung zu, vergisst jedoch, diese Anforderung an seinen Gehäuselieferanten weiterzugeben. Der Gehäuselieferant verwendet anschließend Edelstahlkugelstrahlen für seinen Entgratungsprozess.

In diesem Fall wurden die Erwartungen und Bedarfe des ersten Stakeholders, des Kunden, zwar erfolgreich in eine Anforderung übersetzt, aber ein gemeinsames Verständnis der Anforderung wurde nicht erreicht. Ebenso wurde keine ausdrückliche Zustimmung aller betroffenen Parteien eingeholt. Dies war schlichtweg unmöglich, da der Unterlieferant nichts von der Anforderung wusste. Wahrscheinlich würde diese Basispraxis im beschriebenen Beispiel mit „teilweise erfüllt" bewertet werden.

Die Richtigkeit des Beispiels setzt voraus, dass mein über die Kunden-Lieferantenbeziehung hinausgehendes Verständnis von „allen betroffenen Parteien" korrekt ist.

Hinweise/Interpretationen:
Im Vergleich zu A-SPICE® 3.1 ist diese Basispraxis in A-SPICE® 4.0 schwieriger zu erfüllen, da sie durch Inhalte aus anderen Basispraktiken (SYS. 1 in A-SPICE® 3.1) erweitert wurde und nun das ausdrückliche Einverständnis aller beteiligten Parteien voraussetzt. Insbesondere der Nachweis dieses Einverständnisses könnte sich als anspruchsvoll erweisen, da der Kunde keine direkte Vertragsbindung mit allen Gliedern der Lieferkette hat. Vielleicht ist „mit allen beteiligten Parteien" auch nur die Kunde-Lieferantenbeziehung gemeint.

5.1.2.3 BP3: Vereinbare Anforderungen/Analysiere die Stakeholder-Anforderungen und ihre Änderungen

Siehe Tab. 5.4

Unterschiede:
In der neuen Version von A-SPICE® wurde BP3 in BP2 integriert. Die ausdrückliche Zustimmung aller betroffenen Parteien, wie sie in A-SPICE® 3.1 erforderlich war, wurde nun in ein gemeinsames Verständnis der Anforderungen in BP2 von A-SPICE® 4.0 überführt. Dabei liegt der Fokus nicht mehr nur auf dem Arbeiten an den Anforderungen, sondern auf der Zielsetzung, ein Produkt zu entwickeln, das diese Anforderungen erfüllt.

Tab. 5.4 SYS. 1 BP3 Vergleich

A-SPICE®© 3.1	A-SPICE®© 4.0
Vereinbare Anforderungen: a) Erhalte das ausdrückliche Einverständnis aller beteiligten Parteien an diesen Anforderungen zu arbeiten (in Anlehnung Müller et al. 2016, S. 41)	**Analysiere die Stakeholder-Anforderungen und ihre Änderungen:** a) Analysiere alle durchgeführten Änderungen an den Stakeholder-Anforderungen gegenüber den (ursprünglich) vereinbarten Stakeholder-Anforderungen, b) bewerte die Auswirkungen, c) bewerte die Risiken, d) leite geeignete Maßnahmen zur Änderungslenkung ein, e) leite geeignete Maßnahmen zur Risikominderung ein *Anmerkung 4: Änderungen an Anforderungen können aus verschiedenen Quellen entstehen, wie beispielsweise durch sich ändernde Technologien, die Bedürfnisse von Stakeholdern oder rechtliche Vorgaben* *Anmerkung 5: Siehe Prozess "SUP.10 Change Request Management" (Änderungsmanagement), falls erforderlich*

Die frühere Formulierung ‚an diesen Anforderungen arbeiten' in A-SPICE® 3.1 konnte potenziell missverstanden werden, zum Beispiel an der Formulierung der Anforderungen zu arbeiten.

A-SPICE® 4.0 SYS.1 BP3 muss mit A-SPICE® 3.1 SYS.1 BP5 verglichen werden. Der Vergleich erfolgt unter Basispraxis 5.

Hinweise/Interpretation:
Die Klarstellung über das gemeinsame Verständnis der Anforderungen aller beteiligten Parteien in A-SPICE® 4.0 SYS.1 BP2 wirkt eventuellen, spitzfindigen Fehlinterpretation entgegen und ist insgesamt eine Verbesserung.

Die Basispraxis 3 in A-SPICE® 4.0 enthält einen möglichen Verweis auf MAN.5 Risk Management (Risikomanagement) durch „bewerte die Risiken" und es existiert ein direkter Verweis auf SUP.10 Change Request Management (Änderungsmanagement) durch die Anmerkung 5.

5.1.2.4 BP4: Stelle eine Baseline der Stakeholder-Anforderungen auf/ Kommuniziere den Status der Anforderungen

Siehe Tab. 5.5

Unterschiede:
a) Aus A-SPICE® 3.1 wurde in die BP2 von A-SPICE® 4.0 verschoben.

d) und e) aus A-SPICE® 3.1 sind in A-SPICE® 4.0 nicht enthalten.

b) und c) aus A-SPICE® 3.1 sind in A-SPICE® 4.0 nicht mehr vorhanden, da es in Bezug auf die Anforderungen keine Notwendigkeit mehr gibt, eine Baseline zu erstellen.

Tab. 5.5 SYS. 1 BP4 Vergleich

A-SPICE® 3.1	A-SPICE® 4.0
Stelle eine Baseline der Stakeholder-Anforderungen auf	**Kommuniziere den Status der Anforderungen**
a) Formalisiere die Stakeholder-Anforderungen, b) stelle eine Baseline der Stakeholder-Anforderungen für die Nutzung im Projekt auf, c) stelle eine Baseline der Stakeholder-Anforderungen auf, um die Umsetzung der Stakeholder-Bedarfe zu verfolgen, d) der Lieferant sollte Anforderungen, die nicht durch den Stakeholder geäußert wurden aber für den spezifizierten und beabsichtigten Gebrauch notwendig sind, definieren, e) der Lieferant sollte die Anforderungen aus dem Punkt d) in die Baseline aufnehmen	a) Stelle sicher, dass alle betroffenen Parteien sich über den Status ihrer Anforderungen inklusive ihrer Änderungen informieren können, b) Stelle sicher, dass alle betroffenen Parteien sich über die Bearbeitung ihrer Anforderungen inklusive ihrer Änderungen informieren können, c) kommuniziere die erforderlichen Daten, d) kommuniziere die erforderlichen Informationen
(in Anlehnung an Müller et al. 2016, S. 41–42)	

Hinweise/Interpretation:
In A-SPICE® 4.0 SYS.1 ist es nicht mehr erforderlich, eine formale Baseline der Anforderungen zu erstellen. Es bleibt zwar zulässig, dies weiterhin zu tun, doch stellt dies keine zwingende Voraussetzung mehr für das Erreichen von Level 1 dar. Die Anforderungen für Level 1 wurden in diesem Punkt gesenkt.

5.1.2.5 BP5: Steuere Änderungen der Stakeholder-Anforderungen/Es gibt keine BP5 in A-SPICE® 4.0 SYS.1

Siehe Tab. 5.6

Unterschiede
Es gibt in A-SPICE® 4.0 nur vier BPs, BP5 existiert nicht.

Der Inhalt von SYS.1 BP5 aus A-SPICE® 3.1 wurde in BP3 von A-SPICE® 4.0 integriert.

a) und b) aus A-SPICE® 3.1 sind in A-SPICE® 4.0 BP3 a) „Analysiere alle durchgeführten Änderungen an den Stakeholder-Anforderungen gegenüber den (ursprünglich) vereinbarten Stakeholder-Anforderungen." enthalten, jedoch wurde die Wortwahl stark vereinfacht, da keine Baseline mehr erforderlich ist.

Tab. 5.6 SYS. 1 BP5 Vergleich

A-SPICE® 3.1	A-SPICE® 4.0
Steuere Änderungen der Stakeholder-Anforderungen a) Steuere alle Änderungen an den Stakeholder-Anforderungen gegenüber der Stakeholder-Anforderungs-Baseline, um Verbesserungen sicherzustellen, die sich aus einer fortschreitenden Technologieentwicklung ergeben, b) Steuere alle Änderungen an den Stakeholder-Anforderungen gegenüber der Stakeholder-Anforderungs-Baseline, um Verbesserung sicherzustellen, die sich aus den identifizierten, sich ändernden Stakeholder-Bedarfen ergeben, c) Analysiere die Auswirkung der Änderungen d) Analysiere die Risiken der Änderungen e) leite geeignete Maßnahmen zur Änderungslenkung ein, f) leite geeignete Maßnahmen zur Risikominderung ein *Anmerkung 5: Anforderungsänderungen können sich aus verschiedenen Quellen ergeben, wie zum Beispiel sich ändernde Technologien und Stakeholder-Bedarfe, oder rechtliche Einschränkungen (Vorgaben)* *Anmerkung 6: Ein Informationsmanagementsystem könnte erforderlich sein um alle gewonnen und benötigten Informationen zur Definition vereinbarter Stakeholder-Anforderungen zu steuern, speichern und zu referenzieren* (in Anlehnung an Müller et al. 2016, S. 43)	**N/A** Es existiert keine BP5 in A-SPICE® 4.0 SYS.1

Hinweise/Interpretation

Der Inhalt von BP5 aus A-SPICE® 3.1 wurde nach BP3 von A-SPICE® 4.0 verschoben. Die Konstruktion der Sätze ist in A-SPICE® 4.0 leichter zugänglich. Die Reduktion der Satzkomplexität in A-SPICE® 4.0 ist ein positiver Schritt.

5.1.2.6 BP6: Baue einen Kunden-Lieferanten-Kommunikationsmechanismus für Anfragen auf/Es gibt keine BP6 in A-SPICE® 4.0 SYS.1

Siehe Tab. 5.7

Unterschiede

Der Inhalt von SYS.1 BP6 aus A-SPICE® 3.1 wurde in die BP4 verschoben. Die Konstruktion der Sätze ist in A-SPICE® 4.0 leichter verständlich. Es gibt keine Anforderung mehr, Informationen und Daten in einer vom Kunden festgelegten Sprache oder einem bestimmten Format bereitzustellen.

Tab. 5.7 SYS. 1 BP6 Vergleich

A-SPICE® 3.1	A-SPICE® 4.0
Baue einen Kunden-Lieferanten-Kommunikationsmechanismus für Anfragen auf Stelle ein Verfahren bereit, mit dem der sich der Kunde a) Stelle ein Verfahren bereit, mit dem der sich der Kunde über den Status seiner Anforderungsänderungen informieren kann b) Stelle ein Verfahren bereit, mit dem der sich der Kunde über den Status der Bearbeitung seiner Anforderungsänderungen informieren kann, c) stelle ein Verfahren bereit, mit dem der Lieferant die Fähigkeit hat erforderliche Informationen, inklusive Daten, in einer vom Kunden festgelegten Sprache zu übermitteln, d) stelle ein Verfahren bereit, mit dem der Lieferant die Fähigkeit hat erforderliche Informationen, inklusive Daten, in einem kundenspezifischen Format zu übermitteln *Anmerkung 7: Jede Änderung sollte dem Kunden vor ihrer Implementierung angezeigt werden, damit die Auswirkungen in Bezug auf Zeit, Kosten und Funktionalität bewertet werden können* *Anmerkung 8: Dies kann gemeinsame Besprechungen mit dem Kunden oder eine formelle Kommunikation umfassen, um den Status der Anforderungen und Anträge zu überprüfen; siehe auch Prozess SUP.4 Joint Reviews (Gemeinsame Reviews)* *Note 9: Die Formate, in denen der Lieferant die Informationen übermittelt, können computergestützte Designdaten (CAD) und elektronischen Datenaustausch einschließen* (in Anlehnung an Müller et al. 2016, S. 43)	**N/A** Es existiert keine BP6 in A-SPICE® 4.0 SYS.1

Hinweise/Interpretation

Im Allgemeinen wird erwartet, dass Englisch verwendet wird, wenn Kunde und Lieferant nicht dieselbe Muttersprache sprechen. Zumindest entspricht das meiner Erfahrung. Die Satzkonstruktionen in A-SPICE® 4.0 wirken im Gegensatz zu A-SPICE® 3.1 nicht mehr so sperrig. Vor allem in der englischen Originalfassung.

5.1.2.7 Grafische Zusammenfassung der Basispraxisänderung in SYS.1

Siehe Abb. 5.1

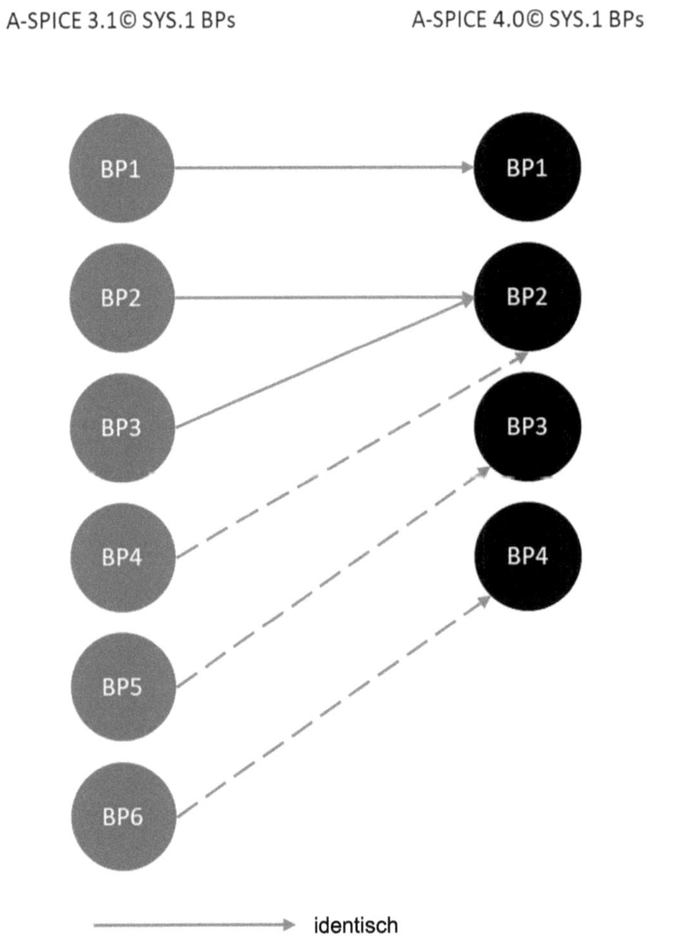

Abb. 5.1 Grafische Zusammenfassung der SYS.1 Basispraxisänderungen

5.2 SYS.2 „System Requirements Analysis" (Systemanforderungsanalyse)

Dieses Kapitel beleuchtet die Gemeinsamkeiten und Unterschiede der System-anforderungsanalyse-Prozesse, wie sie in A-SPICE® 3.1 und 4.0 dargelegt sind.

5.2.1 Vergleich der Prozessreferenzmodell-Elemente

Siehe Tab. 5.8

Tab. 5.8 Vergleich der SYS.2 PRM-Elemente

Element	A-SPICE® 3.1	A-SPICE® 4.0
Prozess ID	SYS. 2	SYS. 2
Prozessname	System Requirements Analysis (System-anforderungsanalyse)	System Requirements Analysis (Systemanforderungsanalyse)
Prozesszweck	Der Zweck besteht darin, die definierten Stakeholder-Anforderungen in einen Satz Systemanforderungen abzuleiten, an denen sich das Design des Systems orientiert	Der Zweck besteht darin, einen strukturierten und analysierten Satz von Systemanforderungen zu erstellen, der mit den Stakeholder-Anforderungen übereinstimmt
Prozessergeb-nisse	1) ein definierter Satz von System-anforderungen wird erstellt, 2) Systemanforderungen werden kategorisiert und hinsichtlich ihrer Richtigkeit und Nachweisbarkeit hin analysiert, 3) Die Systemanforderungen werden hinsichtlich ihrer Auswirkungen auf die Betriebsumgebung analysiert, 4) Priorisierung der Systemanforderungen für die Umsetzung wird festgelegt, 5) die Systemanforderungen werden bei Bedarf aktualisiert, 6) Konsistenz und bidirektionale Rückverfolgbarkeit werden zwischen den Stakeholder-Anforderungen und den Systemanforderungen sichergestellt, 7) die Systemanforderungen werden hinsichtlich Kosten, Terminplan und technischer Auswirkungen bewertet, 8) die Systemanforderungen werden vereinbart und an alle betroffenen Parteien kommuniziert	1) Systemanforderungen werden spezifiziert, 2) Systemanforderungen werden strukturiert und priorisiert, 3) Systemanforderungen werden hinsichtlich ihrer Richtigkeit und technischen Umsetzbarkeit analysiert, 4) Die Systemanforderungen werden hinsichtlich ihrer Auswirkungen auf die Betriebsumgebung analysiert, 5) Konsistenz und bidirektionale Rückverfolgbarkeit werden zwischen den Stakeholder-Anforderungen und den Systemanforderungen hergestellt, 6) Die Systemanforderungen werden vereinbart und an alle betroffenen Parteien kommuniziert

Unterschiede

Prozessname:

Keine Veränderung.

Prozesszweck:

Der Prozesszweck bleibt unverändert. Allerdings wurde die Formulierung in A-SPICE® 4.0 so verfeinert, dass sie leichter nachvollziehbar ist.

Prozessergebnisse:

Im ersten Prozessziel wurde die sprachliche Präzision verbessert. Die Systemanforderungen werden dabei nicht länger direkt aus den Stakeholder-Anforderungen abgeleitet, sondern es wird sichergestellt, dass die erstellten Systemanforderungen mit diesen übereinstimmen. Die Intention des Prozessergebnisses bleibt unverändert.

Die Priorisierung der Systemanforderungen erfolgt nun vor der Analyse. Darüber hinaus werden in A-SPICE® 4.0 die Systemanforderungen hinsichtlich ihrer Richtigkeit und technischen Umsetzbarkeit analysiert – eine Änderung gegenüber der früheren Fokussierung auf die Nachweisbarkeit.

Folgende Prozessziele wurden in A-SPICE® 4.0 inhaltlich 1:1 übernommen, wenngleich die Reihenfolge leicht geändert wurde:

- Die Systemanforderungen werden hinsichtlich ihrer Auswirkungen auf die Betriebsumgebung analysiert.
- Konsistenz und bidirektionale Rückverfolgbarkeit werden zwischen den Stakeholder-Anforderungen und den Systemanforderungen hergestellt.
- Die Systemanforderungen werden vereinbart und an alle betroffenen Parteien kommuniziert.

In A-SPICE® 3.1 SYS.2 entsprachen diese den Prozessergebnissen 3, 6 und 8, während es in A-SPICE® 4.0 SYS.2 die Prozessergebnisse 4 bis 6 sind.

Das fünfte Prozessergebnis aus A-SPICE® 3.1 SYS.2 – die Aktualisierung der Systemanforderungen bei Bedarf – ist in der aktualisierten Version des Standards nicht mehr Bestandteil der Prozessergebnisse.

Das siebte Prozessergebnis aus A-SPICE® 3.1 hat nur teilweise Einzug in A-SPICE® 4.0 erhalten: Die Aspekte bezüglich Kosten und Terminplan wurden entfernt, während der Teil hinsichtlich der technischen Umsetzbarkeit in A-SPICE® 4.0 in das dritte Prozessergebnis integriert wurde.

Hinweise/Interpretation

Das Prozessergebnis, die Systemanforderungen bei Bedarf zu aktualisieren, wurde gestrichen – vermutlich, weil davon ausgegangen wird, dass eine Anpassung bei Änderungen als selbsterklärend gilt und bereits durch die hergestellte Konsistenz sowie Rückverfolgbarkeit abgedeckt wird. Ebenso entfällt die separate Bewertung hinsichtlich Kosten,

Terminplan und technischer Auswirkungen. Letztere werden durch die Bewertung der technischen Machbarkeit implizit berücksichtigt, während Kosten und Terminplan zumindest im Rahmen der strukturierten Priorisierung der Systemanforderungen einfließen könnten.

5.2.2 Vergleich der SYS.2 Basispraktiken

Die nachfolgenden Unterkapitel beleuchten detailliert die Unterschiede der SYS.2 Basispraktiken zwischen den beiden A-SPICE® Versionen.

5.2.2.1 BP1: Spezifiziere Systemanforderungen/Spezifiziere Systemanforderungen

Siehe Tab. 5.9

Tab. 5.9 SYS. 2 BP1 Vergleich

A-SPICE® 3.1	A-SPICE® 4.0
Spezifiziere Systemanforderungen Nutze die Stakeholder-Anforderungen und ihre Änderungen, um in einer Systemanforderungsspezifikation[2]	**Spezifiziere Systemanforderungen** Nutze die Stakeholder-Anforderungen, um für das System gemäß den festgelegten Anforderungseigenschaften
a) die erforderlichen Funktionen des Systems zu identifizieren, b) die Fähigkeiten des Systems zu bestimmen, c) die funktionalen und d) nicht-funktionalen Systemanforderungen zu definieren	a) die funktionalen Anforderungen zu bestimmen b) und zu dokumentieren, c) die nicht-funktionalen Anforderungen zu bestimmen d) und zu dokumentieren
Anmerkung 1: Anwendungsparameter, die Funktionen und Fähigkeiten beeinflussen, sind Teil der Systemanforderungen *Anmerkung 2: Für Änderungen an den Stakeholder-Anforderungen ist SUP.10 anzuwenden* (in Anlehnung an Müller et al. 2016, S. 49)	*Anmerkung 1: Anforderungseigenschaften sind in Normen wie beispielsweise der ISO IEEE 29.148, ISO 26262–8:2018, oder dem INCOSE Leitfaden für das Verfassen von Anforderungen (INCOSE Guide For Writing Requirements) definiert* *Anmerkung 2: Beispiele für festgelegte Anforderungseigenschaften, die technische Normen gemeinsam haben, sind: Überprüfbarkeit (d. h. Verifizierungskriterien, die im Anforderungstext enthalten sind), Eindeutigkeit/Verständlichkeit, Umsetzungsunabhängigkeit sowie die Widerspruchsfreiheit der Anforderungen zueinander)*

[2] Oftmals als Lastenheft bezeichnet.

Unterschiede
Die Funktionen und Fähigkeiten des Systems werden in SYS.2 BP1 in A-SPICE® 4.0 nicht mehr identifiziert.

Hinweise/Interpretation:
In INCOSE 2023, S. 113, heißt es (sinngemäß übersetzt): „Bestimmen Sie jede erwartete Systemfunktion, einschließlich der zugehörigen Leistung. Berücksichtigen Sie sowohl Primärfunktionen als auch unterstützende Funktionen.“ In dieser Hinsicht könnte A-SPICE® 4.0 hinsichtlich der Funktionsidentifikation weniger mit dem Systems Engineering gemeinsam haben als zuvor.

5.2.2.2 BP2: Strukturiere Systemanforderungen/Strukturiere Systemanforderungen

Siehe Tab. 5.10

Unterschiede
Die Basispraxis in A-SPICE® 4.0 beschränkt sich darauf, die Systemanforderungen zu strukturieren und zu priorisieren. Die Beispiele hierfür wurden in ‚Anmerkung 3‘ verschoben, die jedoch lediglich ein oberflächliches Beispiel bietet – insbesondere im Vergleich zur detaillierten Beschreibung in BP2 von A-SPICE® 3.1.

Hinweise/Interpretation
Die Basispraktik wurde auf ihren wesentlichen Kontext reduziert. Die Beispiele zur Strukturierung der Anforderungen wurden fast vollständig entfernt, mit Ausnahme eines

Tab. 5.10 SYS. 2 BP2 Vergleich

A-SPICE® 3.1	A-SPICE® 4.0
Strukturiere Systemanforderungen Strukturiere die Systemanforderungen in der Systemanforderungsspezifikation, zum Beispiel durch a) Gruppierung in projektrelevante Cluster, b) Sortierung in einer für das Projekt logischen Reihenfolge, c) auf projektrelevanten Kriterien beruhender Kategorisierung, d) Priorisierung gemäß den Stakeholder-Bedarfen *Anmerkung 3: Priorisierung beinhaltet typischerweise die Zuordnung funktionaler Inhalte zu geplanten Releases. Siehe SPL.2.BP1* (in Anlehnung an Müller et al. 2016, S. 50)	**Strukturiere Systemanforderungen** a) Strukturiere und b) priorisiere die Systemanforderungen *Anmerkung 3: Beispiele für Strukturierungskriterien können Gruppierung (z. B. nach Funktionalität) oder Produktvariantenidentifikation sein* *Note 4: Priorisierung kann gemäß den Projekt- oder Stakeholder-Bedarfen erfolgen, zum Beispiel durch die Definition des Release-Umfangs. Bitte SPL.2.BP1 beachten*

vagen Beispiels in Anmerkung 3. Möglicherweise wollte A-SPICE® 4.0 die Möglichkeiten zur Strukturierung nicht durch zu viele Vorgaben einschränken.

Die Anmerkung 4 stellt eine direkte Verbindung zum Prozess „SPL.2 Product Release" (BP1) her.

5.2.2.3 BP3: Systemanforderungen analysieren/Systemanforderungen analysieren

Siehe Tab. 5.11

Unterschiede:

Die Nachweisbarkeit (Verifizierbarkeit) und die Risikoidentifikation sind nicht mehr in dieser Basispraxis enthalten. Die Analyse der Auswirkungen auf Kosten, Terminplan und der technischen Auswirkungen wurde zusammengefasst unter „Unterstützung des Projektmanagements bezüglich der Projektschätzungen".

Hinweise/Interpretation

Die Basispraxis in A-SPICE® 4.0 weist im Vergleich zur Version 3.1 einen geringeren Tiefgang auf, da einzelne Elemente entweder gestrichen oder unter einem Punkt subsumiert wurden. Während A-SPICE® 3.1 ein eigenständiges Verständnis der Basispraxis

Tab. 5.11 SYS. 2 BP3 Vergleich

A-SPICE® 3.1	A-SPICE® 4.0
Systemanforderungen analysieren Analysiere die Systemanforderungen inklusive ihrer Abhängigkeiten, um a) Richtigkeit, b) technische Umsetzbarkeit c) und Nachweisbarkeit sicherzustellen und d) die Risikoidentifikation zu unterstützen Analysiere die Auswirkungen auf e) Kosten, f) Terminplan und g) die technischen Auswirkungen *Anmerkung 4: Die Auswirkungsanalyse auf Kosten und Terminplan unterstützt die Anpassung der Projektschätzungen. Siehe Prozess MAN.3 BP5* (Müller et al. 2016, S. 51)	**Systemanforderungen analysieren** Analysiere die Systemanforderungen inklusive ihrer Abhängigkeiten, um a) Richtigkeit, b) technische Umsetzbarkeit sicherzustellen und c) das Projektmanagement bei den Projektschätzungen zu unterstützen *Anmerkung 5: Siehe Prozess MAN.3.BP3 für Projektumsetzbarkeit und MAN.3.BP5 für Projektschätzungen* *Anmerkung 6: Die Bewertung der technischen Umsetzbarkeit kann beispielsweise anhand der Plattform oder Produktlinie oder mithilfe der Prototypenentwicklung oder Produktdemonstratoren erfolgen*

ermöglichte, erfordert A-SPICE® 4.0 die Konsultation zusätzlicher Basispraktiken anderer Prozesse, um deren vollständigen Kontext zu erfassen. Einerseits wird damit die intensivere Verzahnung der Prozesse verdeutlicht, andererseits wird das isolierte Verständnis der Basispraxis erschwert.

Die Anmerkung 5 stellt darüber hinaus eine direkte Verbindung zu MAN.3 „Project Management" (Projektmanagement) her.

5.2.2.4 BP4: Analysiere die Auswirkungen auf die Betriebsumgebung/ Analysiere die Auswirkungen auf den Systemkontext

Siehe Tab. 5.12

Unterschiede

Die BP4 in A-SPICE® 4.0 präsentiert im Vergleich zur ausführlicheren Darstellung in A-SPICE® 3.1 eine wesentlich abstraktere Aussage. Im Systems Engineering existieren klare Richtlinien zur Bestimmung der Systemgrenzen, aus denen der Systemkontext abgeleitet wird (INCOSE (2023), S. 8, verwendet hierzu auch den Begriff „Systemumgebung"). Vereinfacht gesagt umfasst der Systemkontext bzw. die Systemumgebung alle Elemente und Akteure, die mit dem System interagieren – einschließlich der Schnittstellen –, aber nicht als integraler Bestandteil des Systems anzusehen sind (Abb. 5.2).

Wie in Abb. 5.2 dargestellt, dient ein PC als anschauliches Beispiel für ein System. Seine internen Komponenten – etwa das Motherboard, die Grafikkarte, Festplatten, der Arbeitsspeicher, interne Laufwerke und der Prozessor – bilden die Systemelemente, die im PC-Gehäuse untergebracht sind. Das PC-Gehäuse definiert somit die Systemgrenze. Demgegenüber umfasst der Systemkontext alle externen Elemente, die mit dem PC interagieren, wie etwa Maus, Monitor, Tastatur, Lautsprecher sowie externe Speichermedien wie USB-Sticks, externe Festplatten, eine anschließbare Digitalkamera, das Handy, etc. als auch den Nutzer des PCs.

Tab. 5.12 SYS. 2 BP4 Vergleich

A-SPICE® 3.1	A-SPICE® 4.0
Analysiere die Auswirkungen auf die Betriebsumgebung a) Identifiziere die Schnittstellen zwischen dem spezifizierten System und anderen Elementen der Betriebsumgebung, b) Analysiere die Auswirkungen, die die Systemanforderungen auf diese Schnittstellen haben werden, c) Analysiere die Auswirkungen, die die Systemanforderungen auf die Betriebsumgebung haben werden (Müller et al. 2016, S. 53)	**Analysiere die Auswirkungen auf den Systemkontext** a) Analysiere die Auswirkungen, die die Systemanforderungen auf Elemente im relevanten Systemkontext haben werden

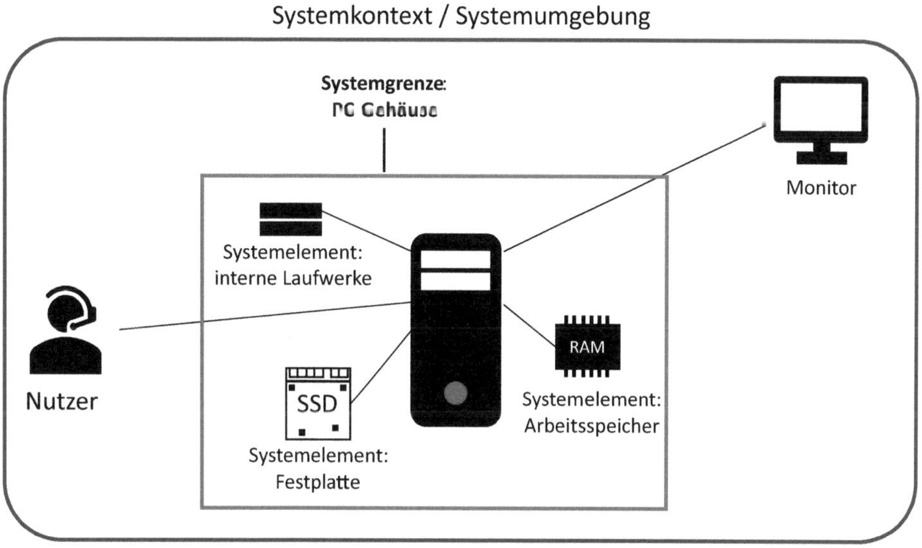

Abb. 5.2 System, Systemgrenze und Systemkontext am Beispiel PC

Hinweise/Interpretation

Auf den ersten Blick erscheinen die Anforderungen zur Erfüllung dieser Basispraxis in A-SPICE® 4.0 geringer. Die vage Formulierung führt dazu, dass ohne eine präzise Definition der Systemgrenzen der Systemkontext beziehungsweise die Systemumgebung schwer zu identifizieren ist – einzelne Aspekte könnten dabei völlig übersehen werden. Zudem muss man verschiedene Standards und Dokumente heranziehen, um zu verstehen, was unter Systemkontext bzw. Systemumgebung zu verstehen ist. Im Vergleich dazu war A-SPICE® 3.1 deutlich detaillierter und präziser formuliert, sodass die BP4 in A-SPICE® 4.0 für mich insgesamt keine Verbesserung gegenüber der Vorgängerversion darstellt.

5.2.2.5 BP5: Entwickle Verifikationskriterien/Stelle Konsistenz sicher und stelle bidirektionale Rückverfolgbarkeit her

Siehe Tab. 5.13

Unterschiede:

Die BP5 in A-SPICE® 3.1 existiert in A-SPICE® 4.0 nicht mehr. Dies wird vermutlich durch die BP1 und die Anforderungseigenschaften abgedeckt. Ein Merkmal einer spezifischen Anforderung ist beispielsweise die Verifizierbarkeit gemäß Systems Engineering (siehe auch INCOSE 2023, S. 116).

Tab. 5.13 SYS. 2 BP5 Vergleich

A-SPICE® 3.1	A-SPICE® 4.0
Entwickle Verifikationskriterien a) Entwickle Verifikationskriterien für jede Systemanforderung, die a. die qualitativen und b. quantitativen Maße für die Verifikation einer Anforderung definieren *Anmerkung 5: Verifikationskriterien belegen, dass eine Anforderung innerhalb der vereinbarten Rahmenbedingungen nachgewiesen werden kann, und dienen typischerweise als Grundlage für die Entwicklung von Systemtestfällen oder anderer Verifikationsmaßnahmen, die die Einhaltung der Systemanforderungen sicherstellen* *Anmerkung 6: Verifikation, die nicht durch Tests abgedeckt werden kann, ist durch „SUP.2 Verification" abgedeckt* (Müller et al. 2016, S. 53)	**Stelle Konsistenz sicher und stelle bidirektionale Rückverfolgbarkeit her** a) Stelle Konsistenz sicher und b) stelle bidirektionale Rückverfolgbarkeit zwischen Systemanforderungen und Stakeholder-Anforderungen her *Anmerkung 7: Bidirektionale Rückverfolgbarkeit unterstützt die Konsistenz, erleichtert die Auswirkungsanalyse von Änderungsanträgen und unterstützt den Nachweis der Abdeckung von Stakeholder-Anforderungen. Rückverfolgbarkeit für sich alleine, etwa in Form von Links oder Verweisen, garantiert nicht, dass die Informationen zueinander konsistent sind* *Anmerkung 8: Es könnten nicht-funktionale Stakeholder-Anforderungen existieren, zu denen die Systemanforderungen keine Rückverfolgbarkeit aufweisen. Beispiele wären Prozessanforderungen. Diese Stakeholder-Anforderungen unterliegen jedoch nach wie vor der Verifikation*

Hinweise/Interpretation:
Es ist nicht mehr notwendig, Verifikationskriterien in einem zusätzlichen Schritt zu entwickeln, da dies bereits in BP1 erfolgen sollte – etwa durch die Prüfung, ob eine Anforderung den festgelegten Merkmalen entspricht, ob sie sich nicht gegenseitig widersprechen und ob die Richtlinien zur Erstellung von Anforderungen eingehalten wurden. Es wirkt widersprüchlich, dass sich A-SPICE® 4.0 in manchen Aspekten ISO 15288 und dem Systems Engineering (SE) angenähert hat, in anderen Fällen – wie in diesem – jedoch genau den entgegengesetzten Weg eingeschlagen hat. Laut Systems Engineering sollten Verifikationskriterien bereits während der Definitionsphase der Systemanforderungen entwickelt werden. Dies wird auch explizit im Prozessreferenzmodell von SE festgehalten (siehe INCOSE (2023), *Seite 114*). Diese klare Vorgabe galt ebenso für A-SPICE® 3.1. Warum man zu einer impliziten Anforderung übergegangen ist, die außerdem das Heranziehen verschiedener Standards und Dokumente erfordert, bleibt mir unverständlich. Der Aufwand, diese Anforderung zu erfüllen, hat sich durch die Hintertür erhöht.

5.2.2.6 BP6: Stelle bidirektionale Rückverfolgbarkeit her/ Kommuniziere die vereinbarten Systemanforderungen und ihre Auswirkungen auf den Systemkontext

Siehe Tab. 5.14

Unterschiede:
Die BP6 aus A-SPICE® 3.1 wird in A-SPICE® 4.0 durch die BP5 abgedeckt.

Die BP6 in A-SPICE® 4.0 entspricht der BP8 aus A-SPICE® 3.1. Allerdings wird die Aktualisierung der Systemanforderungen in A-SPICE® 4.0 nicht mehr explizit erwähnt. Stattdessen ist nun die Kommunikation der Auswirkungsanalyse auf den Systemkontext erforderlich.

Hinweise/Interpretation:
N/A.

5.2.2.7 BP7: Stelle Konsistenz sicher/Es existiert keine BP7 in A-SPICE® 4.0 SYS.2

Siehe Tab. 5.15

Tab. 5.14 SYS. 2 BP6 Vergleich

A-SPICE® 3.1	A-SPICE® 4.0
Stelle bidirektionale Rückverfolgbarkeit her a) Stelle bidirektionale Rückverfolgbarkeit zwischen Stakeholder-Anforderungen und Systemanforderungen her *Anmerkung 7: Bidirektionale Rückverfolgbarkeit unterstützt Abdeckungs-, Konsistenz- und Auswirkungsanalyse* (in Anlehnung an Müller et al. 2016, S. 54)	**Kommuniziere die vereinbarten Systemanforderungen und ihre Auswirkungen auf den Systemkontext** a) Kommuniziere die vereinbarten Systemanforderungen und b) Kommuniziere die Ergebnisse der Auswirkungsanalyse auf den Systemkontext an alle betroffenen Parteien

Tab. 5.15 SYS. 2 BP7 Vergleich

A-SPICE® 3.1	A-SPICE® 4.0
Stelle Konsistenz sicher a) Stelle Konsistenz zwischen Stakeholder-Anforderungen und Systemanforderungen sicher *Anmerkung 8: Konsistenz wird durch bidirektionale Rückverfolgbarkeit unterstützt und kann durch Review-Protokolle nachgewiesen werden* (Müller et al. 2016, S. 54)	**N/A** Es existiert keine BP7 in A-SPICE® 4.0 SYS.2

Unterschiede:
BP7 aus A-SPICE® 3.1 ist durch BP5 in A-SPICE® 4.0 abgedeckt.

Hinweise/Interpretationen:
N/A.

5.2.2.8 BP8: Kommuniziere die vereinbarten Systemanforderungen/Es existiert keine BP8 in A-SPICE® 4.0 SYS.2

Siehe Tab. 5.16

Unterschiede:
Die BP8 in A-SPICE® 3.1 entspricht der BP6 aus A-SPICE® 4.0. Allerdings wird die Aktualisierung der Systemanforderungen in A-SPICE® 4.0 nicht mehr explizit erwähnt. Stattdessen ist die Kommunikation der Auswirkungsanalyse auf den Systemkontext in A-SPICE® 4.0 erforderlich.

Hinweise/Interpretation:
Aktualisierungen der Systemanforderungen werden vermutlich durch das Änderungsmanagement, die bidirektionale Rückverfolgbarkeit und die Konsistenz abgedeckt.

5.2.2.9 Grafische Zusammenfassung der Basispraxisänderungen in SYS.2

(Siehe Abb. 5.3).

Tab. 5.16 SYS. 2 BP8 Vergleich

A-SPICE® 3.1	A-SPICE® 4.0
Kommuniziere die vereinbarten Systemanforderungen a) Kommuniziere die vereinbarten Systemanforderungen und b) Kommuniziere Aktualisierungen der Systemanforderungen an alle relevanten Parteien (Müller et al. 2016, S. 55)	**N/A** Es existiert keine BP8 in A-SPICE® 4.0

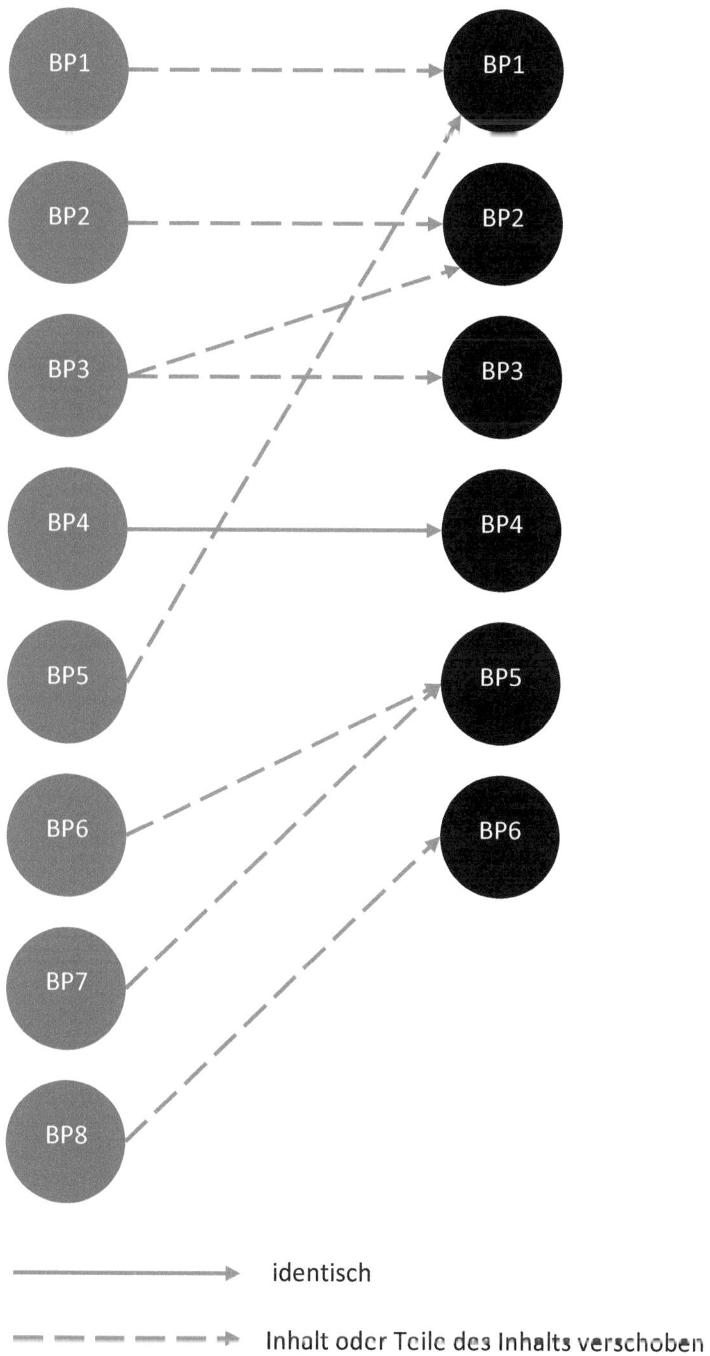

Abb. 5.3 Grafische Zusammenfassung des SYS.2 Basispraxisänderungen

5.3 SYS.3 „System Architectural Design" (Systemarchitekturdesign)

In diesem Kapitel werden die Gemeinsamkeiten und Differenzen der Prozesse zur Gestaltung von Systemarchitekturen untersucht, wie sie in A-SPICE 3.1® und 4.0 beschrieben sind.

5.3.1 Vergleich der Prozessreferenzmodell-Elemente

Siehe Tab. 5.17

Unterschiede:
Prozessname:
Kein Unterschied.

Tab. 5.17 Vergleich der SYS.3 PRM-Elemente

Element	A-SPICE® 3.1	A-SPICE® 4.0
Prozess ID	SYS. 3	SYS. 3
Prozess- name	System Architectural Design (Systemarchitekturdesign)	System Architectural Design (Systemarchitekturdesign)
Prozess- zweck	Der Zweck ist eine Systemarchitektur zu entwerfen, zu bestimmen welche Systemanforderungen welchen Architekturelementen des Systems zugeordnet werden sollen, und die Systemarchitektur anhand definierter Kriterien zu bewerten	Der Zweck ist eine analysierte Systemarchitektur zu erstellen, die sowohl statische als auch dynamische Aspekte umfasst und mit den Systemanforderungen übereinstimmt
Prozessergebnisse	1) Ein Systemarchitekturdesign wird erstellt, die die Elemente des Systems identifiziert 2) Die Systemanforderungen werden den Systemelementen zugeordnet, 3) die Schnittstellen jedes Systemelements werden definiert, 4) das dynamische Verhalten der Systemelemente wird definiert, 5) Konsistenz und bidirektionale Rückverfolgbarkeit zwischen Systemanforderungen und Systemarchitekturdesign werden sichergestellt, 6) das Systemarchitekturdesign wird vereinbart und alle betroffenen Parteien kommuniziert	1) Eine Systemarchitektur wird erstellt, die die Systemelemente mit ihrem Verhalten, ihren Schnittstellen, ihren Beziehungen und ihren Interaktionen bestimmt, 2) die Systemarchitektur wird anhand definierter Kriterien analysiert und besondere Merkmale werden identifiziert, 3) Konsistenz und bidirektionale Rückverfolgbarkeit werden zwischen Systemarchitektur und Systemanforderungen sichergestellt 4) Die vereinbarte Systemarchitektur und die besonderen Merkmale werden an alle betroffenen Parteien kommuniziert

Prozesszweck:
Die Systemarchitektur ist in A-SPICE® 4.0 anhand definierter Kriterien zu analysieren und zudem sind besondere Merkmale zu identifizieren. Sie muss sowohl das statische als auch das dynamische Verhalten berücksichtigen und darf sich nicht ausschließlich auf das dynamische beschränken.
Prozessergebnisse:
Im ersten Prozessergebnis von A-SPICE® 4.0 SYS.3 zeigt sich eine wesentliche Neuerung im Vergleich zu A-SPICE® 3.1. Es reicht nicht mehr aus, lediglich die Systemelemente zu bestimmen – auch ihr Verhalten, ihre Schnittstellen, Beziehungen und Interaktionen müssen bei der Erstellung der Systemarchitektur berücksichtigt werden. Dies führte dazu, dass die früheren Prozessergebnisse 3) „die Schnittstellen jedes Systemelements werden definiert" und 4) „das dynamische Verhalten der Systemelemente wird definiert" aus A-SPICE® 3.1 SYS.3 in das erste Prozessergebnis integriert wurden. Darüber hinaus legt A-SPICE® 4.0 SYS.3 besonderen Wert auf die explizite Berücksichtigung des statischen Verhaltens.

Im Vergleich zu A-SPICE® 3.1 wurde das zweite Prozessergebnis in A-SPICE® 4.0 SYS.3 neu hinzugefügt. Während in A-SPICE® 3.1 die Analyse anhand definierter Kriterien lediglich im Prozesszweck erwähnt wird, findet sie dort keine Berücksichtigung in der Liste der Prozessergebnisse. A-SPICE® 4.0 behebt dieses Versäumnis und ergänzt zudem die Anforderung zur Festlegung besonderer Merkmale.

Das fünfte Prozessergebnis von A-SPICE® 3.1 SYS.3, „Konsistenz und bidirektionale Rückverfolgbarkeit zwischen Systemanforderungen und Systemarchitekturdesign werden sichergestellt", entspricht dem dritten Prozessergebnis der überarbeiteten Version.

Das abschließende Prozessergebnis von A-SPICE® SYS.3, die Kommunikation der Architektur an alle beteiligten Parteien, bleibt weitgehend unverändert gegenüber der aktualisierten Version in A-SPICE® 4.0. Neu hinzugekommen ist jedoch die explizite Einbindung und Betonung der besonderen Merkmale in der Kommunikation.

5.3.2 Vergleich der SYS.3 Basispraktiken

In den folgenden Unterkapiteln werden die Unterschiede der SYS.3 Basispraktiken zwischen den beiden A-SPICE® Versionen ausführlich dargestellt.

5.3.2.1 BP1: Entwickle die Systemarchitektur/Spezifiziere die statistischen Aspekte der Systemarchitektur

Siehe Tab. 5.18

Unterschiede:
Die Basispraktiken (BPs) unterscheiden sich erheblich. Während die Schnittstellen in A-SPICE® 3.1 SYS.3 Teil von BP3 waren, ähnelt der Satz an Systemelementen aus A-SPICE® 4.0 zwar BP1, wurde jedoch um Beziehungen und Schnittstellen erweitert.

Tab. 5.18 SYS. 3 BP1 Vergleich

A-SPICE® 3.1	A-SPICE® 4.0
Entwickle das Systemarchitekturdesign a) Entwickle die Systemarchitektur, die die Elemente des Systems hinsichtlich der funktionalen und nicht-funktionalen Anforderungen spezifiziert b) Dokumentiere die Systemarchitektur, die die Elemente des Systems hinsichtlich der funktionalen und nicht-funktionalen Anforderungen spezifiziert *Anmerkung 1: Die Entwicklung der Systemarchitektur umfasst typischerweise die Untergliederung in Elemente über geeignete hierarchische Ebenen hinweg* (Müller et al. 2016, S. 59)	**Spezifiziere die statistischen Aspekte der Systemarchitektur** a) Spezifiziere die statischen Aspekte der Systemarchitektur bezüglich der **funktionalen** Anforderungen, einschließlich • externer Schnittstellen, • eines definierten Satzes an Systemelementen mit ihren Schnittstellen und Beziehungen b) Spezifiziere die statischen Aspekte der Systemarchitektur bezüglich der **nicht-funktionalen** Anforderungen, einschließlich • externer Schnittstellen, • eines definierten Satzes an Systemelementen mit ihren Schnittstellen und Beziehungen c) Dokumentiere die statischen Aspekte der Systemarchitektur in Bezug auf die funktionalen und nicht-funktionalen Anforderungen, einschließlich externer Schnittstellen und eines definierten Satzes von Systemelementen mit ihren Schnittstellen und Beziehungen *(Anmerkung: Im Wesentlichen dokumentiere a) und b))*

Zudem wird BP2 aus A-SPICE® 3.1 in diesem Schritt durch die Formulierung „in Bezug auf die funktionalen und nicht-funktionalen Systemanforderungen" ebenfalls berücksichtigt.

Hinweise/Interpretation:
Eine kleine Lücke in A-SPICE® 3.1 wurde geschlossen, da in der vorherigen Version lediglich das dynamische Verhalten explizit erwähnt wurde. Es bleibt unklar, ob es einfacher ist, zunächst eine Architektur zu erstellen und anschließend die statischen Aspekte zu beschreiben oder umgekehrt, erst die statischen Aspekte zu betrachten und darauf basierend die Architektur zu entwickeln. Der RFLP-Logik[3] folgend wäre wahrscheinlich der erste Schritt die Betrachtung der statischen Aspekte, gefolgt von der logischen

[3] RFLP-Logik: Die Entwicklung folgt einer sequenziellen Struktur, bei der zunächst die Anforderungen (requirements), anschließend die Funktionen (functions), danach die logische Architektur (logical architecture) und schließlich die physische Architektur (physical Architecture) in Abhängigkeit voneinander ausgearbeitet werden.

Architektur. Die explizite Erwähnung der kompletten Architektur fehlt in der aktuellen Version jedoch vollständig.

5.3.2.2 BP2: Ordne Systemanforderungen zu/Spezifiziere die dynamischen Aspekte der Systemarchitektur

Siehe Tab. 5.19

Unterschiede:

Die Basispraktiken (BPs) unterscheiden sich grundlegend. Während die Schnittstellen in A-SPICE® 3.1 Bestandteil von BP3 waren, ähnelt der Satz an Systemelementen aus A-SPICE® 4.0 zwar der BP1 aus A-SPICE® 3.1, wurde jedoch um Beziehungen und Schnittstellen erweitert. BP2 aus A-SPICE® 3.1 wird in der A-SPICE® 4.0 BP2 ebenfalls durch die Formulierung „in Bezug auf die funktionalen und nicht-funktionalen Systemanforderungen" abgedeckt. Zudem findet BP4 aus A-SPICE® 3.1 seine Entsprechung in BP2 von A-SPICE® 4.0.

Tab. 5.19 SYS. 3 BP2 Vergleich

A-SPICE® 3.1	A-SPICE® 4.0
Ordne Systemanforderungen zu a) Ordne die Systemanforderungen den Systemarchitektur-Elementen zu (Müller et al. 2016, S. 59)	**Spezifiziere die dynamischen Aspekte der Systemarchitektur** a) Spezifiziere die statischen Aspekte der Systemarchitektur bezüglich der funktionalen Anforderungen, einschließlich • externer Schnittstellen, • eines definierten Satzes an Systemelementen mit ihren Schnittstellen und Beziehungen b) Spezifiziere die statischen Aspekte der Systemarchitektur bezüglich der nicht-funktionalen Anforderungen, einschließlich • externer Schnittstellen, • eines definierten Satzes an Systemelementen mit ihren Schnittstellen und Beziehungen c) Dokumentiere die statischen Aspekte der Systemarchitektur in Bezug auf die funktionalen und nicht-funktionalen Anforderungen, einschließlich externer Schnittstellen und eines definierten Satzes an Systemelementen mit ihren Schnittstellen und Beziehungen (Anmerkung: Im Wesentlichen dokumentiere a) und b)) *Anmerkung 1: Beispiele für Systemelement-Interaktionen sind Zeitablaufdiagramme, die die Trägheit mechanischer Komponenten, die Verarbeitungszeiten von Steuergeräten (ECUs) und die Signalübertragungszeiten von Bussystemen darstellen*

Hinweise/Interpretation:
In A-SPICE® 3.1 gab es eine kleine Lücke, da nur das dynamische Verhalten explizit hervorgehoben wurde. Ob es effektiver ist, zunächst eine Architektur zu entwerfen und danach die dynamischen Aspekte zu definieren oder umgekehrt, bleibt offen. Nach der RFLP-Logik ist es vermutlich sinnvoller zunächst die dynamischen Aspekte zu analysieren, um anschließend mit der Entwicklung der logischen Architektur fortzufahren. Die explizite Erwähnung des Architekturentwurfs findet in der aktualisierten Version jedoch keine Berücksichtigung mehr.

5.3.2.3 BP3: Definiere die Schnittstellen des Systems/Analysiere die Systemarchitektur

Siehe Tab. 5.20

Unterschiede:
A-SPICE® 3.1 SYS.3 BP3 wird vollständig durch A-SPICE® 4.0 BP1 und BP2 abgedeckt. Dabei zeigt A-SPICE® 4.0 SYS.3 BP4 eine klare Ähnlichkeit zu A-SPICE® 3.1 BP5, wobei die Definition von Bewertungskriterien nicht länger explizit berücksichtigt wird. Neu hinzugekommen ist hingegen die Festlegung besonderer Merkmale für nichtsoftwarebasierte Elemente, die ohnehin gemäß den Vorgaben von VDA und ISO TS 16949 erfolgen sollte.

Hinweise/Interpretation:
In dieser A-SPICE® 4.0 SYS.3 Basispraxis lässt sich eine Verbindung zum Entscheidungsmanagementprozess der ISO 15288 erkennen, da dort ebenfalls die Dokumentation von Entscheidungsbegründungen nach einer durchgeführten Analyse gefordert wird. Anmerkung 2 schafft zudem eine direkte Verknüpfung zum Prozess „MAN.3 Projektmanagement".

5.3.2.4 BP4: Beschreibe das dynamische Verhalten/Stelle Konsistenz sicher und stelle bidirektionale Rückverfolgbarkeit her

Siehe Tab. 5.21

Unterschiede:
A-SPICE® 3.1 BP6 und BP7 wurden in A-SPICE® 4.0 BP4 zusammengeführt, während A-SPICE® 3.1 BP4 nun in A-SPICE® 4.0 BP2 integriert ist.

Hinweise/Interpretation:
A-SPICE® 4.0 BP4 zeigt durch die beiden Anmerkungen potenzielle Verknüpfungen zu SUP.10 Change Request Management und möglicherweise auch zu SYS.4 Systemintegration sowie Integrationsverifikation.

Tab. 5.20 SYS. 3 BP3 Vergleich

A-SPICE® 3.1	A-SPICE® 4.0
Definiere die Schnittstellen des Systems a) Identifiziere die Schnittstellen von jedem Systemelement b) Entwickle die Schnittstellen von jedem Systemelement c) Dokumentiere die Schnittstellen von jedem Systemelement (Müller et al. 2016, S. 60)	**Analysiere die Systemarchitektur** a) Analysiere die Systemarchitektur im Hinblick auf relevante technische Gestaltungsaspekte, die sich auf den Produktlebenszyklus beziehen b) Analysiere die Systemarchitektur im Hinblick auf relevante technische Gestaltungsaspekte, um das Projektmanagement bei Projektabschätzungen zu unterstützen c) Analysiere die Systemarchitektur im Hinblick auf relevante technische Gestaltungsaspekte, um besondere Merkmale für nicht-softwarebasierte Elemente abzuleiten d) Dokumentiere die Begründung für die gewählte Systemarchitektur *Anmerkung 2: Siehe MAN.3.BP3 für die Projektmachbarkeit und MAN.3.BP5 für Projektabschätzungen* *Anmerkung 3: Beispiele für Produktlebenszyklusphasen sind Produktion, Wartung & Reparatur, Stilllegung* *Anmerkung 4: Beispiele für technische Aspekte sind die Herstellbarkeit für die Produktion, die Eignung bereits vorhandener Systemelemente zur Wiederverwendung oder die Verfügbarkeit von Systemelementen* *Anmerkung 5: Beispiele für geeignete Methoden zur Analyse technischer Aspekte sind Prototypen, Simulationen, und qualitative Analysen (z. B.: FMEA-Ansätze)* *Anmerkung 6: Beispiel-Begründungen für eine gewählte Systemarchitektur sind die Bewährtheit im Einsatz, Wiederverwendung einer Produktplattform oder Produktlinie, eine Make-or-Buy-Entscheidung oder eine evolutionäre Entwicklung (z. B. set-based Design[4])*

5.3.2.5 BP5: Bewerte alternative Systemarchitekturen/Kommuniziere die vereinbarte Systemarchitektur

Siehe Tab. 5.22

Unterschiede:
Die Inhalte von A-SPICE® 3.1 BP5 wurden in A-SPICE® 4.0 BP3 übertragen.

[4] Das Set-Based Design (SBD) ist ein Ansatz im Systementwurf und in der Produktentwicklung, der darauf abzielt, mehrere Designalternativen gleichzeitig zu betrachten und weiterzuentwickeln, anstatt sich frühzeitig auf eine einzige Lösung festzulegen. Es wird häufig in der Lean-Produktentwicklung und im Systems Engineering verwendet, insbesondere in komplexen Projekten, wo Unsicherheiten und sich ändernde Anforderungen eine Rolle spielen (SEBok 2024, S. 1230).

Tab. 5.21 SYS. 3 BP4 Vergleich

A-SPICE® 3.1	A-SPICE® 4.0
Beschreibe das dynamische Verhalten a) Bewerte das dynamische Verhalten der Interaktionen zwischen Systemelementen b) Dokumentiere das dynamische Verhalten der Interaktionen zwischen Systemelementen *Anmerkung 2: Dynamisches Verhalten ist durch Betriebsmodi bestimmt (beispielsweise Aufstarten, Abschalten, normaler Modus, Kalibrierung, Diagnose)* (Müller et al. 2016, S. 61)	**Stelle Konsistenz sicher und stelle bidirektionale Rückverfolgbarkeit her** a) Stelle Konsistenz sicher b) Stelle bidirektionale Rückverfolgbarkeit zwischen Elementen der Systemarchitektur und den Systemanforderungen, die Eigenschaften oder Merkmale des physischen Endprodukts darstellen, her *Anmerkung 7: Bidirektionale Rückverfolgbarkeit unterstützt die Konsistenz, erleichtert die Auswirkungsanalyse von Änderungsanträgen und unterstützt den Nachweis der Verifikationsabdeckung. Rückverfolgbarkeit für sich alleine, etwa in Form von Links oder Verweisen, garantiert nicht, dass die Informationen zueinander konsistent sind* *Anmerkung 8: Es könnten nicht-funktionale Anforderungen existieren, zu denen von der Systemarchitektur aus keine Rückverfolgbarkeit besteht. Beispiele beziehen sich nicht auf direkte Eigenschaften oder Merkmale des physischen Endprodukts und stellen diese auch nicht dar. Solche Anforderungen müssen dennoch einer Verifikation unterzogen werden*

Tab. 5.22 SYS. 3 BP5 Vergleich

A-SPICE® 3.1	A-SPICE® 4.0
Bewerte alternative Systemarchitekturen a) Definiere Bewertungskriterien für die Architektur b) Bewerte alternative Systemarchitekturen anhand der definierten Kriterien zur Bewertung der Architektur c) Dokumentiere die Begründung für die ausgewählte Systemarchitektur *Anmerkung 3: Bewertungskriterien können Qualitätsmerkmale (Modularität, Wartbarkeit, Erweiterbarkeit, Skalierbarkeit, Zuverlässigkeit, Sicherheitsimplementierung, Benutzerfreundlichkeit) und Ergebnisse von Make-Buy-Reuse umfassen* (in Anlehnung an Müller et al. 2016, S. 61)	**Kommuniziere die vereinbarte Systemarchitektur** a) Kommuniziere die vereinbarte Systemarchitektur, einschließlich der besonderen Merkmale, an alle betroffenen Parteien

Darüber hinaus scheint A-SPICE® 4.0 BP5, im Vergleich zu A-SPICE® 3.1 BP8, keine explizite Anforderung mehr zu enthalten, Aktualisierungen zu kommunizieren – oder zumindest wird dies nicht mehr ausdrücklich erwähnt.

Hinweise/Interpretationen:
Es wirkt widersprüchlich, dass im Prozesszweck von A-SPICE® 4.0 beschrieben wird, die Architektur anhand definierter Kriterien zu analysieren, während keine der SYS.3 BPs in A-SPICE® 4.0 solche Bewertungskriterien aufstellt. Im Gegensatz dazu legte A-SPICE® 3.1 SYS.3 BP5 die notwendigen Bewertungskriterien klar fest, was auf einen Bruch in der logischen Konsistenz schließen lässt.

Die Aktualisierungen der Systemarchitektur werden nicht mehr explizit als zu kommunizierende Maßnahme erwähnt. Es ist jedoch denkbar, dass A-SPICE® 4.0 dies implizit voraussetzt – was durchaus logisch wäre.

5.3.2.6 BP6: Stelle bidirektionale Rückverfolgbarkeit her/Ex existiert keine BP6 in A-SPICE® 4.0 SYS.3

Siehe Tab. 5.23

Unterschiede:
A-SPICE® 3.1 BP6 weist Ähnlichkeiten zu A-SPICE® 4.0 BP4 auf. Allerdings integriert A-SPICE® 4.0 SYS.3 BP4 zusätzlich das Thema Konsistenz in seinen Inhalt.

Hinweise/Interpretation:
N/A.

5.3.2.7 BP7: Stelle Konsistenz sicher/Es existiert keine BP7 in A-SPICE® 4.0 SYS.3

Siehe Tab. 5.24

Unterschiede:
A-SPICE® 3.1 BP7 zeigt Parallelen zu A-SPICE® 4.0 BP4. Darüber hinaus umfasst A-SPICE® 4.0 SYS.3 BP4 zusätzlich das Thema Rückverfolgbarkeit in seinem Inhalt.

Hinweise/Interpretation:
N/A.

Tab. 5.23 SYS. 3 BP6 Vergleich

A-SPICE® 3.1	A-SPICE® 4.0
Stelle bidirektionale Rückverfolgbarkeit her a) Stelle bidirektionale Rückverfolgbarkeit zwischen Systemanforderungen und den Elementen der Systemarchitektur her *Anmerkung 4: Bidirektionale Rückverfolgbarkeit deckt die Zuordnung von Systemanforderungen zu den Elementen der Systemarchitektur ab* *Note 5: Bidirektionale Rückverfolgbarkeit unterstützt Abdeckungs-, Konsistenz- und Auswirkungsanalysen* (in Anlehnung an Müller et al. 2016, S. 62)	**N/A** Ex existiert keine BP6 in A-SPICE® 4.0

Tab. 5.24 SYS. 3 BP7 Vergleich

A-SPICE® 3.1	A-SPICE® 4.0
Stelle Konsistenz sicher a) Stelle Konsistenz zwischen Systemanforderungen und der Systemarchitektur sicher *Note 6: Konsistenz wird durch bidirektionale Rückverfolgbarkeit unterstützt und kann durch Review-Aufzeichnungen nachgewiesen werden* *Note 7: Systemanforderungen beinhalten in der Regel Systemarchitekturanforderungen. Siehe BP5* (Müller et al. 2016, S. 63)	**N/A** Ex existiert keine BP7 in A-SPICE® 4.0

5.3.2.8 BP8: Kommuniziere die vereinbarte Systemarchitektur an alle relevanten Parteien/Es existiert keine BP8 in A-SPICE® 4.0 SYS.3

Siehe Tab. 5.25

Unterschiede:
A-SPICE® 3.1 BP8 weist Gemeinsamkeiten mit A-SPICE® 4.0 BP5 auf. Allerdings wird der Aspekt der Kommunikation von Aktualisierungen der Systemarchitektur in A-SPICE® 4.0 SYS.3 BP5 nicht erwähnt.

Hinweise/Interpretation:
Die Kommunikation von Aktualisierungen der Systemarchitektur wird in A-SPICE® 4.0 SYS.3 BP5 nicht ausdrücklich genannt. Es ist jedoch möglich, dass A-SPICE® 4.0 diese impliziert und sie im Kontext des Themas Konsistenz innerhalb von A-SPICE® 4.0 SYS.3 berücksichtigt wird.

5.3.2.9 Grafische Zusammenfassung der SYS.3 Basispraxisänderungen

(Siehe Abb. 5.4).

Tab. 5.25 SYS. 3 BP8 Vergleich

A-SPICE® 3.1	A-SPICE® 4.0
Kommuniziere die vereinbarte Systemarchitektur an alle relevanten Parteien a) Kommuniziere die vereinbarte Systemarchitektur an alle relevanten Parteien b) Kommuniziere Aktualisierungen der vereinbarten Systemarchitektur an alle relevanten Parteien (Müller et al. 2016, S. 63)	**N/A** Ex existiert keine BP8 in A-SPICE® 4.0

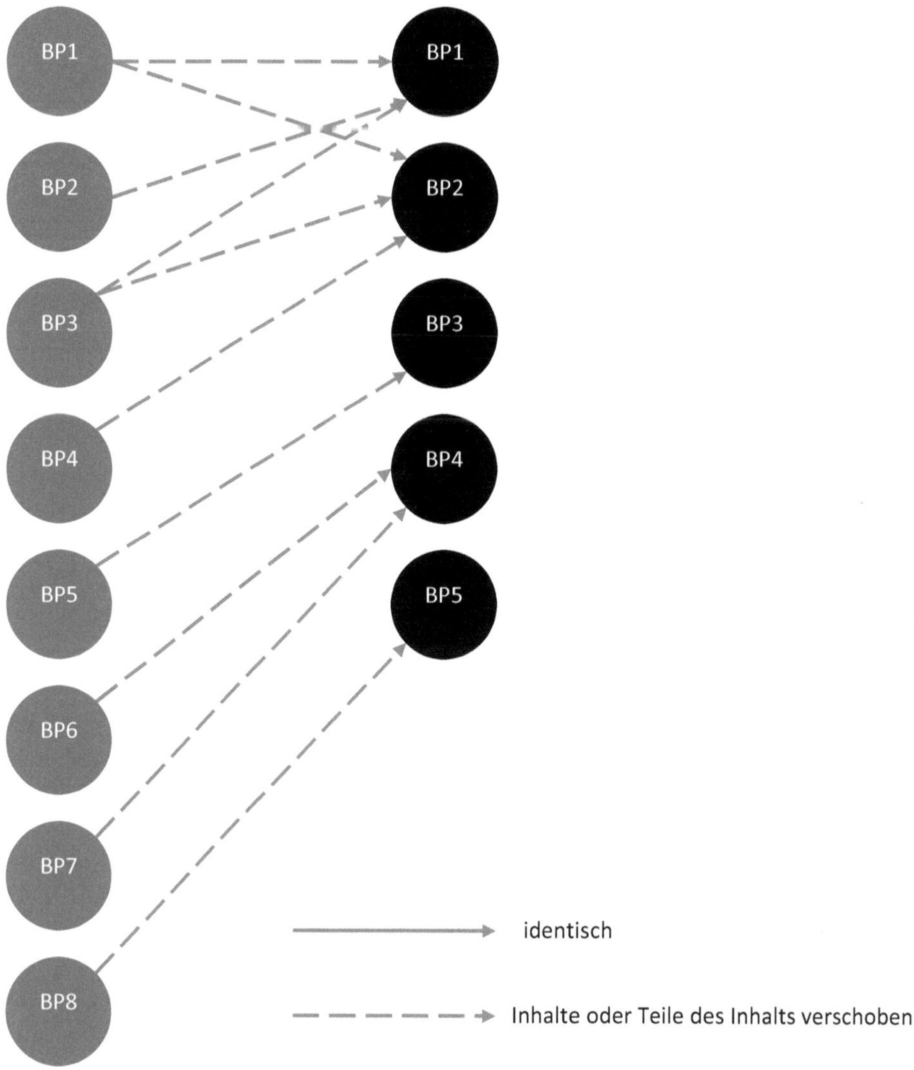

Abb. 5.4 Grafische Zusammenfassung der SYS.3 Basispraxisänderungen

5.4 SYS.4 „System Integration and Integration Verification" (Systemintegration und Integrationsverifikation)

Dieses Kapitel beleuchtet die Gemeinsamkeiten und Unterschiede der Prozesse für Systemintegration und Integrationsverifikation, wie sie in den Versionen A-SPICE 3.1® und 4.0 dargestellt sind.

5.4.1 Vergleich der Prozessreferenzmodell-Elemente

(Siehe Tab. 5.26).

Unterschiede:
Prozessname:
In der aktuellen Version des A-SPICE®-Standards wurde der Prozessname „System „integration and integration test“ (Systemintegration und Integrationstest) in „System integration and integration verification“ (Systemintegration und Integrationsverifikation) geändert.
Prozesszweck:
Die Bezeichnung wurde von „Systemeinheiten“[5] zu „Systemelementen“ geändert. Diese Anpassung harmonisiert die Terminologie mit der ISO 15288 und dem Systems Engineering. Der Zweck wurde präziser definiert, wodurch die Ausdrucksweise klarer und leichter verständlich ist.
Prozessziele:
A-SPICE® 4.0 fordert keine Systemintegrationsstrategie mehr. Solche Strategien sind jedoch im Systems Engineering und in der ISO 15288 enthalten (siehe INCOSE (2023), Seite 135).

Im Zuge der Aktualisierung auf A-SPICE® 4.0 wurden die strategischen Elemente, wie eine Systemintegrationsstrategie, die zuvor in A-SPICE® 3.1 Level 1 verankert waren, weitgehend auf Level 2 übertragen.

Das zweite Prozessziel von A-SPICE® 4.0 SYS.4 ähnelt dem vierten Prozessziel aus A-SPICE® 3.1 SYS.4. Der Unterschied liegt darin, dass das zweite Prozessziel in A-SPICE® 4.0 SYS.4 im Einklang mit dem Release-Umfang stehen sollte, während sich das entsprechende Prozessziel aus A-SPICE® 3.1 SYS.4 auf die in A-SPICE® 4.0 nicht mehr existierende Integrationsstrategie bezieht.

Das dritte Prozessziel von A-SPICE® 4.0 SYS.4 entspricht inhaltlich weitestgehend dem fünften Prozessziel aus A-SPICE® 3.1 SYS.4. Der Unterschied liegt darin, dass das dritte Prozessziel in A-SPICE® 4.0 SYS.4 den Release-Umfang berücksichtigen muss, während das fünfte Prozessziel in A-SPICE® 3.1 SYS.4 seine Auswahl auf Basis der Integrationsteststrategie und des Release-Plans trifft. Darüber hinaus integriert das dritte Prozessziel in A-SPICE® 4.0 SYS.4 die Regressionstest-Verifikation, die in A-SPICE® 3.1 SYS.4 im zweiten Prozessziel beheimatet war.

Das vierte Prozessziel von A-SPICE® 4.0 SYS.4 spiegelt im Wesentlichen das sechste Prozessergebnis aus A-SPICE® 3.1 SYS.4 wider. Die Begriffe wurden an die in A-SPICE® 4.0 verwendete Terminologie angepasst, während die Intention des Prozessziels unverändert geblieben ist.

---

[5] Bei dem Wort „Systemeinheiten“ kann es sich um eine Ungenauigkeit bei meiner Übersetzung aus dem Englischen handeln.

Tab. 5.26 Vergleich der SYS.4 PRM-Elemente

Element	A-SPICE® 3.1	A-SPICE® 4.0
Prozess- ID	SYS. 4	SYS. 4
Prozessname	System integration and integration test (Systemintegration und Integrationstest)	System integration and integration verification (Systemintegration und Integrationsverifikation)
Prozesszweck	Der Zweck ist die Systembestandteile zusammenzuführen, um ein integriertes System zu erzeugen, das konsistent mit der Systemarchitektur ist. Darüber hinaus muss sichergestellt werden, dass Systembestandteile getestet sind, um die Übereinstimmung der integrierten Systembestandteile mit der Systemarchitektur, einschließlich der Schnittstellen zwischen den Systembestandteilen, nachzuweisen	Der Zweck ist die Systemelemente zu integrieren und nachzuweisen, dass die zusammengeführten Systemelemente mit der Systemarchitektur übereinstimmen
Prozessergebnisse	1) Eine Systemintegrationsstrategie, die mit dem Projektplan, dem Release-Plan und der Systemarchitektur übereinstimmt, wird entwickelt, um die Systemelemente zu integrieren, 2) eine Systemintegrationsteststrategie, einschließlich einer Regressionsteststrategie wird entwickelt, um die Interaktionen der Systemelemente zu testen, 3) eine Systemintegrationsspezifikation wird gemäß der Systemintegrationsteststrategie entwickelt. Sie soll dazu geeignet sein, Nachweise dafür zu liefern, dass die integrierten Systemelemente mit der Systemarchitektur sowie den Schnittstellen zwischen den Systembestandteilen übereinstimmen, 4) Systemelemente werden gemäß der Integrationsstrategie zusammengefügt, bis ein vollständig integriertes System entsteht, 5) Testfälle, die in der Systemintegrationstest-Spezifikation enthalten sind, werden gemäß der Systemintegrationsteststrategie und dem Release-Plan ausgewählt, 6) Die Interaktionen der Systemelemente werden mit den ausgewählten Testfällen geprüft, und die Ergebnisse der Systemintegrationstests werden dokumentiert 7) Konsistenz und bidirektionale Rückverfolgbarkeit zwischen den Elementen der Systemarchitektur und den in der Systemintegrationstest-Spezifikation enthaltenen Testfällen, sowie bidirektionale Rückverfolgbarkeit zwischen den Testfällen und den Testergebnissen wird hergestellt, 8) Ergebnisse der Systemintegrationstests werden zusammengefasst und an alle betroffenen Parteien kommuniziert	1) Verifikationsmaßnahmen werden, basierend auf der Systemarchitektur, für die Systemintegrationsprüfung der integrierten Systemelemente festgelegt. Dies umfasst die Schnittstellen der Systemelemente sowie die Interaktionen zwischen ihnen 2) Systemelemente werden bis hin zu einem komplett integrierten System zusammengefügt, das konsistent mit dem Release-Umfang ist 3) Verifikationsmaßnahmen werden entsprechend dem Release-Umfang unter Berücksichtigung von Kriterien, einschließlich Kriterien für die Regressionsprüfung, ausgewählt 4) Integrierte Systemelemente werden mit den ausgewählten Verifikationsmaßnahmen verifiziert und die Ergebnisse der Systemintegrationsverifikation werden dokumentiert 5) Konsistenz und bidirektionale Rückverfolgbarkeit zwischen Verifikationsmaßnahmen und den Elementen der Systemarchitektur wird hergestellt 6) Bidirektionale Rückverfolgbarkeit zwischen Verifikationsergebnissen und Verifikationsmaßnahmen wird hergestellt 7) Ergebnisse der Systemintegration und der Integrationsverifikation werden zusammengefasst und an alle betroffenen Parteien kommuniziert

Das siebte Prozessergebnis aus A-SPICE® 3.1 SYS.4 wird in A-SPICE® 4.0 SYS.4 durch das fünfte und sechste Prozessergebnis von A-SPICE® 4.0 SYS.4 repräsentiert. Abgesehen von der Anpassung an die Terminologie von A-SPICE® 4.0 und der Aufteilung in zwei Prozessergebnisse bleiben die Inhalte unverändert.

Das siebte Prozessergebnis von A-SPICE® 4.0 SYS.4 entspricht inhaltlich dem achten Prozessergebnis aus A-SPICE® 3.1 SYS.4.

Hinweise/Interpretation:
Prozessname:
Die Änderung des Prozessnamens stellt für mich eine Annäherung an die ISO 15288 und Systems Engineering dar.
Prozesszweck:
Der Prozesszweck ist in A-SPICE® 4.0 einfacher und präziser formuliert, was das Verständnis für den Leser erleichtert. Dies stellt aus meiner Sicht eine klare Verbesserung dar, während die Absicht hinter dem Prozesszweck in beiden Versionen unverändert geblieben ist.
Prozessergebnisse:
Die Integrationsstrategie ist für das Erreichen von Level 1 im Prozess SYS.4 nicht mehr erforderlich, wird jedoch für A-SPICE® Level 2 vorausgesetzt. Daher wurden sämtliche Verweise auf die Integrationsteststrategie entfernt.

Eine kleine Zusatzinformation: INCOSE (2023), *Seite 137*, definiert acht Integrationsstrategien[6]:

- Globale oder Big-Bang Integration,
- Bottom-up Integration,
- Top-Down Integration,
- Stufenweise Integration,
- Integration von Baugruppen,
- Kriteriengesteuerte Integration,
- Fließende Integration,
- Modellbasierte Integration.

Für ausführlichere Informationen über diese Integrationsstrategien sollte INCOSE (2023), das mittlerweile auch in deutscher Übersetzung in der fünften Ausgabe vorliegt, herangezogen werden.

[6] Die Strategienamen werden hier in dieser Auflistung ins Deutsche übersetzt.

5.4.2 Vergleich der SYS.4 Basispraktiken

In den folgenden Abschnitten werden die zentralen Unterschiede und Gemeinsamkeiten der Basispraktiken des SYS.4 Prozesses beleuchtet, wie sie sowohl in der früheren als auch in der neuesten Version von A-SPICE® beschrieben sind.

5.4.2.1 BP1: Entwickle eine Systemintegrationsstrategie/Lege Verifikationsmaßnahmen für die Systemintegration fest

(Siehe Tab. 5.27).

Tab. 5.27 SYS. 4 BP1 Vergleich

A-SPICE® 3.1	A-SPICE® 4.0
Entwickle eine Systemintegrationsstrategie	**Lege Verifikationsmaßnahmen für die Systemintegration fest**
a) Entwickle eine Strategie zur Integration der Systemeinheiten im Einklang mit dem Projektplan, b) Entwickle eine Strategie zur Integration der Systemeinheiten im Einklang mit dem Release-Plan, c) Identifiziere Systembestandteile anhand der Systemarchitektur und d) Lege eine Reihenfolge zur Integration der Systembestandteile fest (in Anlehnung an Müller et al. 2016, S. 66)	a) Lege Verifikationsmaßnahmen auf Grundlage einer definierten Reihenfolge fest und b) Lege Verifikationsmaßnahmen auf Grundlage der Voraussetzungen zur Integration der Systemelemente hinsichtlich der statistischen und dynamischen Aspekte der Systemarchitektur fest, einschließlich • den Verifikationsmethoden • den Kriterien für das Bestehen/Nicht-Bestehen der Verifikationsmaßnahmen, • einer Definition der Eingangs- und Ausgangskriterien für die Verifikationsmaßnahmen, und • der erforderlichen Verifikationsinfrastruktur und Umgebungseinrichtung *Anmerkung 1: Beispiele dafür, worauf eine Verifikationsmaßnahme abzielen könnte, sind die zeitlichen Abhängigkeiten des korrekten Signalflusses zwischen miteinander verbundenen Systemelementen oder die Interaktionen zwischen Hardware und Software, wie in der Systemarchitektur festgelegt. Die Testfälle zur Systemintegration könnten sich auf Folgendes konzentrieren* • *den korrekten Signalfluss zwischen zwei Systemelementen,* • *die zeitliche Genauigkeit und die zeitliche Abstimmung des Signalflusses zwischen Systemelementen* • *die korrekte Interpretation der Signale durch alle Systeme, die dieselbe Schnittstelle nutzen und/oder* • *die dynamische Interaktion zwischen Systembestandteilen*

Unterschiede:
Die BP1 aus A-SPICE® 3.1 SYS.4 ist nicht mehr Bestandteil von A-SPICE® 4.0 SYS.4. In der neuen Version des Standards entfällt die Notwendigkeit, eine Integrationsstrategie zu definieren und zu dokumentieren. Stattdessen legt A-SPICE® 4.0 den Fokus auf die Festlegung der Verifikationsmaßnahmen.

Hinweise/Interpretation:
Es genügt, die Verifikationsmaßnahmen beispielsweise in einer „Requirements Verification and Traceability Matrix (RVTM)[7]" festzuhalten. Dennoch verleihen die definierte Abfolge und die vorgegebenen Voraussetzungen dieser Basispraxis den Hauch einer Strategie.

5.4.2.2 BP2: Entwickle eine Systemintegrationsteststrategie inklusive einer Regressionsteststrategie/Wähle Verifikationsmaßnahmen aus

(Siehe Tab. 5.28).

Unterschiede:
A-SPICE® 4.0 SYS.4 BP2 entspricht weitgehend SYS.4 BP5 aus A-SPICE® 3.1. Die Auswahl der Verifikationsmaßnahmen erfolgt in A-SPICE® 4.0 basierend auf festgelegten Auswahlkriterien und nicht auf einer Integrationsprüfspezifikation.

Der Regressionstestanteil aus A-SPICE® 3.1 SYS.4 BP2 wird in A-SPICE® 4.0 SYS.4 BP2 durch den Halbsatz ‚…, einschließlich der Kriterien für Regressionstests' abgedeckt. Eine umfassende Strategie geht jedoch über die in A-SPICE® 4.0 genannten ‚schlichten' Kriterien für Regressionstests hinaus. Während ein Kriterium strikt mit „ja" oder „nein" beziehungsweise „zutreffend" oder „nichtzutreffend" beantwortet werden kann, betrachtet eine Strategie nicht nur das „ob", sondern auch das „wie".

Hinweise/Interpretation:
Die Entwicklung einer Systemintegrationsteststrategie ist für das Erreichen von Level 1 im Prozess SYS.4 gemäß A-SPICE® 4.0 nicht mehr notwendig. Alle strategischen Aspekte wurden in der überarbeiteten A-SPICE®-Version auf Level 2 verlagert.

Durch den Bezug auf den Release-Umfang besteht eine potenzielle Verbindung zum Prozess SPL.2, da in diesem Prozess die Inhalte eines Releases festgelegt werden.

[7] Eine RVTM ist eine Matrix im Systems Engineering in der die Anforderungen und deren Verifikation rückverfolgbar dokumentiert wird, inklusive der dafür genutzten Verifikationsmaßnahmen und deren Ergebnis (GfSE 2016, S. 410).

Tab. 5.28 SYS. 4 BP2 Vergleich

A-SPICE® 3.1	A-SPICE® 4.0
Entwickle eine Systemintegrationsteststrategie inklusive einer Regressionsteststrategie a) Entwickle eine Strategie für das Testen der Systembestandteile, die gemäß der Integrationsstrategie integriert wurden b) Dies beinhaltet eine Regressionsteststrategie, um die integrierten Systembestandteile erneut zu testen, falls diese einer Änderung unterlagen (in Anlehnung an Müller et al. 2016, S. 68)	**Wähle Verifikationsmaßnahmen aus** a) Dokumentiere die Auswahl der Verifikationsmaßnahmen für jeden Integrationsschritt unter Berücksichtigung der festgelegten Auswahlkriterien, einschließlich der Kriterien für Regressionstests b) Die dokumentierte Auswahl der Verifikationsmaßnahmen muss eine ausreichende Testabdeckung in Bezug auf den Release-Umfang sicherstellen *Anmerkung 2: Beispiele für Auswahlkriterien können die Priorisierung von Anforderungen, die Notwendigkeit einer Regressionstestverifikation (beispielsweise aufgrund von Änderungen an der Systemarchitektur oder an Systemkomponenten) sowie der beabsichtigte Verwendungszweck des ausgelieferten Produktreleases (zum Beispiel Prüfstand, Teststrecke, öffentliche Straße etc.) sein*

5.4.2.3 BP3: Entwickle eine Spezifikation für die Systemintegrationstests/Integriere Systemelemente und führe die Integrationsverifikation durch

(Siehe Tab. 5.29).

Unterschiede:

In A-SPICE® 4.0 SYS.4 existiert keine Basispraxis, die der Definition einer Spezifikation für den Systemintegrationstest entspricht. Die einzige inhaltliche Parallele, die A-SPICE® 3.1 SYS.4 BP3 vorzuweisen hat, ist die Ähnlichkeit zu A-SPICE® 4.0 SYS.4 BP1 im Hinblick auf die Definition von Verifikationsmaßnahmen. Allerdings stellt die Definition von Verifikationsmaßnahmen keine umfassende Spezifikation dar, da diese individuell und unabhängig voneinander festgelegt werden können. Die in A-SPICE® 3.1 SYS.4 BP3 enthaltene Anmerkung 4 wurde in A-SPICE® 4.0 SYS.4 BP1 überführt.

A-SPICE® 4.0 SYS.4 BP3 weist inhaltliche Ähnlichkeiten zu den Basispraxen A-SPICE® 3.1 SYS.4 BP4 und BP6 auf. Anstatt die Aufgabenbereiche auf zwei separate Basispraxen zu verteilen, wurden diese in A-SPICE® 4.0 SYS.4 BP3 in einer umfassenden und konsolidierten Basispraxis zusammengefasst. Dieser Ansatz bringt vier wesentliche Schritte mit sich:

Tab. 5.29 SYS. 4 BP3 Vergleich

A-SPICE® 3.1	A-SPICE® 4.0
Entwickle eine Spezifikation für die Systemintegrationstests	**Integriere Systemelemente und führe die Integrationsverifikation durch**
a) Entwickle die Testspezifikation für die Systemintegrationstests einschließlich der Testfälle für jeden Integrationsschritt eines Systembestandteils gemäß der Systemintegrationsteststrategie b) Die Testspezifikation muss geeignet sein, um die Übereinstimmung der integrierten Systembestandteile mit der Systemarchitektur nachzuweisen *Anmerkung 1: Die Schnittstellenbeschreibungen der Systembestandteile dienen als Eingangsgröße für die Testfälle der Systemintegration* *Anmerkung 2: Die Übereinstimmung mit der Systemarchitektur bedeutet, dass die definierten Integrationstests geeignet sind, nachzuweisen, dass die Schnittstellen zwischen den Systembestandteilen die vorgegebene Spezifikation durch die Systemarchitektur erfüllen* *Anmerkung 3: Die Testfälle der Systemintegration könnten sich auf folgendes konzentrieren:* • *den korrekten Signalfluss zwischen Systembestandteilen* • *die zeitliche Genauigkeit und die zeitliche Abstimmung des Signalflusses zwischen Systemelementen* • *die korrekte Interpretation der Signale durch alle Systeme, die dieselbe Schnittstelle nutzen und/oder* • *die dynamische Interaktion zwischen Systembestandteilen* *Anmerkung 4: Der Systemintegrationstest kann durch Umgebungssimulationen unterstützt werden (zum Beispiel Hardware-in-the-Loop, Fahrzeugnetzwerksimulationen, digitale Mockups)* (in Anlehnung an Müller et al. 2016, S. 69)	a) Integriere die Systemelemente bis das System gemäß den festgelegten Schnittstellen vollständig integriert ist und b) Integriere die Systemelemente bis das System gemäß den festgelegten Interaktionen zwischen den Systemelementen vollständig integriert ist, c) Integriere die Systemelemente bis das System gemäß der festgelegten Reihenfolge zwischen den Systemelementen vollständig integriert ist und d) Integriere die Systemelemente bis das System gemäß den festgelegten Vorbedingungen vollständig integriert ist e) Führe die ausgewählten Verifikationsmaßnahmen für die Systemintegration durch f) Zeichne die Ergebnisse der Verifikationsnahmen, einschließlich "bestanden/nicht bestanden" -Resultat und den zugehörigen Verifikationsmessdaten, auf *Anmerkung 3: Beispiele für Vorbedingungen um mit der Systemintegration zu beginnen, können bestandene Systemelement-Verifikationen oder die Qualifikation bereits bestehender Systemelemente sein* *Anmerkung 4: Siehe SUP.9 für den Umgang mit Verifikationsergebnissen, die nicht den erwarteten Resultaten entsprechen*

1. Die Integration des Systems, bei der die Systemelemente gemäß den festgelegten Schnittstellen und Vorgaben zusammengefügt werden,
2. Die Überprüfung des Erfolges der Integration, um sicherzustellen, dass alle Systemelemente korrekt und erwartungsgemäß funktionieren,

3. Die Durchführung der definierten Verifikationsmaßnahmen, um die Übereinstimmung mit den festgelegten Anforderungen zu bestätigen, und
4. Die lückenlose Dokumentation der Ergebnisse der Verifikationsmaßnahmen, einschließlich Statusangaben wie 'bestanden' oder 'nicht bestanden' sowie der zugehörigen Messdaten. Die Kommunikation dieser Ergebnisse und Maßnahmen erfolgt im Rahmen der Basispraxis BP5.

Hinweise/Interpretation:
Die Trennung zwischen Systemintegration und Integrationstest war in A-SPICE® 3.1 besser, da die aktuelle Version zu viele Aufgaben in einer einzigen Basispraxis vereint. SYS.4 BP3 in A-SPICE® 4.0 erfordert erheblichen Aufwand, um alle Anforderungen zu erfüllen.

Ohne Punkt f) 'Die Ergebnisse der Verifikationsmaßnahmen einschließlich des Bestanden/nicht bestanden-Resultats und der zugehörigen Verifikationsmessdaten aufzeichnen' in BP3 ist es nicht möglich, die Anforderungen von SYS.4 BP5 vollständig zu erfüllen. Lücken in Punkt f) könnten daher zu einer Herabstufung von BP5 führen.

Die Formulierung 'Die Ergebnisse der Verifikationsmaßnahmen einschließlich des Bestanden/nicht bestanden-Resultats und der zugehörigen Verifikationsmessdaten aufzeichnen' wirkt zunächst umständlich. Sie zielt jedoch darauf ab, die Details der durchgeführten Tests festzuhalten, einschließlich der getesteten Bauteile oder -gruppen (DUT, device under test), Testergebnisse, genutztem Testequipment, Fehlersymptome und Testumstände wie Temperatur, Stromstärke, Spannung, Luftfeuchtigkeit oder Unterbrechungen.

Zudem verweist die Basispraxis ausdrücklich auf „SUP.9 Problem Resolution Management", wie in der Anmerkung 4 angegeben.

5.4.2.4 BP4: Integriere Systembestandteile/Stelle Konsistenz sicher und stelle bidirektionale Rückverfolgbarkeit her

(Siehe Tab. 5.30).

Unterschiede:
A-SPICE® 3.1 SYS.4 BP4 wurde in A-SPICE® 4.0 SYS.4 BP3 integriert.

A-SPICE® 4.0 SYS.4 BP4 zeigt inhaltliche Parallelen zu A-SPICE® 3.1 SYS.4 BP7. Dabei wird eine bidirektionale Rückverfolgbarkeit zwischen Verifikationsmaßnahmen und Systemarchitektur sowie zwischen Verifikationsergebnissen und Verifikationsmaßnahmen gefordert.

Der Aspekt der Konsistenz in A-SPICE® 4.0 SYS.4 BP4 entspricht weitgehend dem von SYS.4 BP8 in A-SPICE® 3.1.

Hinweise/Interpretation:
N/A.

Tab. 5.30 SYS. 4 BP4 Vergleich

A-SPICE® 3.1	A-SPICE® 4.0
Integriere Systembestandteile a) Integriere die Systembestandteile gemäß der Systemintegrationsstrategie bis ein vollständig integriertes System vorliegt *Anmerkung 5: Die Systemintegration kann durch schrittweise Integration der Systembestandteile erfolgen (zum Beispiel Hardwareelemente als Prototypen-Hardware, Peripherie (Sensoren und Aktuatoren), die Mechanik und die integrierte Software), um ein System zu erzeugen, das mit der Systemarchitektur übereinstimmt* (in Anlehnung an Müller et al. 2016, S. 70)	**Stelle Konsistenz sicher und stelle bidirektionale Rückverfolgbarkeit her** a) Stelle Konsistenz zwischen Verifikationsmaßnahmen und der Systemarchitektur sicher und, b) Stelle bidirektionale Rückverfolgbarkeit zwischen Verifikationsmaßnahmen und Systemarchitektur her, c) Stelle bidirektionale Rückverfolgbarkeit zwischen Verifikationsergebnisse und den Verifikationsmaßnahmen her *Anmerkung 5: Bidirektionale Rückverfolgbarkeit unterstützt die Konsistenz, erleichtert die Auswirkungsanalyse von Änderungsanträgen und unterstützt den Nachweis der Verifikationsabdeckung. Rückverfolgbarkeit für sich alleine, etwa in Form von Links oder Verweisen, garantiert nicht, dass die Informationen zueinander konsistent sind*

5.4.2.5 BP5: Wähle Testfälle aus/Fasse die Resultate zusammen und kommuniziere sie

(Siehe Tab. 5.31).

Tab. 5.31 SYS. 4 BP5 Vergleich

A-SPICE® 3.1	A-SPICE® 4.0
Wähle Testfälle aus a) Wähle Testfälle aus der Spezifikation für den Systemintegrationstest aus b) Die Auswahl der Testfälle muss gemäß der Systemintegrationsteststrategie eine ausreichende Testabdeckung aufweisen c) Die Auswahl der Testfälle muss gemäß dem Release-Plan eine ausreichende Testabdeckung aufweisen (Müller et al. 2016, S. 70)	**Fasse die Resultate zusammen und kommuniziere sie** a) Fass die Ergebnisse der Systemintegration zusammen, b) fasse die Ergebnisse der Integrationsverifikation zusammen und c) kommuniziere sie an alle betroffenen Parteien *Anmerkung 6: Das Bereitstellen aller notwendigen Informationen aus der Durchführung der Testfälle in einer Zusammenfassung ermöglicht es anderen Parteien, die Konsequenzen zu beurteilen*

Unterschiede:
A-SPICE® 4.0 SYS.4 BP5 zeigt deutliche Parallelen zu A-SPICE® 3.1 SYS.4 BP9. Auch hier ist es erforderlich, die Integrationsresultate systematisch zusammenzufassen. Zu den Integrationsresultaten zählen unter anderem,

- War die Montage erfolgreich?
- Wurde das Flashen der Software erfolgreich durchgeführt?
- Wurde der End-of-Line-Test (EOL-Test) bestanden?
- und weitere.

Wie bereits in SYS.4 BP2 erwähnt, deckt A-SPICE® 4.0 SYS.4 BP2 die Inhalte von A-SPICE® 3.1 SYS.4 BP5 ab oder weist zumindest eine inhaltliche Ähnlichkeit auf.

Hinweise/Interpretation:
N/A.

5.4.2.6 BP6: Führe den Systemintegrationstest durch/Es existiert keine BP6 in A-SPICE® 4.0 SYS.4

(Siehe Tab. 5.32).

Unterschiede:
A-SPICE® 3.1 SYS.4 BP6 weist inhaltliche Parallelen zu SYS.4 BP3 in A-SPICE® 4.0 auf.

Hinweise/Interpretation:
N/A.

Tab. 5.32 SYS. 4 BP6 Vergleich

A-SPICE® 3.1	A-SPICE® 4.0
Führe den Systemintegrationstest durch a) Führe den Systemintegrationstest unter Anwendung der ausgewählten Testfälle durch, b) Zeichne die Ergebnisse des Integrationstests und die Testprotokolle auf *Note 6: Siehe SUP.9 zum Umgang mit Abweichungen* (Müller et al. 2016, S. 70)	**N/A** Es existiert keine BP6 in A-SPICE® 4.0 SYS.4

5.4.2.7 BP7: Stelle bidirektionale Rückverfolgbarkeit her/Es existiert keine BP7 in A-SPICE® 4.0 SYS.4

(Siehe Tab. 5.33).

Unterschiede:
A-SPICE® 3.1 SYS.4 BP7 wurde in A-SPICE® 4.0 SYS.4 BP4 integriert.

Hinweise/Interpretation:
N/A.

5.4.2.8 BP8: Stelle Konsistenz sicher/Es existiert keine BP8 in A-SPICE® 4.0 SYS.4

(Siehe Tab. 5.34).

Tab. 5.33 SYS. 4 BP7 Vergleich

A-SPICE® 3.1	A-SPICE® 4.0
Stelle bidirektionale Rückverfolgbarkeit her a) Stelle bidirektionale Rückverfolgbarkeit zwischen Elementen der Systemarchitektur und den in der Systemintegrationstestspezifikation enthaltenen Testfällen her b) Stelle bidirektionale Rückverfolgbarkeit zwischen den in der Systemintegrationstestspezifikation enthaltenen Testfällen und den Systemintegrationstestergebnissen her *Anmerkung 7: Bidirektionale Rückverfolgbarkeit unterstützt Abdeckungs-, Konsistenz- und Auswirkungsanalysen* (in Anlehnung an Müller et al. 2016, S. 71)	**N/A** Es existiert keine BP7 in A-SPICE® 4.0 SYS.4

Tab. 5.34 SYS. 4 BP8 Vergleich

A-SPICE® 3.1	A-SPICE® 4.0
Stelle Konsistenz sicher a) Stelle Konsistenz zwischen den Elementen der Systemarchitektur und den in der Systemintegrationstestspezifikation enthaltenen Testfällen sicher *Anmerkung 8: Konsistenz wird durch bidirektionale Rückverfolgbarkeit und kann durch Review-Aufzeichnungen nachgewiesen werden* (Müller et al. 2016, S. 71)	**N/A** Es existiert keine BP8 in A-SPICE® 4.0 SYS.4

Unterschiede:
A-SPICE® 3.1 SYS.4 BP8 ist in A-SPICE® 4.0 SYS.4 BP4 aufgegangen.

Hinweise/Interpretation:
N/A.

5.4.2.9 BP9: Fasse die Ergebnisse zusammen und kommuniziere sie/Es existiert keine BP9 in A-SPICE® 4.0 SYS.4

(Siehe Tab. 5.35).

Unterschiede:
A-SPICE® 3.1 SYS.4 BP9 wird durch A-SPICE® 4.0 SYS.4 BP5 abgedeckt.

Hinweise/Interpretation:
N/A.

5.4.2.10 Grafische Zusammenfassung der SYS.4 Basispraxisänderungen

(Siehe Abb. 5.5).

Tab. 5.35 SYS. 4 BP9 Vergleich

A-SPICE® 3.1	A-SPICE® 4.0
Fasse die Ergebnisse zusammen und kommuniziere sie a) Fasse die Ergebnisse der Systemintegrationstests zusammen und b) kommuniziere die Ergebnisse der Systemintegrationstests an alle betroffenen Parteien *Anmerkung 9: Das Bereitstellen aller notwendigen Informationen aus der Durchführung der Testfälle in einer Zusammenfassung ermöglicht es anderen Parteien, die Konsequenzen zu beurteilen* (Müller et al. 2016, S. 71)	**N/A** Es existiert keine BP9 in A-SPICE® 4.0 SYS.4

Abb. 5.5 Grafische Zusammenfassung der SYS.4 Basispraxisänderungen

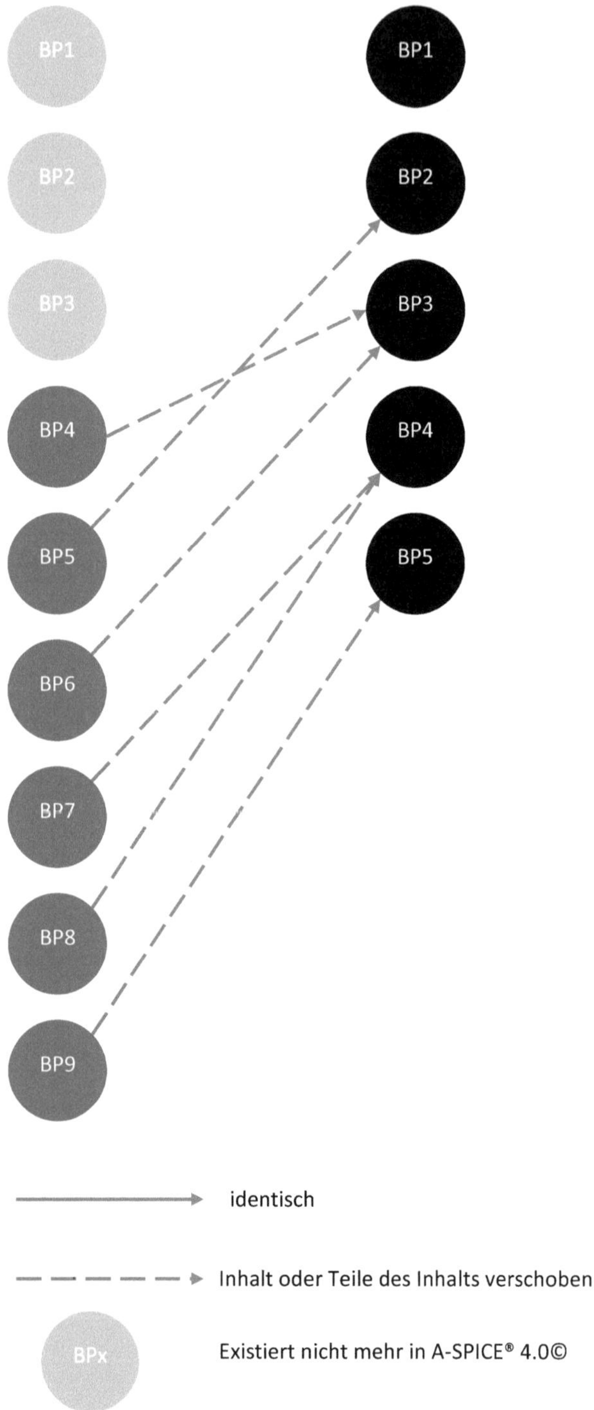

5.5 SYS.5 „System Verification" (Systemverifikation)

Die nächsten Abschnitte behandeln die Unterschiede und Gemeinsamkeiten zwischen den Systemverifikationsprozessen, wie sie in beiden Versionen der Norm beschrieben werden.

5.5.1 Vergleich der Prozessreferenzmodell-Elemente

(Siehe Tab. 5.36).

Unterschiede:
Prozessname:
Der Name wurde von „System Qualification Test" (Systemtest) zu „System Verification" (Systemverifikation) geändert.
Prozesszweck:
Der Aspekt der „Gewährleistung der Bereitschaft des Systems zur Auslieferung", der in A-SPICE® 3.1 enthalten war, wurde in A-SPICE® 4.0 SYS.5 nicht übernommen. Der Zweck blieb ansonsten unverändert, jedoch wurde die Formulierung in A-SPICE® 4.0 vereinfacht, sodass sie nun klarer und leichter verständlich ist.
Prozessziele:
Das erste Prozessziel aus A-SPICE® 3.1 SYS.5 zur Entwicklung einer Strategie für den Systemtest wurde in A-SPICE® 4.0 SYS.5 nicht übernommen. Strategische Themen wurden in A-SPICE® 4.0 auf Level 2 verlagert. Der Aspekt der Regressionsteststrategie in A-SPICE® 3.1 SYS.5 wurde durch Kriterien für Regressionstests im zweiten SYS.5-Prozessergebnis ersetzt, wobei Kriterien keine vollständige Entsprechung einer Strategie sind.

Während das zweite A-SPICE 3.1® SYS.5 Prozessergebnis eine Spezifikation für den Systemtest fordert, genügt es in A-SPICE® 4.0 die Verifikationsmaßnahmen zu spezifizieren.

Das dritte Prozessergebnis aus A-SPICE® 3.1 SYS.5 entspricht weitgehend dem zweiten Prozessergebnis aus A-SPICE® 4.0 SYS.5. In der aktualisierten Fassung erfolgt die Auswahl der Testfälle gemäß dem Release-Umfang anstelle des Release-Plans und der Systemteststrategie.

Das vierte Prozessergebnis aus A-SPICE® 3.1 SYS.5 stimmt inhaltlich vollständig mit dem dritten Prozessergebnis aus A-SPICE® 4.0 SYS.5 überein, wobei die Begrifflichkeiten an die aktualisierte Terminologie angepasst wurden.

Das fünfte Prozessergebnis aus A-SPICE® 3.1 SYS.5 findet in den Prozessergebnissen vier und fünf von A-SPICE® 4.0 SYS.5 seine Entsprechung.

Tab. 5.36 Vergleich der SYS.5 PRM-Elemente

Element	A-SPICE® 3.1	A-SPICE® 4.0
Prozess-ID	SYS. 5	SYS. 5
Prozessname	System qualification test (Systemqualifikationstest bzw. Systemtest)	System verification (Systemverifikation)
Prozess-Zweck	Zweck ist sicherzustellen, dass das integrierte System getestet wird, um den Nachweis der Übereinstimmung mit den Systemanforderungen zu erbringen und die Bereitschaft für die Auslieferung zu gewährleisten	Der Zweck besteht darin, den Nachweis zu erbringen, dass das System mit den Systemanforderungen übereinstimmt
Prozessergebnisse	1) Eine Systemteststrategie, einschließlich einer Regressionsteststrategie, wird entwickelt, die mit dem Projektplan und dem Release-Plan übereinstimmt, um das integrierte System zu testen 2) Eine Systemtestspezifikation des integrierten Systems wird gemäß der Systemteststrategie entwickelt, die geeignet ist den Nachweis der Übereinstimmung mit den Systemanforderungen zu erbringen 3) Die in der Systemtestspezifikation enthaltenen Testfälle werden basierend auf der Systemteststrategie und dem Release-Plan ausgewählt 4) Das integrierte System wird mit den ausgewählten Testfällen getestet, und die Ergebnisse der Systemtests werden dokumentiert 5) Konsistenz und bidirektionale Rückverfolgbarkeit werden zwischen den Systemanforderungen und den in der Systemtestspezifikation enthaltenen Testfällen sowie zwischen den Testfällen und den Testergebnissen hergestellt, und 6) Die Ergebnisse der Systemtests werden zusammengefasst und an alle betroffenen Parteien kommuniziert	1) Verifikationsmaßnahmen für die Systemverifikation des Systems werden basierend auf den Systemanforderungen spezifiziert 2) Verifikationsmaßnahmen werden gemäß dem Release-Umfang unter Berücksichtigung verschiedener Kriterien, einschließlich solcher für Regressionstests, ausgewählt 3) Das integrierte System wird mit den ausgewählten Testfällen getestet und die Ergebnisse der Systemverifikation werden dokumentiert 4) Konsistenz und bidirektionale Rückverfolgbarkeit werden zwischen Verifikationsmaßnahmen und Systemanforderungen hergestellt 5) Bidirektionale Rückverfolgbarkeit wird zwischen Verifikationsergebnissen und den Verifikationsmaßnahmen hergestellt 6) Die Ergebnisse der Verifikation werden zusammengefasst und an alle betroffenen Parteien kommuniziert

Das sechste Prozessergebnis aus A-SPICE® 3.1 SYS.5 und das fünfte Prozessergebnis aus A-SPICE® 4.0 SYS.5 sind inhaltlich identisch, wobei der Begriff „Systemtest" aus A-SPICE® 3.1 durch „Verifikation" ersetzt wurde.

Hinweise/Interpretation:

Prozessname:

Die Umbenennung des Prozesses hat A-SPICE® stärker an die ISO 15288 und die Prinzipien des Systems Engineering angenähert. Die ISO 15288 schreibt vor, dass die Verifikation auf der Ebene eines integrierten Systems in Bezug auf die Systemanforderungen erfolgen muss.

Prozesszweck:

N/A.

Prozessergebnisse:

Das erste Prozessergebnis von A-SPICE® 4.0 SYS.5 verlangt die Definition von Verifikationsmaßnahmen. Im Systems Engineering werden sieben Arten von Verifikationsmaßnahmen unterschieden: Test, Stichprobenprüfung, Analogie, Demonstration, Simulation, Analyse und Inspektion. Es ist naheliegend, dass sich die Verifikationsmaßnahmen im A-SPICE®-Kontext ebenfalls diesen Kategorien zuordnen lassen.

5.5.2 Vergleich der SYS.5 Basispraktiken

Die nächsten Unterkapitel behandeln die grundlegenden Unterschiede und Gemeinsamkeiten der Basispraktiken zwischen den SYS.5-Prozessen, wie sie in der „alten" und der neuesten A-SPICE®-Version beschrieben werden.

5.5.2.1 BP1: Entwickle eine Systemteststrategie inklusive einer Regressionsteststrategie/Spezifiziere Verifikationsmaßnahmen für die Systemverifikation

(Siehe Tab. 5.37).

Unterschiede:

Die Anforderung zur Definition einer Strategie für den Systemtest, wie sie in A-SPICE® 3.1 SYS.5 BP1 gefordert wird, entfällt in A-SPICE® 4.0 SYS.5. In A-SPICE® 4.0 SYS.5 BP1 werden funktionale und nicht-funktionale Anforderungen explizit erwähnt, was in A-SPICE® 3.1 nicht der Fall ist. Interessanterweise stimmt BP1 aus A-SPICE® 4.0 SYS.5 mit dem Abschnitt „Spezifiziere Verifikationsmaßnahmen" aus A-SPICE® 3.1 SYS.5 BP2 überein, jedoch ohne die Verpflichtung zur Erstellung einer Spezifikation.

Hinweise/Interpretation:

Die strategischen Aspekte wurden, wie bereits erwähnt, in A-SPICE® 4.0 auf Level 2 verlagert. A-SPICE® 4.0 SYS.5 konzentriert sich auf die Spezifikation von Verifikationsmaßnahmen, die individuell und unabhängig voneinander definiert werden können. Dabei besteht die Möglichkeit, bei den Ausgangs- und Eingangskriterien festzulegen, dass eine Verifikationsmaßnahme erfolgreich abgeschlossen sein muss, bevor eine weitere durchgeführt werden kann. Dadurch nähert sich BP1 aus A-SPICE® 4.0 SYS.5 einer

Tab. 5.37 SYS. 5 BP1 Vergleich

A-SPICE® 3.1	A-SPICE® 4.0
Entwickle eine Systemteststrategie inklusive einer Regressionsteststrategie a) Entwickle eine Strategie für den Systemtest, die mit dem Projektplan konsistent ist, und b) Entwickle eine Strategie für den Systemtest, die mit dem Release-Plan konsistent ist c) Dies umfasst eine Regressionsteststrategie, um das integrierte System erneut zu testen, sofern ein Systembestandteil geändert wurde (Müller et al. 2016, S. 73)	**Spezifiziere Verifikationsmaßnahmen für die Systemverifikation** a) Spezifiziere die Verifikationsmaßnahmen für die Systemverifikation, die geeignet sind, den Nachweis der Übereinstimmung mit den funktionalen Systemanforderungen zu erbringen, einschließlich • Methoden für die Verifikationsmaßnahmen • den Kriterien für das Bestehen/Nicht-Bestehen der Verifikationsmaßnahmen, • einer Definition der Eingangs- und Ausgangskriterien für die Verifikationsmaßnahmen, • der erforderlichen Reihenfolge der Verifikationsmaßnahmen, und • der erforderlichen Verifikationsinfrastruktur und Umgebungseinrichtung und b) Spezifiziere die Verifikationsmaßnahmen für die Systemverifikation, die geeignet sind, den Nachweis der Übereinstimmung mit den nicht-funktionalen Systemanforderungen zu erbringen, einschließlich • Methoden für die Verifikationsmaßnahmen • den Kriterien für das Bestehen/Nicht-Bestehen der Verifikationsmaßnahmen, • einer Definition der Eingangs- und Ausgangskriterien für die Verifikationsmaßnahmen, • der erforderlichen Reihenfolge der Verifikationsmaßnahmen, und • der erforderlichen Verifikationsinfrastruktur und Umgebungseinrichtung *Anmerkung 1: Die Systemverifikationsmaßnahmen können Aspekte wie thermische Eigenschaften, Umweltbedingungen, Robustheit/Lebensdauer und elektromagnetische Verträglichkeit (EMV) umfassen*

Spezifikation, da auch die Reihenfolge der Verifikationsmaßnahmen berücksichtigt werden sollte.

5.5.2.2 BP2: Entwickle eine Spezifikation für den Systemtest/Wähle Verifikationsmaßnahmen aus

(Siehe Tab. 5.38).

Unterschiede:

A-SPICE® 3.1 SYS.1 BP2 weist in gewissem Maße Ähnlichkeiten zu A-SPICE® 4.0 SYS.5 BP1 auf, insbesondere in Bezug auf die Definition von Testfällen und

Tab. 5.38 SYS. 5 BP2 Vergleich

A-SPICE® 3.1	A-SPICE® 4.0
Entwickle eine Spezifikation für den Systemtest a) Entwickle eine Spezifikation für den Systemtest, einschließlich der Testfälle, auf Grundlage der Verifikationskriterien und gemäß der Systemteststrategie b) Die Testspezifikation muss geeignet sein, den Nachweis der Übereinstimmung des integrierten Systems mit den Systemanforderungen zu erbringen (in Anlehnung an Müller et al. 2016, S. 74)	**Wähle Verifikationsmaßnahmen aus** a) Dokumentiere die Auswahl der Verifikationsmaßnahmen unter Berücksichtigung der Auswahlkriterien, einschließlich der Kriterien für die Regressionstests b) Die Auswahl der Verifikationsmaßnahmen muss eine ausreichende Abdeckung hinsichtlich des Release-Umfangs gewährleisten *Anmerkung 2: Beispiele für Auswahlkriterien können die Priorisierung von Anforderungen, die Notwendigkeit einer Regressionstestüberprüfung (z. B. aufgrund von Änderungen an den Systemanforderungen) sowie die beabsichtigte Verwendung des gelieferten Produkt-Releases (Prüfstand, Teststrecke, öffentliche Straße etc.) sein*

Verifikationsmaßnahmen, die Teil einer Spezifikation sind. In A-SPICE® 4.0 SYS.5 BP1 werden die Verifikationsmaßnahmen bereits definiert, weshalb eine eigenständige Spezifikation in diesem Kontext nicht erforderlich ist. Darüber hinaus zeigt A-SPICE® 4.0 SYS.5 BP2 inhaltliche Parallelen zu A-SPICE® 3.1 SYS.5 BP3. Allerdings berücksichtigt A-SPICE® 4.0 SYS.5 BP2 bei der Auswahl der Verifikationsmaßnahmen den Release-Umfang, während in A-SPICE® 3.1 SYS.5 BP2 sowohl die Systemteststrategie als auch der Release-Plan herangezogen werden.

Hinweise/Interpretation:
Durch den Bezug auf den Release-Umfang besteht eine potenzielle Verbindung zum Prozess SPL.2, da in diesem Prozess die Inhalte eines Releases festgelegt werden.

5.5.2.3 BP3: Wähle Testfälle aus/Führe die Verifikation für das integrierte System durch

(Siehe Tab. 5.39).

Unterschiede:
A-SPICE® 3.1 SYS.5 BP3 weist inhaltliche Überschneidungen mit A-SPICE® 4.0 SYS.5 BP2 auf, während A-SPICE® 4.0 SYS.5 BP3 thematische Parallelen zu A-SPICE® 3.1 SYS.5 BP4 zeigt.

Hinweise/Interpretation:
Anmerkung 3 in A-SPICE® 4.0 SYS.5 BP3 stellt eine direkte Verbindung zum Prozess „SUP.9 Problem Resolution Management" her und verknüpft beide Prozesse miteinander.

Tab. 5.39 SYS. 5 BP3 Vergleich

A-SPICE® 3.1	A-SPICE® 4.0
Wähle Testfälle aus a) Wähle Testfälle aus der Systemtestspezifikation aus b) Die Auswahl der Testfälle muss eine ausreichende Testabdeckung gemäß der Systemteststrategie und dem Release-Plan sicherstellen (Müller et al. 2016, S. 74)	**Führe die Verifikation für das integrierte System durch** a) Führe die Verifikation des integrierten Systems anhand der ausgewählten Verifikationsmaßnahmen durch b) Zeichne die Verifikationsergebnisse, einschließlich „bestanden/nicht bestanden"-Resultat und den zugehörigen Verifikationsmessdaten auf *Anmerkung 3: Siehe SUP.9 für den Umgang mit Verifikationsergebnissen, die von den erwarteten Resultaten abweichen*

5.5.2.4 BP4: Teste das integrierte System/Stelle Konsistenz sicher und stelle bidirektionale Rückverfolgbarkeit her

(Siehe Tab. 5.40).

Unterschiede:
A-SPICE® 3.1 SYS.5 BP4 hat inhaltliche Ähnlichkeiten mit A-SPICE® 4.0 SYS.5 BP3.

In A-SPICE® 4.0 SYS.5 BP4 werden Konsistenz und bidirektionale Rückverfolgbarkeit in einer einzigen Basispraxis vereint, wodurch die Basispraktiken BP5 und BP6 aus A-SPICE® 3.1 SYS.5 abgedeckt werden.

Hinweise/Interpretation:
N/A.

5.5.2.5 BP5: Stelle bidirektionale Rückverfolgbarkeit her/Fasse die Ergebnisse zusammen und kommuniziere sie

(Siehe Tab. 5.41).

Unterschiede:
A-SPICE® 3.1 SYS.5 BP5 wird durch A-SPICE® 4.0 SYS.5 BP4 abgedeckt.

A-SPICE® 4.0 SYS.5 BP5 deckt denselben thematischen Inhalt ab wie A-SPICE® 3.1 SYS.5 BP7, wobei die Terminologie an die aktualisierte Fassung des Standards angepasst wurde.

Hinweise/Interpretation:
N/A.

Tab. 5.40 SYS. 5 BP4 Vergleich

A-SPICE® 3.1	A-SPICE® 4.0
Teste das integrierte System a) Teste das integrierte System anhand der ausgewählten Testfälle b) Zeichne die Ergebnisse der Systemtests und die Testprotokolle auf *Anmerkung 1: Siehe SUP.9 für den Umgang mit Abweichungen* (Müller et al. 2016, S. 74)	**Stelle Konsistenz sicher und stelle bidirektionale Rückverfolgbarkeit her** a) Stelle Konsistenz zwischen Verifikationsmaßnahmen und Systemanforderungen sicher b) Stelle bidirektionale Rückverfolgbarkeit zwischen Verifikationsmaßnahmen und Systemanforderungen her c) Stelle bidirektionale Rückverfolgbarkeit zwischen Verifikationsergebnissen und Verifikationsmaßnahmen her d) Establish bidirectional traceability between verification results and verification measures *Anmerkung 4:* *Bidirektionale Rückverfolgbarkeit unterstützt die Konsistenz, erleichtert die Auswirkungsanalyse von Änderungsanträgen und unterstützt den Nachweis der Verifikationsabdeckung. Rückverfolgbarkeit für sich alleine, etwa in Form von Links oder Verweisen, garantiert nicht, dass die Informationen zueinander konsistent sind*

Tab. 5.41 SYS. 5 BP5 Vergleich

A-SPICE® 3.1	A-SPICE® 4.0
Stelle bidirektionale Rückverfolgbarkeit her a) Stelle bidirektionale Rückverfolgbarkeit zwischen den Systemanforderungen und den Testfällen her, die in der Systemtestspezifikation enthalten sind b) Stelle bidirektionale Rückverfolgbarkeit zwischen den Systemtestergebnissen und den Testfällen her, die in der Systemtestspezifikation enthalten sind *Anmerkung 2: Bidirektionale Rückverfolgbarkeit unterstützt Testabdeckungs-, Konsistenz- und Auswirkungsanalysen* (in Anlehnung an Müller et al. 2016, S. 74)	**Fasse die Ergebnisse zusammen und kommuniziere sie** a) Fasse die Ergebnisse der Systemverifikation zusammen und b) Kommuniziere sie an alle betroffenen Parteien *Anmerkung 5: Das Bereitstellen aller notwendigen Informationen aus der Durchführung der Testfälle in einer Zusammenfassung ermöglicht es anderen Parteien, die Konsequenzen zu beurteilen*

5.5.2.6 BP6: Stelle Konsistenz sicher/Es existiert keine BP6 in A-SPICE® 4.0 SYS.5

(Siehe Tab. 5.42).

Tab. 5.42 SYS. 5 BP6 Vergleich

A-SPICE® 3.1	A-SPICE® 4.0
Stelle Konsistenz sicher a)Stelle Konsistenz zwischen den Systemanforderungen und den Testfällen sicher, die in der Systemtestspezifikation enthalten sind *Anmerkung 3: Konsistenz wird durch bidirektionale Rückverfolgbarkeit unterstützt und kann durch Review-Aufzeichnungen nachgewiesen werden* (Müller et al. 2016, S. 75)	**N/A** Es existiert keine BP6 in A-SPICE® 4.0 SYS.5

Unterschiede:
A-SPICE® 3.1 SYS.5 BP6 hat seine Entsprechung in A-SPICE® 4.0 SYS.5 BP4.

Hinweise/Interpretation:
N/A.

5.5.2.7 BP7: Fasse die Ergebnisse zusammen und kommuniziere sie/Es existiert keine BP7 in A-SPICE® 4.0 SYS.5

(Siehe Tab. 5.43).

Unterschiede:
A-SPICE® SYS.5 BP7 ist inhaltlich fast identisch zu A-SPICE® 4.0 SYS.5 BP5. Lediglich die Begrifflichkeiten wurden in A-SPICE® 4.0 leicht angepasst, um der neuen Version des Standards zu entsprechen.

Hinweise/Interpretation:
N/A.

5.5.2.8 Grafische Zusammenfassung der SYS.5 Basispraxisänderungen

(Siehe Abb. 5.6).

Tab. 5.43 SYS. 5 BP7 Vergleich

A-SPICE® 3.1	A-SPICE® 4.0
Fasse die Ergebnisse zusammen und kommuniziere sie a) Fasse die Ergebnisse der Systemtests zusammen und b) kommuniziere sie an alle betroffenen Parteien *Anmerkung 4: Das Bereitstellen aller notwendigen Informationen aus der Durchführung der Testfälle in einer Zusammenfassung ermöglicht es anderen Parteien, die Konsequenzen zu beurteilen* (Müller et al. 2016, S. 75)	**N/A** Es existiert keine BP7 in A-SPICE® 4.0 SYS.5

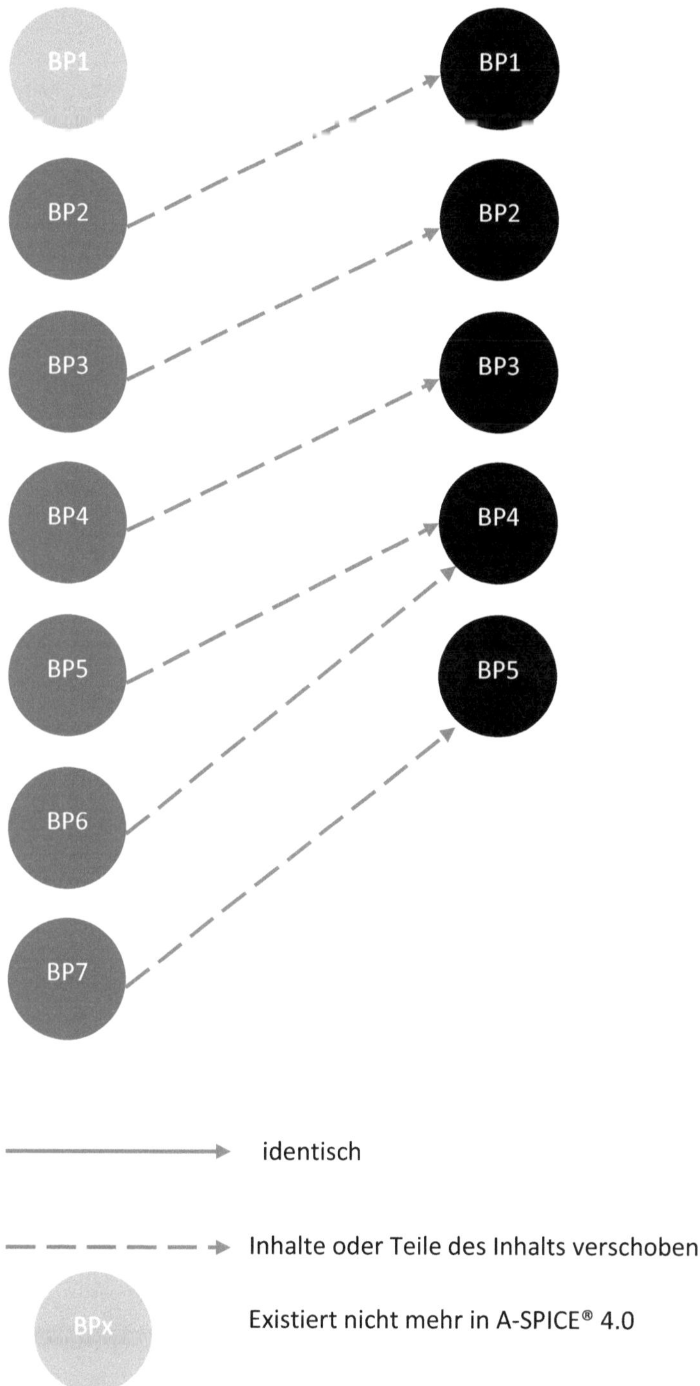

Abb. 5.6 Grafische Zusammenfassung der SYS.5 Basispraxisänderungen

5.6 SWE.1 Software requirement analysis (Softwareanforderungsanalyse)

Dieses Kapitel vergleicht die Softwarenanforderungsanalyse-Prozesse, wie sie in A-SPICE® 3.1 und 4.0 beschrieben werden.

Hinweis: A-SPICE® 4.0 geht automatisch davon aus, dass Software im V-Modell entwickelt wird. Normalerweise wird in der Softwareentwicklung jedoch erst das Vorgehensmodell (z. B. Wasserfallmodell, Spiralmodell, V-Modell oder agiles Modell) festgelegt (Metzner 2020, S. 17).

5.6.1 Vergleich der Prozessreferenzmodell-Elemente

(Siehe Tab. 5.44).

Unterschiede:
Prozessname:
Kein Unterschied.
Prozesszweck:
Beim Vergleich der Prozesszwecke zeigt sich, dass A-SPICE® 3.1 SWE.1 die Transformation der softwarerelevanten Systemanforderungen in Softwareanforderungen fordert, während A-SPICE® 4.0 hingegen die Erstellung einer strukturierten und analysierten Sammlung von Softwareanforderungen verlangt, die sowohl mit den Systemanforderungen als auch mit der Systemarchitektur übereinstimmen. Dabei berücksichtigt A-SPICE® 4.0, dass Softwareanforderungen entstehen können, die nicht direkt von den Systemanforderungen abgeleitet sind. Auch diese zusätzlichen Softwareanforderungen müssen jedoch mit den Systemanforderungen und der Systemarchitektur konsistent sein.

Darüber hinaus hebt A-SPICE® 4.0 SWE.1 hervor, dass Softwareanforderungen systematisch analysiert und strukturiert werden müssen – ein Aspekt, der in der vorherigen Version von A-SPICE® nicht explizit gefordert wurde.

Prozessergebnisse:

Das erste Prozessergebnis, die Definition der Softwareanforderungen, ist in beiden A-SPICE®-Versionen identisch, jedoch entfällt in A-SPICE® 4.0 SWE.1 die Erwähnung der Schnittstellen. Das zweite und vierte Prozessergebnis aus A-SPICE® 3.1 SWE.1, die Kategorisierung und Priorisierung, wurden im zweiten Prozessergebnis von A-SPICE® 4.0 SWE.1 zusammengeführt. Eine Ausnahme bildet dabei die Analyse der Anforderungen auf Richtigkeit und Verifizierbarkeit aus A-SPICE® 3.1 SWE.1, welche ihr Pendant im dritten Prozessergebnis von A-SPICE® 4.0 SWE.1 findet. Hier liegt der Fokus jedoch nicht mehr auf der Verifizierbarkeit, sondern auf der technischen Umsetzbarkeit. Das dritte Prozessergebnis aus A-SPICE® 3.1 SWE.1 entspricht exakt

Tab. 5.44 Vergleich der SWE.1 PRM-Elemente

Element	A-SPICE® 3.1	A-SPICE® 4.0
Prozess-ID	SWE.1	SWE.1
Prozessname	Software requirement analysis	Software requirement analysis
Prozesszweck	Der Zweck ist die softwarerelevanten Anteile der Systemanforderungen in eine Reihe von Softwareanforderungen umzuwandeln	Der Zweck besteht darin, eine strukturierte und analysierte Reihe von Softwareanforderungen zu erstellen, die mit den Systemanforderungen und der Systemarchitektur übereinstimmen
Prozessergebnisse	1) Die Softwarenanforderungen, die den Softwareelementen des Systems und ihren Schnittstellen zugeordnet werden sollen, sind definiert, 2) Softwareanforderungen sind kategorisiert und auf ihre Richtigkeit und Verifizierbarkeit analysiert, 3) die Auswirkungen der Softwarenanforderungen auf die Betriebsumgebung sind analysiert, 4) die Prioritäten für die Umsetzung der Softwareanforderungen sind festgelegt, 5) die Softwareanforderungen werden bei Bedarf aktualisiert, 6) Konsistenz und bidirektionale Rückverfolgbarkeit ist zwischen Systemanforderungen und Softwareanforderungen hergestellt und Konsistenz sowie bidirektionale Rückverfolgbarkeit ist zwischen Systemarchitektur und Softwareanforderungen hergestellt 7) Die Softwareanforderungen sind hinsichtlich Kosten, Zeitplan und technischer Auswirkungen analysiert und 8) Die Softwareanforderungen sind vereinbart und an alle betroffenen Parteien kommuniziert	1) Softwareanforderungen sind spezifiziert, 2) Softwareanforderungen sind strukturiert und priorisiert, 3) Softwareanforderungen sind auf ihre Richtigkeit und ihre technische Umsetzbarkeit analysiert, 4) die Auswirkungen der Softwareanforderungen auf die Betriebsumgebung sind analysiert, 5) Konsistenz und bidirektionale Rückverfolgbarkeit zwischen Softwareanforderungen und Systemanforderungen ist hergestellt, 6) Konsistenz und bidirektionale Rückverfolgbarkeit zwischen Softwareanforderungen und Systemarchitektur ist hergestellt, 7) Die Softwareanforderungen sind vereinbart und an alle betroffenen Parteien kommuniziert

dem vierten Prozessergebnis von A-SPICE® 4.0 SWE.1. Im Gegensatz dazu wird das fünfte Prozessergebnis aus A-SPICE® 3.1 SWE.1, die Aktualisierung der Softwareanforderungen, in A-SPICE® 4.0 SWE.1 nicht mehr aufgeführt. Das sechste Prozessergebnis aus A-SPICE® 3.1 SWE.1, Konsistenz und bidirektionale Rückverfolgbarkeit, wurde in A-SPICE® 4.0 SWE.1 in die Prozessergebnisse fünf und sechs aufgeteilt, wobei der Inhalt unverändert blieb. Das siebte Prozessergebnis aus A-SPICE® 3.1 SWE.1 wurde vollständig aus der Liste der Prozessergebnisse von A-SPICE® 4.0 entfernt. Das achte und letzte Prozessergebnis aus A-SPICE® 3.1 SWE.1, die Vereinbarung und Kommunikation der Softwareanforderungen, entspricht vollständig dem siebten Prozessergebnis in A-SPICE® 4.0 SWE.1.

Hinweise/Interpretation:
Prozessname:
N/A.
Prozesszweck:
Das Strukturieren, Analysieren und die Übereinstimmung mit den Systemanforderungen werden in A-SPICE® 4.0 SWE.1 deutlicher hervorgehoben als es in der Vorgängerversion der Fall war.
Prozessergebnisse:
In der überarbeiteten Fassung von A-SPICE® wurden die Prozessergebnisse reduziert und teilweise vereinfacht. Zwei Prozessergebnisse aus A-SPICE® 3.1 SWE.1 fanden in A-SPICE® 4.0 keine Berücksichtigung. Die im ersten Prozessergebnis von A-SPICE® 3.1 SWE.1 erwähnten Schnittstellen könnten durch die Analyse der Auswirkungen der Softwareanforderungen auf die Betriebsumgebung (viertes Prozessergebnis in A-SPICE® 4.0 SWE.1) abgedeckt sein. Während A-SPICE® 3.1 in diesem Punkt eine präzisere Forderung stellte, bietet A-SPICE® 4.0 hier einen größeren Interpretationsspielraum.

5.6.2 Vergleich der Basispraktiken

Die folgenden Abschnitte widmen sich den grundlegenden Gemeinsamkeiten und Unterschieden der Basispraktiken der SWE.1-Prozesse, wie sie in der „alten" und der neuesten Version von A-SPICE® beschrieben werden.

5.6.2.1 BP1: Spezifiziere Softwarenanforderungen/Spezifiziere Softwareanforderungen

(Siehe Tab. 5.45).

Unterschiede:
A-SPICE® 4.0 SWE.1 BP1 berücksichtigt die erforderlichen Funktionen und Fähigkeiten der Software nicht mehr. Stattdessen beschränkt sich SWE.1 BP1 darauf, die funktionalen und nicht-funktionalen Softwareanforderungen zu identifizieren und zu dokumentieren. Im Gegensatz zu A-SPICE® 3.1 SWE.1 BP1 ist es nicht mehr notwendig, diese Dokumentation in einer spezifischen Softwareanforderungsspezifikation festzuhalten. Zudem wird die Nutzung von Änderungen an den Softwareanforderungen in A-SPICE® 4.0 SWE.1 BP1 nicht mehr thematisiert.

Tab. 5.45 SWE.1 BP1 Vergleich

A-SPICE® 3.1	A-SPICE® 4.0
Spezifiziere Softwarenanforderungen Nutze die Systemanforderungen und die Systemarchitektur, um a) die erforderlichen Softwarefunktionen und b) die erforderlichen Software-Fähigkeiten zu bestimmen	**Spezifiziere Softwarenanforderungen** Nutze die Systemanforderungen und die Systemarchitektur, um für die Software gemäß den definierten Anforderungseigenschaften a) die funktionalen Anforderungen zu bestimmen und b) zu dokumentieren
Nutze die Änderungen an den Systemanforderungen und der Architektur um c) die erforderlichen Softwarefunktionen und d) die erforderlichen Software-Fähigkeiten zu bestimmen e) Spezifiziere funktionale und f) nicht-funktionale Softwareanforderungen g) in einer Softwareanforderungsspezifikation	Nutze die Systemanforderungen und die Systemarchitektur, um für die Software gemäß den definierten Anforderungseigenschaften c) die nicht-funktionalen Anforderungen zu identifizieren und d) zu dokumentieren
Anmerkung 1: Applikationsparameter, die Funktionen und Fähigkeiten beeinflussen, sind Bestandteil der Systemanforderungen *Anmerkung 2: Falls ausschließlich Software entwickelt wird, beziehen sich die Systemanforderungen und die Systemarchitektur auf eine vorgegebene Betriebsumgebung (siehe auch Anmerkung 5). In diesem Fall sollten die Anforderungen der Stakeholder als Grundlage dienen, um die erforderlichen Funktionen und Fähigkeiten der Software sowie die Applikationsparameter, die die Funktionen und Fähigkeiten der Software beeinflussen, zu identifizieren* (Müller et al. 2016, S. 77)	*Anmerkung 1: Anforderungseigenschaften sind in Normen wie beispielsweise der ISO IEEE 29.148, ISO 26262–8:2018, oder dem INCOSE Leitfaden für das Verfassen von Anforderungen („INCOSE Guide For Writing Requirements“) definiert* *Anmerkung 2: Beispiele für festgelegte Anforderungseigenschaften, die technische Normen gemeinsam haben, sind: Überprüfbarkeit (d. h. Verifizierungskriterien, die im Anforderungstext enthalten sind), Eindeutigkeit/Verständlichkeit, Umsetzungsunabhängigkeit sowie die Widerspruchsfreiheit der Anforderungen zueinander)* *Anmerkung 3: Falls ausschließlich Software entwickelt wird, beziehen sich die Systemanforderungen und die Systemarchitektur auf eine vorgegebene Betriebsumgebung (siehe auch Anmerkung 5). In diesem Fall sollten die Anforderungen der Stakeholder als Grundlage dienen, um die erforderlichen Funktionen und Fähigkeiten der Software sowie die Applikationsparameter, die die Funktionen und Fähigkeiten der Software beeinflussen, zu identifizieren* *Anmerkung 4: Die Definition der Hardware-Software-Schnittstelle (HSI) setzt die Hardware in einen Kontext und stellt somit eine Schnittstellenentscheidung auf Systementwurfsebene dar. Sollte eine solche HSI vorhanden sein, kann sie als Grundlage für die Softwareanforderungen dienen*

Hinweise/Interpretation:
Anmerkung 1 schafft eine direkte Verbindung zu Systems Engineering und der funktionalen Sicherheit gemäß ISO 26262.

In der Basispraxis 1 werden Funktionen und Fähigkeiten nicht länger berücksichtigt; die Basispraxis in A-SPICE® 4.0 konzentriert sich strikt auf die Anforderungen.

5.6.2.2 BP2: Strukturiere Softwareanforderungen/Strukturiere Softwareanforderungen

(Siehe Tab. 5.46).

Unterschiede:
Die Basispraktiken in A-SPICE® 3.1 und A-SPICE® 4.0 zeigen viele Parallelen. Während die Strukturierungskriterien für die Anforderungen in A-SPICE® 3.1 SWE.1 BP2 noch ein zentraler Bestandteil der Basispraxis waren, wurden sie in A-SPICE® 4.0 in die Anmerkungen von SWE.1 BP2 verschoben.

In A-SPICE® 4.0 hat die Priorisierung der Softwareanforderungen hingegen einen eigenständigen und klar definierten Stellenwert in SWE.1 BP2 erhalten. Im Gegensatz dazu war sie in A-SPICE® 3.1 SWE.1 BP2 lediglich als Unterpunkt der Strukturierung aufgeführt, wobei die Priorisierung ausschließlich anhand der Stakeholder-Bedarfe erfolgte. A-SPICE® 4.0 SWE.1 BP2 bietet nun eine größere Auswahl an Kriterien, die zur Priorisierung der Softwareanforderungen herangezogen werden können (siehe Anmerkung 6).

Tab. 5.46 SWE.1 BP2 Vergleich

A-SPICE® 3.1	A-SPICE® 4.0
Strukturiere Softwareanforderungen	**Strukturiere Softwareanforderungen**
a) Strukturiere die Softwareanforderungen in der Softwareanforderungsspezifikation beispielsweise durch • Gruppierung in projektrelevante Cluster, • Sortierung in einer für das Projekt logischen Reihenfolge, • Kategorisierung basierend auf relevanten Kriterien für das Projekt, • Priorisierung gemäß den Stakeholder-Bedarfen *Anmerkung 3: Die Priorisierung umfasst in der Regel die Zuordnung von Softwareinhalten zu geplanten Releases. Siehe SPL.2.BP1* (Müller et al. 2016, S. 78)	a) Strukturiere die Softwareanforderungen und b) Priorisiere die Softwareanforderungen *Anmerkung 5: Beispiele für Strukturierungskriterien können die Gruppierung (z. B. nach Funktionalität) oder die Darstellung von Produktvarianten umfassen* *Anmerkung 6: Die Priorisierung kann entsprechend den Projekt- oder Stakeholder-Bedarfen erfolgen, beispielsweise durch die Festlegung von Release-Umfängen. Siehe SPL.2.BP1*

Hinweise/Interpretation:
Die Anmerkung 6 in A-SPICE® 4.0 SWE.1 BP2 stellt eine direkte Verbindung zum Prozess SPL.2 „Product Release“ und zu deren Basispraxis 1 her. Eine solche Verbindung wurde jedoch bereits in A-SPICE® 3.1 SWE.2 BP2 durch Anmerkung 3 hergestellt.

5.6.2.3 BP3: Analysiere die Softwareanforderungen/Analysiere die Softwareanforderungen

(Siehe Tab. 5.47).

Unterschiede:
Die Basispraktiken von A-SPICE® 3.1 und A-SPICE® 4.0 weisen viele Gemeinsamkeiten auf. In A-SPICE® 4.0 SWE.1 BP3 wurde die explizite Analyse der Kosten, des Zeitplans und der technischen Auswirkungen gestrichen. Diese Aspekte könnten jedoch implizit durch die Formulierung „um das Projektmanagement im Hinblick auf die Projektabschätzungen zu unterstützen“ abgedeckt sein, wobei in diesem Fall Projektabschätzungen als Kosten, Zeitplan und technische Auswirkungen aufgefasst werden.

Hinweise/Interpretation:
Die Anmerkung 7 in A-SPICE® 4.0 SWE.1 BP3 stellt eine direkte Verbindung zum Prozess „MAN.3 Project Management“ (BP3 und BP5) her. Zudem könnte möglicherweise ein Bezug zu MAN.5 Risikomanagement hergestellt werden, da sowohl Projektabschätzungen als auch Projektumsetzbarkeit Aspekte des Risikomanagements umfassen können.

Tab. 5.47 SWE.1 BP3 Vergleich

A-SPICE® 3.1	A-SPICE® 4.0
Analysiere die Softwareanforderungen	**Analysiere die Softwareanforderungen**
a) Analysiere die spezifizierten Softwareanforderungen, einschließlich ihrer Abhängigkeiten, um ihre • Richtigkeit, • technische Umsetzbarkeit und • Nachweisbarkeit sicherzustellen und • die Identifikation von Risiken zu unterstützen b) Analysiere die Auswirkungen auf die Kosten, c) Analysiere die Auswirkungen auf den Zeitplan und d) Analysiere die technischen Auswirkungen	a) Analysiere die spezifizierten Softwareanforderungen, einschließlich ihrer Abhängigkeiten, um ihre • Richtigkeit sicherzustellen, • technische Umsetzbarkeit zu gewährleisten und • um das Projektmanagement bei der Anpassung der Projektabschätzungen zu unterstützen
Anmerkung 4 Die Analyse der Auswirkungen auf Kosten und Zeitplan unterstutzt die Anpassung der Projektabschätzungen. Siehe MAN.3.BP5 (Müller et al. 2016, S. 79)	*Note 7: Siehe MAN.3.BP3 für die Projektumsetzbarkeit und MAN.3.BP5 für die Projektabschätzungen* *Note 8: Die technische Umsetzbarkeit kann beispielsweise anhand der Plattform, der Produktlinie oder durch Prototyping bewertet werden*

Gemäß MAN.3 BP5 beinhalten Projektabschätzungen beispielsweise Budget (= Kosten), Personal, Produktmuster oder Infrastruktur, während MAN.3 BP3 die Zeit (= Zeitplan) als Bestandteil der Projektumsetzbarkeit definiert. Vor diesem Hintergrund könnte ein Widerspruch in SWE.1 festgestellt werden, da in ihren A-SPICE® 4.0 **Prozessergebnissen** nicht mehr ausdrücklich erwähnt wird, dass die Analyse Kosten und Zeit berücksichtigt. Im Gegensatz dazu wurden in A-SPICE® 3.1 SWE.1 BP3 sowohl Kosten als auch Zeitplan eindeutig als Teil der Bewertung in den Prozessergebnissen festgehalten.

Obwohl die explizite Bewertung von Kosten und Zeitplan in A-SPICE® 4.0 SWE.1 BP3 entfällt, müssen diese Elemente dennoch indirekt im Rahmen der Begriffe „Projektabschätzungen" und „Projektumsetzbarkeit" Beachtung finden. Diese implizite Behandlung erschwert das Verständnis A-SPICE® 4.0, während A-SPICE® 3.1 SWE.1 BP3 die Anforderungen klarer und verständlicher formuliert hatte.

5.6.2.4 BP4: Analysiere die Auswirkungen auf die Betriebsumgebung/ Analysiere die Auswirkungen auf die Betriebsumgebung

(Siehe Tab. 5.48).

Unterschiede:
Die Analyse der Auswirkungen der Softwareanforderungen auf die Betriebsumgebung bleibt in A-SPICE® 4.0 SWE.1 BP4 unverändert im Vergleich zu A-SPICE® 3.1 SWE.1 BP4. Allerdings wurde in A-SPICE® 4.0 SWE.1 BP4 die explizite Analyse der Auswirkungen der Softwareanforderungen auf die Schnittstellen der Systemelemente entfernt.

Hinweise/Interpretation:
Der Begriff „Betriebsumgebung" könnte möglicherweise bereits die Schnittstellen einschließen. Da A-SPICE® 4.0 jedoch keine präzise Definition der Betriebsumgebung liefert, bleibt dies unklar. Wenn man sich auf die SE-Definition des Systemkontexts bzw.

Tab. 5.48 SWE.1 BP4 Vergleich

A-SPICE® 3.1	A-SPICE® 4.0
Analysiere die Auswirkungen auf die Betriebsumgebung Analysiere die Auswirkungen, die die Softwareanforderungen auf die a) Schnittstellen der Systemelemente haben werden, b) Betriebsumgebung haben werden *Anmerkung 5: Die Betriebsumgebung ist als das System definiert, in dem die Software ausgeführt wird (z. B.: Hardware, Betriebssystem etc.)* (Müller et al. 2016, S. 79)	**Analysiere die Auswirkungen auf die Betriebsumgebung** a) Analysiere die Auswirkungen, die die Softwareanforderungen auf Elemente in der Betriebsumgebung haben werden

der Systemumgebung stützt, sind die Schnittstellen eingeschlossen. Um sicherzugehen, würde ich stets die Schnittstellen berücksichtigen.

5.6.2.5 BP5: Entwickle Verifikationskriterien/Stelle Konsistenz sicher und stelle bidirektionale Rückverfolgbarkeit her

(Siehe Tab. 5.49).

Unterschiede:
A-SPICE® 3.1 SWE.1 BP5 wurde aus den Basispraktiken in A-SPICE® 4.0 SWE.1 entfernt. A-SPICE® 4.0 SWE.1 BP5 spiegelt inhaltlich A-SPICE® 3.1 SWE.1 BP6 und BP7.

Tab. 5.49 SWE.1 BP5 Vergleich

A-SPICE® 3.1	A-SPICE® 4.0
Entwickle Verifikationskriterien a) Entwickle Verifikationskriterien für jede Softwareanforderung, die die qualitativen Messgrößen für die Verifikation einer Anforderung festlegen b) Entwickle Verifikationskriterien für jede Softwareanforderung, die die quantitativen Messgrößen für die Verifikation einer Anforderung festlegen *Anmerkung 6: Verifikationskriterien belegen, dass eine Anforderung innerhalb der vereinbarten Rahmenbedingungen nachgewiesen werden kann, und dienen typischerweise als Grundlage für die Entwicklung von Software-Testfällen oder anderer Verifikationsmaßnahmen, die die Einhaltung der Softwareanforderungen sicherstellen* *Anmerkung 7: Verifikation, die nicht durch Tests abgedeckt werden kann, ist durch „SUP.2 Verification" abgedeckt* (Müller et al. 2016, S. 81)	**Stelle Konsistenz sicher und stelle bidirektionale Rückverfolgbarkeit her** a) Stelle Konsistenz zwischen Softwareanforderungen und Systemarchitektur sicher und b) Stelle bidirektionale Rückverfolgbarkeit zwischen Softwareanforderungen und Systemarchitektur her c) Stelle Konsistenz zwischen Softwareanforderungen und Systemanforderungen sicher und d) Stelle bidirektionale Rückverfolgbarkeit zwischen Softwareanforderungen und Systemanforderungen her *Anmerkung 9: Eine redundante Rückverfolgbarkeit ist nicht beabsichtigt* *Anmerkung 10: Es könnten nicht-funktionale Systemanforderungen existieren, zu denen die Softwarenanforderungen keine Rückverfolgbarkeit aufweisen. Beispiele wären Prozessanforderungen oder Anforderungen, die die späteren Produktlebensphasen der Software, wie das Problemmanagement, betreffen. Solche Anforderungen unterliegen jedoch nach wie vor der Verifikation* *Anmerkung 11: Bidirektionale Rückverfolgbarkeit unterstützt die Konsistenz, erleichtert die Auswirkungsanalyse von Änderungsanträgen und unterstützt den Nachweis der Verifikationsabdeckung. Rückverfolgbarkeit für sich alleine, etwa in Form von Links oder Verweisen, garantiert nicht, dass die Informationen zueinander konsistent sind* *Anmerkung 12: Im Falle einer reinen Softwareentwicklung, beziehen sich die Systemanforderungen und die Systemarchitektur auf eine bestehende Betriebsumgebung. Für diesen Fall können Konsistenz und bidirektionale Rückverfolgbarkeit zwischen Stakeholder-Anforderungen und Softwareanforderungen sichergestellt werden*

Dabei wurden Konsistenz und Rückverfolgbarkeit in A-SPICE® 4.0 zu einer einzigen Basispraxis zusammengeführt.

Hinweise/Interpretation:
Es erscheint etwas ungewöhnlich, dass in A-SPICE® 4.0 SWE.1 BP5 sowohl eine bidirektionale Rückverfolgbarkeit zwischen den Softwareanforderungen und der Systemarchitektur als auch zwischen den Softwareanforderungen und den Systemanforderungen etabliert werden soll. Eigentlich sollte bereits eine bidirektionale Rückverfolgbarkeit zwischen den Systemanforderungen und der Systemarchitektur vorhanden sein. Daher sollte die bidirektionale Rückverfolgbarkeit zwischen der Systemarchitektur und den Softwareanforderungen ausreichend sein, da die Rückverfolgbarkeit zu den Systemanforderungen über die Rückverfolgbarkeit zwischen der Systemarchitektur und den Systemanforderungen gewährleistet wird.

Anmerkung 9 weist sogar ausdrücklich darauf hin, dass eine redundante Rückverfolgbarkeit nicht beabsichtigt ist. Dennoch wird sie in der Basispraxis explizit aufgeführt, was einen Widerspruch darstellt. Dies ist jedoch lediglich meine persönliche Auffassung.

Zudem ist zu beachten, dass gemäß INCOSE (2023), *Seite 114*, die Verifikationskriterien bereits während der Anforderungsdefinition entwickelt werden sollten. Dies könnte erklären warum die A-SPICE® 3.1 SWE.1 BP5 in der neuen Fassung des Standards nicht übernommen wurde.

5.6.2.6 BP6: Stelle bidirektionale Rückverfolgbarkeit her/ Kommuniziere die vereinbarten Softwareanforderungen und die Auswirkungen auf die Betriebsumgebung

(Siehe Tab. 5.50).

Unterschiede:
A-SPICE® 3.1 SWE.1 BP6 wird durch A-SPICE® 4.0 SWE.1 BP5 abgedeckt. A-SPICE® 4.0 SWE.1 BP6 weist Ähnlichkeiten mit A-SPICE® 3.1 BP8 auf. Während jedoch A-SPICE® 3.1 BP8 die Aktualisierung von Softwareanforderungen vorsieht, legt A-SPICE® 4.0 BP6 den Schwerpunkt auf die Kommunikation der Analyseergebnisse im Hinblick auf das Betriebsumfeld.

Hinweise/Interpretation:
A-SPICE® 4.0 SWE.1 BP6 spricht von allen betroffenen Parteien, während in A-SPICE® 3.1 SWE.1 BP8 der Begriff „alle relevanten Parteien" verwendet wird. Dies deutet auf einen möglichen Unterschied hin: Eine Partei könnte relevant, aber nicht direkt betroffen sein – wie etwa das Projektmanagement, das im Gegensatz zur Systemarchitektur oder dem Hardwaredesign nicht unmittelbar involviert ist.

Tab. 5.50 SWE.1 BP6 Vergleich

A-SPICE® 3.1	A-SPICE® 4.0
Stelle bidirektionale Rückverfolgbarkeit her	**Kommuniziere die vereinbarten Softwareanforderungen und die Auswirkungen auf die Betriebsumgebung**
a) Stelle bidirektionale Rückverfolgbarkeit zwischen den Systemanforderungen und den Softwareanforderungen her b) Stelle bidirektionale Rückverfolgbarkeit zwischen der Systemarchitektur und den Softwareanforderungen her	a) Kommuniziere die vereinbarten Softwareanforderungen, b) Kommuniziere die Ergebnisse der Auswirkungsanalysen auf die Betriebsumgebung
Anmerkung 8: Redundanz sollte vermieden werden, indem eine Kombination dieser Vorgehensweisen die Projekt- und Organisationsbedarfe abdeckt *Anmerkung 9: Bidirektionale Rückverfolgbarkeit unterstützt Abdeckungs-, Konsistenz- und Auswirkungsanalysen* (in Anlehnung an Müller et al. 2016, S. 81)	an alle betroffenen Parteien

5.6.2.7 BP7: Stelle Konsistenz sicher/Es existiert keine BP7 in A-SPICE® 4.0 SWE.1

(Siehe Tab. 5.51).

Unterschiede:

A-SPICE® 3.1 SWE.1 BP7 ist in A-SPICE® 4.0 SWE.1 BP5 aufgegangen.

Hinweise/Interpretation:

N/A.

Tab. 5.51 SWE.1 BP7 Vergleich

A-SPICE® 3.1	A-SPICE® 4.0
Stelle Konsistenz sicher	**N/A**
a) Stelle Konsistenz zwischen Systemanforderungen und Softwareanforderungen sicher b) Stelle Konsistenz zwischen Systemarchitektur und Softwareanforderungen sicher	Es existiert keine BP7 in A-SPICE® 4.0 SWE.1
Anmerkung 10: Konsistenz wird durch bidirektionale Rückverfolgbarkeit unterstützt und kann durch Review-Aufzeichnungen nachgewiesen werden *Anmerkung 11: Im Falle einer reinen Softwareentwicklung beziehen sich die Systemanforderungen und die Systemarchitektur auf eine vorhandene Betriebsumgebung (siehe auch Anmerkung 2). In diesem Fall müssen Konsistenz und bidirektionale Rückverfolgbarkeit zwischen den Stakeholder-Anforderungen und den Softwareanforderungen sichergestellt werden* (Müller et al. 2016, S. 81)	

5.6.2.8 BP8: Kommuniziere die vereinbarten Softwareanforderungen/ Es existiert keine BP8 in A-SPICE® 4.0 SWE.1

(Siehe Tab. 5.52).

Unterschiede:
A-SPICE® 3.1 BP8 zeigt Parallelen zu A-SPICE® 4.0 BP6. Im Unterschied zu A-SPICE® 3.1 BP8, welches die Aktualisierung von Softwareanforderungen umfasst, betont A-SPICE® 4.0 BP6 die Kommunikation der Analyseergebnisse in Bezug auf das Betriebsumfeld (siehe auch BP6).

Hinweise/Interpretation:
Siehe auch BP6:

A-SPICE® 4.0 SWE.1 BP6 spricht von allen betroffenen Parteien, während in A-SPICE® 3.1 SWE.1 BP8 der Begriff „alle relevanten Parteien" verwendet wird. Dies deutet auf einen möglichen Unterschied hin: Eine Partei könnte relevant, aber nicht direkt betroffen sein – wie etwa das Projektmanagement, das im Gegensatz zur Systemarchitektur oder dem Hardwaredesign nicht unmittelbar involviert ist.

5.6.2.9 Grafische Zusammenfassung der SWE.1 Basispraxisänderungen

(Siehe Abb. 5.7).

Tab. 5.52 SWE.1 BP8 Vergleich

A-SPICE® 3.1	A-SPICE® 4.0
Kommuniziere die vereinbarten Softwareanforderungen a) Kommuniziere die vereinbarten Softwareanforderungen und b) Kommuniziere die Aktualisierungen der Softwareanforderungen an alle relevanten Parteien (Müller et al. 2016, S. 82)	**N/A** Es existiert keine BP8 in A-SPICE® 4.0 SWE.1

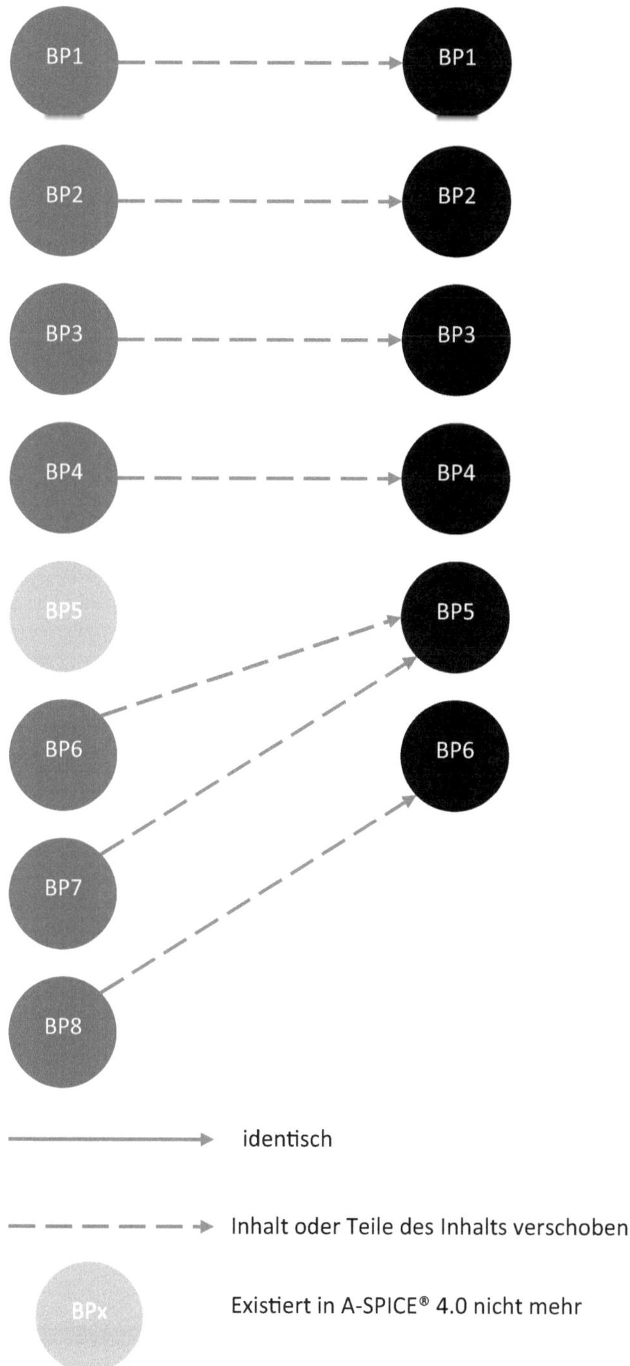

Abb. 5.7 Grafische Zusammenfassung der SWE.1 Basispraxisänderungen

5.7 SWE.2 Software Architectural Design (Softwarearchitektur)

Dieses Kapitel und seine Unterabschnitte befassen sich mit den Gemeinsamkeiten und Unterschieden der Softwarearchitektur-Prozesse der beiden A-SPICE®-Versionen.

5.7.1 Vergleich der Prozessreferenzmodell-Elemente

(Siehe Tab. 5.53).

Tab. 5.53 Vergleich der SWE.2 PRM-Elemente

Element	A-SPICE® 3.1	A-SPICE® 4.0
Prozess-ID	SWE.2	SWE.2
Prozessname	Software Architectural Design (Softwarearchitektur)	Software Architectural Design (Softwarearchitektur)
Prozesszweck	Der Zweck besteht darin, eine Softwarearchitektur zu erstellen, festzulegen, welche Softwareanforderungen welchen Software-Elementen zugeordnet werden sollen, und die Softwarearchitektur anhand definierter Kriterien zu bewerten	Der Zweck besteht darin, eine analysierte Softwarearchitektur zu erstellen, die sowohl statische als auch dynamische Aspekte umfasst und mit den Softwareanforderungen übereinstimmt
Prozessergebnisse	1) Eine Softwarearchitektur ist definiert, die die Elemente der Software identifiziert, 2) die Software-Anforderungen sind den Software-Elementen zugeordnet, 3) die Schnittstellen aller Software-Elemente sind definiert, 4) das dynamische Verhalten und die Ziele für den Ressourcenverbrauch der Software-Elemente sind definiert, 5) Konsistenz und bidirektionale Rückverfolgbarkeit zwischen Software-Anforderungen und Softwarearchitektur sind hergestellt, und 6) die Softwarearchitektur ist vereinbart und an alle betroffenen Parteien kommuniziert	1) Eine Softwarearchitektur ist erstellt, die statische und dynamische Aspekte umfasst, 2) die Softwarearchitektur ist anhand definierter Kriterien analysiert, 3) Konsistenz und bidirektionale Rückverfolgbarkeit zwischen Softwarearchitektur und Software-Anforderungen sind hergestellt, 4) Die Softwarearchitektur ist vereinbart und an alle betroffenen Parteien kommuniziert

Unterschiede:

Prozessname:
Kein Unterschied.

Prozesszweck:
Die Softwarearchitektur muss gemäß A-SPICE® 4.0 analysiert werden und sowohl statische als auch dynamische Aspekte umfassen. Zudem muss sie mit den Softwareanforderungen konsistent sein. Während A-SPICE® 3.1 explizit verlangte, dass die Softwarearchitektur anhand definierter Kriterien bewertet wird, fordert A-SPICE® 4.0 stattdessen eine analysierte Softwarearchitektur. Darüber hinaus wird die explizite Zuordnung der Softwareanforderungen zu den Software-Elementen in A-SPICE® 4.0 nicht mehr erwähnt.

Prozessergebnisse:
Das erste Prozessergebnis von A-SPICE® 3.1 verlangte die Identifikation der Software-Elemente – eine Anforderung, die in A-SPICE® 4.0 nicht mehr enthalten ist. Stattdessen muss die Softwarearchitektur sowohl statische als auch dynamische Aspekte umfassen. Damit integriert das erste SWE.2-Prozessergebnis von A-SPICE® 4.0 teilweise das vierte SWE.2-Prozessergebnis aus A-SPICE® 3.1.

Das zweite Prozessergebnis von A-SPICE® 3.1 forderte die explizite Zuordnung der Softwareanforderungen zu den Software-Elementen, eine Vorgabe, die in A-SPICE® 4.0 SWE.2 entfällt. Stattdessen verlangt das zweite Prozessergebnis von A-SPICE® 4.0 eine Analyse der Softwarearchitektur anhand definierter Kriterien, die vor der Analyse festgelegt werden müssen.

Die Definition der Schnittstellen der Software-Elemente, die in A-SPICE® 3.1 als drittes SWE.2-Prozessergebnis enthalten war, wurde in A-SPICE® 4.0 nicht übernommen. Ebenso finden sich die Ziele für den Ressourcenverbrauch nicht mehr innerhalb der SWE.2-Prozessergebnisse von A-SPICE® 4.0.

Wie bereits beim ersten Prozessergebnis erwähnt, wurde der Aspekt des dynamischen Verhaltens aus dem vierten SWE.2-Prozessergebnis von A-SPICE® 3.1 in das erste SWE.2-Prozessergebnis von A-SPICE® 4.0 integriert.

Eine vollständige Übereinstimmung besteht zwischen dem fünften SWE.2-Prozessergebnis von A-SPICE® 3.1 und dem dritten Prozessergebnis von A-SPICE® 4.0. Ebenso sind das sechste SWE.2-Prozessergebnis von A-SPICE® 3.1 und das vierte von A-SPICE® 4.0 identisch.

Hinweise/Interpretation:

Prozessname:
N/A.

Prozesszweck:
N/A.

Prozessergebnisse:
Das zweite SWE.2-Prozessergebnis in A-SPICE® 4.0 – die Analyse der Softwarearchitektur anhand definierter Kriterien – stellt eine eher allgemeine Anforderung dar. Im Gegensatz dazu spezifizierten die Prozessergebnisse zwei bis vier von A-SPICE® 3.1 SWE.2 sehr genau, welche Ziele erreicht werden sollten. Aus dieser Perspektive betrachtet, sind die Ziele von A-SPICE® 4.0 SWE.2 weniger konkret formuliert, wodurch sie schwerer greifbar werden.

5.7.2 Vergleich der Basispraktiken

In den folgenden Unterabschnitten werden die Basispraktiken beider A-SPICE®-Versionen in chronologischer Reihenfolge gegenübergestellt.

5.7.2.1 BP1: Entwickle die Softwarearchitektur/Spezifiziere die statischen Aspekte der Softwarearchitektur

(Siehe Tab. 5.54).

Unterschiede:
A-SPICE® 4.0 SWE.2 teilt die Basispraxis BP1 aus A-SPICE® 3.1 SWE.2 auf die neuen Basispraktiken BP1 und BP2 auf. BP1 in A-SPICE® 4.0 stellt zudem eine teilweise neue Basispraxis dar, da BP4 in A-SPICE® 3.1 SWE.2 ausschließlich das dynamische

Tab. 5.54 SWE.2 BP1 Vergleich

A-SPICE® 3.1	A-SPICE® 4.0
Entwickle die Softwarearchitektur a) Entwickle eine Softwarearchitektur, die die Software-Elemente unter Berücksichtigung funktionaler und nicht-funktionaler Softwareanforderungen spezifiziert und b) dokumentiere diese Softwarearchitektur *Anmerkung 1: Die Software wird über angemessene Hierarchieebenen in Elemente bis hin zu Softwarekomponenten zerlegt – der untersten Ebene der Softwarearchitektur –, die im Softwarefeinentwurf beschrieben sind* (Müller et al. 2016, S. 84)	**Spezifiziere die statischen Aspekte der Softwarearchitektur** a) Spezifiziere die statischen Aspekte der Softwarearchitektur unter Berücksichtigung der funktionalen und nicht-funktionalen Software-Anforderungen, einschließlich • Externer Schnittstellen und • einem definierten Satz an Softwarekomponenten mit • ihren Schnittstellen und Beziehungen und b) dokumentiere diese statischen Aspekte der Softwarearchitektur *Anmerkung 1: Die Definition der Hardware-Software-Schnittstelle (HSI) setzt das Hardwaredesign in einen Kontext und stellt somit einen Aspekt des Systemdesigns (SYS. 3) dar*

Tab. 5.55 SWE.2 BP2 Vergleich

A-SPICE® 3.1	A-SPICE® 4.0
Ordne Softwareanforderungen zu a) Ordne die Software-Anforderungen den Elementen der Softwarearchitektur zu (Müller et al. 2016, S. 85)	**Spezifiziere die dynamischen Aspekte der Softwarearchitektur** a) Spezifiziere die dynamischen Aspekte der Softwarearchitektur unter Berücksichtigung der funktionalen und nichtfunktionalen Software-Anforderungen, einschließlich • des Verhaltens der Softwarekomponenten und • ihrer Interaktion in verschiedenen Software-Modi, und • der Aspekte der Parallelität b) dokumentiere diese dynamischen Aspekte der Softwarearchitektur *Anmerkung 2: Beispiele für Parallelitäts-Aspekte sind der Umgang mit applikationsrelevanten Unterbrechungen, präemptive Verarbeitung[8], Multithreading[9]* *Examples for concurrency aspects are application-relevant interrupt handling, pre-emptive processing, multi-threading* *Anmerkung 3: Beispiele für Verhaltensbeschreibungen sind natürliche Sprache oder semi-formale Notationen (z. B. SysML, UML)*

Verhalten der Software abdeckte, während das statische Verhalten in A-SPICE® 3.1 SWE.2 keine explizite Erwähnung fand, sondern deren Berücksichtigung implizit gefordert wurde.

Hinweise/Interpretation:
A-SPICE® 4.0 stellt durch Aufsplittung in statische und dynamische Aspekte deutlicher dar, welche Aspekte Teil der Softwarearchitektur sein müssen.

5.7.2.2 BP2: Ordne Software-Anforderungen zu/Spezifiziere die dynamischen Aspekte der Softwarearchitektur

(Siehe Tab. 5.55).

Unterschiede:
In A-SPICE® 4.0 SWE.2 entfällt SWE.2 BP2 aus A-SPICE® 3.1. Stattdessen übernimmt SWE.2 BP2 in A-SPICE® 4.0 einzelne Elemente aus SWE.2 BP1 aus A-SPICE® 3.1,

[8] Präemptive Verarbeitung beschreibt ein Verfahren, bei dem Prozesse oder Aufgaben vorzeitig unterbrochen werden können, um einem höherpriorisierten Prozess Ressourcen zuzuweisen – etwa im Rahmen eines **präemptiven Multitaskings** bei Betriebssystemen.

[9] Multithreading ist eine Technik, bei der ein Programm oder ein Prozess in mehrere Threads unterteilt wird, die parallel ausgeführt werden können. Dadurch wird die Effizienz und Reaktionsfähigkeit eines Systems erhöht, insbesondere bei leistungsintensiven Anwendungen oder bei der Verarbeitung mehrerer Aufgaben gleichzeitig (Klabnik und Nichols 2024, S. 390).

darunter die dynamischen Aspekte der Softwarearchitektur sowie die Dokumentation. Zudem integriert es Komponenten aus A-SPICE® 3.1 SWE.2 BP4, die sich auf die Dokumentation beziehen. Während SWE.2 BP2 in A-SPICE® 4.0 die dynamischen Aspekte der Software spezifiziert, fehlt – im Gegensatz zu SWE.2 BP4 aus A-SPICE® 3.1 – eine explizite Bewertung dieser Aspekte.

Hinweise/Interpretation:
A-SPICE® 3.1 SWE.2 wirkte detaillierter und spezifischer. Ein direkter Vergleich der beiden SWE.2 BP2s gestaltet sich jedoch schwierig, da sie in einigen Aspekten grundlegend voneinander abweichen.

5.7.2.3 BP3: Definiere die Schnittstellen der Softwareelemente/ Analysiere die Softwarearchitektur

(Siehe Tab. 5.56).

Tab. 5.56 SWE.2 BP3 Vergleich

A-SPICE® 3.1	A-SPICE® 4.0
Definiere die Schnittstellen der Softwareelemente a) Identifiziere die Schnittstellen, b) entwickle die Schnittstellen und c) dokumentiere die Schnittstellen für jedes Softwareelement (Müller et al. 2016, S. 86)	**Analysiere die Softwarearchitektur** a) Analysiere die Softwarearchitektur im Hinblick auf relevante • technische Designaspekte und • um das Projektmanagement bei den Projektabschätzungen zu unterstützen b) Dokumentiere die Begründung für die gewählte Softwarearchitektur *Anmerkung 4: Siehe MAN.3.BP3 für Projektumsetzbarkeit und MAN.3.BP5 für Projektabschätzungen* *Anmerkung 5: Die Analyse kann die Eignung vorhandener Softwarekomponenten für die gegenwärtige Anwendung umfassen* *Anmerkung 6: Beispiele für geeignete Methoden zur Analyse technischer Aspekte sind Prototypen, Simulationen, und qualitative Analysen* *Anmerkung 7: Beispiele für technische Aspekte sind die Funktionalität, die zeitliche Abstimmung und der Ressourcenverbrauch (z. B. ROM, RAM, externes/internes EEPROM oder Data Flash oder CPU-Auslastung)* *Anmerkung 8: Beispiel-Begründungen für eine gewählte Softwarearchitektur sind die Bewährtheit im Einsatz, Wiederverwendung einer Produktplattform oder Produktlinie, eine Make-or-Buy-Entscheidung oder eine evolutionäre Entwicklung (z. B. set-based Design)*

Unterschiede:
In A-SPICE® 4.0 wird SWE.2 BP3 durch SWE.2 BP1 und BP2 abgedeckt. Der Begriff „Schnittstellen“ taucht nicht explizit auf, wohl aber „Interaktionen“ – und um interagieren zu können, sind Schnittstellen unabdingbar.

SWE.2 BP2 in A-SPICE® 4.0 weist Parallelen zu SWE.2 BP6 in A-SPICE® 3.1 auf. Die Definition von Bewertungskriterien wird nicht mehr direkt erwähnt, sondern vorausgesetzt – andernfalls müsste man wohl von einer spontanen Eingebung ausgehen…

Die Bewertung erfolgt anhand technischer Aspekte und Projektabschätzungen, jedoch nicht mehr anhand festgelegter Kriterien, wie es in A-SPICE® 3.1 der Fall war. Diese bleiben allerdings als Bestandteil von Prozesszweck 2 in A-SPICE® 4.0 erhalten und sind für eine fundierte Analyse unerlässlich.

Hinweise/Interpretation:
A-SPICE® 4.0 SWE.2 BP3 stellt eine direkte Verbindung zu MAN.3 Projektmanagement her und möglicherweise auch zu MAN.5 Risikomanagement, da in MAN.3 Projektmanagement BP5 ein Vermerk auf eine mögliche Verknüpfung mit MAN.5 Risikomanagement enthalten ist.

Die Dokumentation der Begründung für Designentscheidungen wird zudem durch den Architekturdefinitionsprozess, den Designdefinitionsprozess und den Entscheidungsmanagementprozess in ISO 15288 vorgeschrieben. In diesem Punkt nähert sich A-SPICE® 4.0 SWE.2 stärker an SE an.

Die Definition von Analyse- und Bewertungskriterien wird nur implizit vorgegeben, was A-SPICE® 4.0 weniger nachvollziehbar macht als A-SPICE® 3.1. Keine der BPs in A-SPICE® 4.0 SWE.2 deckt den Bereich der Kriteriendefinition direkt ab. Ihre Festlegung, die für die Analyse erforderlich ist, wird lediglich durch eine „Hintertür“ der technischen Aspekte sichergestellt – sie bleibt unausgesprochen. Dies könnte als Verlust der logischen Reihenfolge bzw. an Klarheit in A-SPICE® 4.0 interpretiert werden.

A-SPICE® 4.0 macht nicht deutlich, dass verschiedene oder alternative Softwarearchitekturen bewertet werden müssen. Wer den Text strikt befolgt, könnte zu dem Schluss kommen, dass die Bewertung einer einzigen Softwarearchitektur mit der dazugehörigen Entscheidungsbegründung ausreicht (z. B. „Uns ist keine andere Softwarearchitektur eingefallen“).

5.7.2.4 BP4: Beschreibe das dynamische Verhalten/Stelle Konsistenz sicher und stelle bidirektionale Rückverfolgbarkeit her

(Siehe Tab. 5.57).

Unterschiede:
A-SPICE® 4.0 SWE.2 BP5 integriert die Inhalte von A-SPICE® 3.1 SWE.2 BP7 und BP8. Elemente aus A-SPICE® 3.1 SWE.2 BP4 (Dokumentation) sind in A-SPICE® 4.0

Tab. 5.57 SWE.2 BP4 Vergleich

A-SPICE® 3.1	A-SPICE® 4.0
Beschreibe das dynamische Verhalten a) Bewerte das zeitliche Verhalten von Softwareelementen, b) Bewerte die dynamische Interaktion von Softwareelementen, c) Dokumentiere das zeitliche Verhalten von Softwareelementen, d) Dokumentiere die dynamische Interaktion von Softwareelementen, um das geforderte dynamische Verhalten des Systems zu gewährleisten *Anmerkung 2: Dynamisches Verhalten wird durch Betriebsmodi (z. B. Hochfahren, Herunterfahren, Normalbetrieb, Kalibrierung, Diagnose), Prozesse und Interprozesskommunikation, Tasks, Threads, Zeitscheiben, Interrupts usw. bestimmt* *Anmerkung 3: Während der Beurteilung des dynamischen Verhaltens sollten die Zielplattform und mögliche Auslastungen des Ziels berücksichtigt werden* (Müller et al. 2016, S. 86)	**Stelle Konsistenz sicher und stelle bidirektionale Rückverfolgbarkeit her** a) Stelle Konsistenz zwischen Softwarearchitektur und den Softwareanforderungen sicher b) Stelle bidirektionale Rückverfolgbarkeit zwischen Softwarearchitektur und Softwareanforderungen her *Anmerkung 9: Es könnten nicht-funktionale Software-Anforderungen existieren, zu denen die Softwarearchitektur keine Rückverfolgbarkeit aufweist. Beispiele wären Entwicklungsprozessanforderungen. Solche Anforderungen unterliegen jedoch nach wie vor der Verifikation* *Anmerkung 10: Bidirektionale Rückverfolgbarkeit unterstützt die Konsistenz, erleichtert die Auswirkungsanalyse von Änderungsanträgen und unterstützt den Nachweis der Verifikationsabdeckung. Rückverfolgbarkeit für sich alleine, etwa in Form von Links oder Verweisen, garantiert nicht, dass die Informationen zueinander konsistent sind*

SWE.2 BP2 enthalten. Während A-SPICE® 4.0 SWE.2 BP2 die dynamischen Aspekte spezifiziert, verzichtet es im Gegensatz zu A-SPICE® 3.1 SWE.2 BP4 auf deren Bewertung.

Hinweise/Interpretation:
N/A.

5.7.2.5 BP5: Definiere die Ziele für den Ressourcenverbrauch/ Kommuniziere die vereinbarte Softwarearchitektur

(Siehe Tab. 5.58).

Unterschiede:
A-SPICE® 3.1 SWE.2 BP5 wird in A-SPICE® 4.0 SWE.2 nicht mehr aufgeführt. Sein Inhalt könnte zwar in A-SPICE® 4.0 SWE.2 BP1 und BP2 aufgegriffen werden, wird dort jedoch nicht ausdrücklich erwähnt.

Tab. 5.58 SWE.2 BP5 Vergleich

A-SPICE® 3.1	A-SPICE® 4.0
Definiere die Ziele für den Ressourcenverbrauch a) Bestimme die Ziele für den Ressourcenverbrauch und b) Dokumentiere die Ziele für den Ressourcenverbrauch für alle relevanten Elemente der Softwarearchitektur auf der entsprechenden Hierarchieebene *Anmerkung 4: Der Ressourcenverbrauch wird üblicherweise für Komponenten wie ROM, RAM, externes/internes EEPROM oder Data Flash sowie CPU-Auslastung bestimmt* (Müller et al. 2016, S. 88)	**Kommuniziere die vereinbarte Softwarearchitektur** a) Kommuniziere die vereinbarte Softwarearchitektur an alle betroffenen Parteien

A-SPICE® 4.0 SWE.2 BP5 weist Ähnlichkeiten mit A-SPICE® 3.1 SWE.2 BP9 auf. Allerdings gehören Aktualisierungen der Softwarearchitektur nicht zu seinem Umfang.

Hinweise/Interpretation:
Die Kommunikation von Aktualisierungen könnte trotz fehlender ausdrücklicher Erwähnung in A-SPICE® 4.0 SWE.2 BP5 implizit gefordert sein. Dies könnte im Rahmen von A-SPICE® 4.0 SWE.2 BP4 „Konsistenz sicherstellen und bidirektionale Rückverfolgbarkeit herstellen" berücksichtigt werden.

5.7.2.6 BP6: Bewerte alternative Softwarearchitekturen/Es existiert keine BP6 in A-SPICE® 4.0 SWE.2

(Siehe Tab. 5.59).

Tab. 5.59 SWE.2 BP6 Vergleich

A-SPICE® 3.1	A-SPICE® 4.0
Bewerte alternative Softwarearchitekturen a) Definiere Bewertungskriterien für die Softwarearchitektur b) Bewerte alternative Softwarearchitekturen anhand dieser definierten Kriterien c) Dokumentiere die Begründung für die ausgewählte Softwarearchitektur *Anmerkung 5: Bewertungskriterien können Qualitätskriterien (Modularität, Wartbarkeit, Erweiterbarkeit, Skalierbarkeit, Zuverlässigkeit, Sicherheitsimplementierung und Benutzerfreundlichkeit) umfassen sowie die Ergebnisse der Make-Buy-Reuse-Analyse* (in Anlehnung an Müller et al. 2016, S. 88)	**N/A** Es existiert keine BP6 in A-SPICE® 4.0 SWE.2

Unterschiede:
A-SPICE® 3.1 SWE.2 BP6 wird in A-SPICE® 4.0 SWE.2 nicht mehr aufgeführt. Weder die Bewertung alternativer Softwarearchitekturen noch die Definition entsprechender Bewertungskriterien werden explizit erwähnt. Möglicherweise lässt sich der Inhalt von A-SPICE® 3.1 SWE.2 BP6 in A-SPICE® 4.0 SWE.2 BP3 „Analysiere die Softwarearchitektur" verorten. Allerdings fordert A-SPICE® 4.0 SWE.2 BP3 weder explizit Bewertungskriterien noch die Berücksichtigung mehrerer Softwarearchitekturen, da die Bewertung primär auf technische Aspekte und Projektabschätzungen fokussiert ist. Dennoch sind Bewertungskriterien Bestandteil des zweiten A-SPICE® 4.0 SWE.2-Prozessergebnisses und für eine fundierte Analyse erforderlich.

Hinweise/Interpretation:
Die Erstellung mehrerer alternativer Softwarearchitekturen dürfte auch in A-SPICE® 4.0 weiterhin notwendig sein, um eine fundierte Bewertung und Entscheidungsfindung zu ermöglichen. Es ist wahrscheinlich, dass sich hinter dem Begriff „technische Aspekte" in A-SPICE® 4.0 SWE.2 BP3 die zugrunde liegenden Bewertungskriterien verbergen, auch wenn dies nicht explizit formuliert ist. Dadurch wirkt die neue Version weniger klar und selbsterklärend als A-SPICE® 3.1. Insbesondere die Verständlichkeit der Anforderungen zur Erstellung und Bewertung alternativer Architekturen hat sich in A-SPICE® 4.0 verschlechtert.

5.7.2.7 BP7: Stelle bidirektionale Rückverfolgbarkeit her/Es existiert keine BP7 in A-SPICE® 4.0 SWE.2

(Siehe Tab. 5.60).

Tab. 5.60 SWE.2 BP7 Vergleich

A-SPICE® 3.1	A-SPICE® 4.0
Stelle bidirektionale Rückverfolgbarkeit her a) Stelle bidirektionale Rückverfolgbarkeit zwischen Software-Anforderungen und den Elementen der Softwarearchitektur her *Anmerkung 6: Bidirektionale Rückverfolgbarkeit deckt die Zuordnung der Software-Anforderungen zu den Elementen der Softwarearchitektur ab* *Anmerkung 7: Bidirektionale Rückverfolgbarkeit unterstützt Abdeckungs-, Konsistenz- und Auswirkungsanalysen* (in Anlehnung an Müller et al. 2016, S. 89)	**N/A** Es existiert keine BP7 in A-SPICE® 4.0 SWE.2

Unterschiede:
A-SPICE® 3.1 SWE.2 BP7 ist durch A-SPICE® 4.0 SWE.2 BP4 abgedeckt.

Hinweise/Interpretation:
N/A.

5.7.2.8 BP8: Stelle Konsistenz sicher/Es existiert keine BP8 in A-SPICE® 4.0 SWE.2

(Siehe Tab. 5.61).

Unterschiede:
A-SPICE® 3.1 SWE.2 BP8 wurde in A-SPICE® 4.0 SWE.2 BP4 integriert.

Hinweise/Interpretation:
N/A.

5.7.2.9 *BP9: Kommuniziere die vereinbarte Softwarearchitektur/Es existiert keine BP9 in A-SPICE® 4.0 SWE.2*

(Siehe Tab. 5.62).

Tab. 5.61 SWE.2 BP8 Vergleich

A-SPICE® 3.1	A-SPICE® 4.0
Stelle Konsistenz sicher a) Stelle Konsistenz zwischen den Software-Anforderungen und der Softwarearchitektur sicher *Anmerkung 8: Konsistenz wird durch bidirektionale Rückverfolgbarkeit unterstützt und kann durch Review-Aufzeichnungen nachgewiesen werden* (Müller et al. 2016, S. 89)	**N/A** Es existiert keine BP8 in A-SPICE® 4.0 SWE.2

Tab. 5.62 SWE.2 BP9 Vergleich

A-SPICE® 3.1	A-SPICE® 4.0
Kommuniziere die vereinbarte Softwarearchitektur a) Kommuniziere die vereinbarte Softwarearchitektur und b) kommuniziere Aktualisierungen der Softwarearchitektur an alle relevanten Parteien (Müller et al. 2016, S. 89)	**N/A** Es existiert keine BP9 in A-SPICE® 4.0 SWE.2

Unterschiede:
A-SPICE® 3.1 SWE.2 BP9 weist Ähnlichkeiten zu A-SPICE® 4.0 SWE.2 BP5 auf. Jedoch wird in A-SPICE® SWE.2 BP5 die Kommunikation der Softwarearchitektur-Aktualisierungen nicht ausdrücklich gefordert.

Hinweise/Interpretation:
A-SPICE® 3.1 SWE.2 BP9 fordert die Kommunikation mit allen relevanten Parteien, während A-SPICE® 4.0 SWE.2 BP5 explizit die Kommunikation mit allen betroffenen Parteien verlangt. Diese Differenzierung könnte – wie im Prozess SWE.1 dargelegt – eine feine, aber bedeutende Unterscheidung zwischen „relevant" und „betroffen" implizieren. So könnten Management oder Qualitätssicherung als relevant gelten, ohne direkt von der Architektur betroffen zu sein, während Disziplinen wie die Software- oder Hardware-Entwicklung unmittelbar betroffen sind.

Auch wenn die Kommunikation von Aktualisierungen in A-SPICE® 4.0 SWE.2 BP5 nicht ausdrücklich erwähnt wird, könnte sie dennoch implizit gefordert sein. Dies könnte im Rahmen von A-SPICE® 4.0 SWE.2 BP4 „Konsistenz sicherstellen und bidirektionale Rückverfolgbarkeit herstellen" berücksichtigt werden.

5.7.2.10 Grafische Zusammenfassung der SWE.2 Basispraxisänderungen

(Siehe Abb. 5.8).

Abb. 5.8 Grafische Zusammenfassung der SWE.2 Basispraxisänderungen

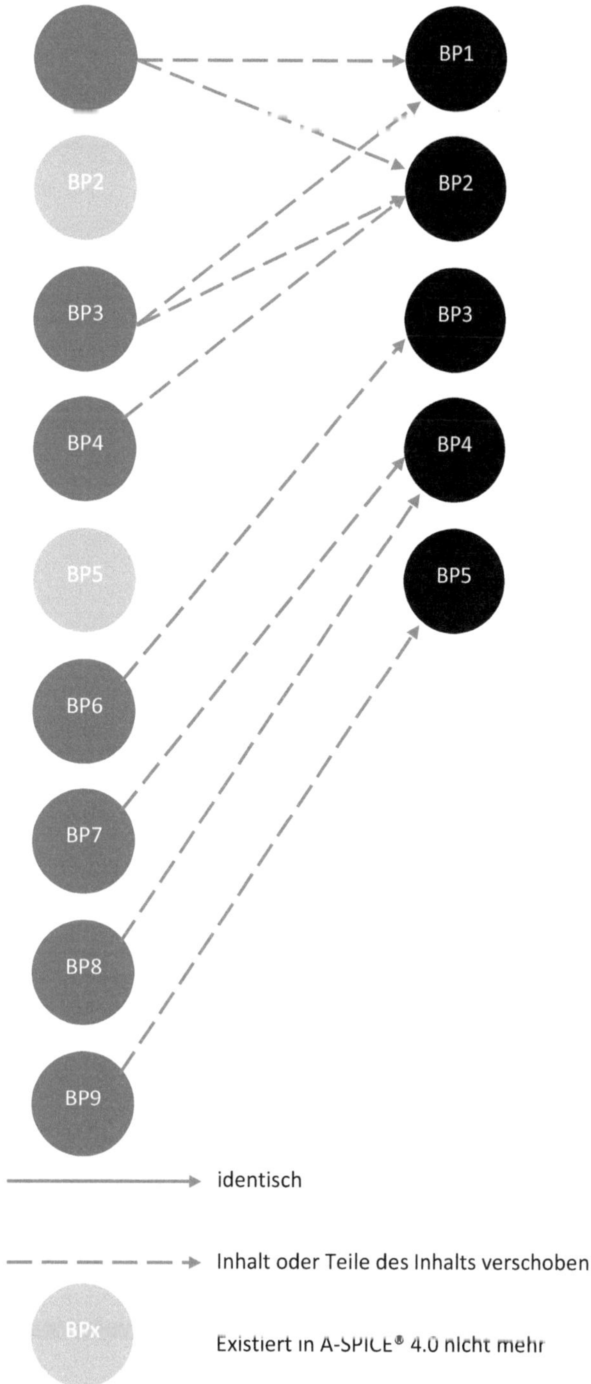

5.8 SWE.3 Software Detailed Design and Unit Construction (Softwarefeinentwurf und Softwaremodulerstellung)

Dieser Abschnitt behandelt die Unterschiede und Gemeinsamkeiten der Softwarefeinentwurf und Modulerstellungsprozesse, wie sie in beiden A-SPICE® Versionen beschrieben sind.

5.8.1 Vergleich Prozessreferenzmodell-Elemente

(Siehe Tab. 5.63).

Tab. 5.63 Vergleich der SWE.3 PRM-Elemente

Element	A-SPICE® 3.1	A-SPICE® 4.0
Prozess-ID	SWE.3	SWE.3
Prozessname	Software Detailed Design and Unit Construction (Softwarefeinentwurf und Modulerstellung)	Software Detailed Design and Unit Construction (Softwarefeinentwurf und Modulerstellung)
Prozesszweck	Der Zweck besteht darin, einen bewerteten Softwarefeinentwurf für die Softwaremodule bereitzustellen sowie die Softwareeinheiten zu spezifizieren und zu erzeugen	Der Zweck besteht darin, einen Softwarefeinentwurf zu erstellen, der sowohl statische als auch dynamische Aspekte umfasst und mit der Softwarearchitektur übereinstimmt, sowie Softwareeinheiten zu erstellen, die mit dem Softwarefeinentwurf konsistent sind
Prozessergebnisse	1) Ein Softwarefeinentwurf liegt vor, der die Softwareeinheiten beschreibt, 2) die Schnittstellen jeder Softwareeinheit sind definiert, 3) das dynamische Verhalten der Softwareeinheiten ist festgelegt, 4) Konsistenz und bidirektionale Rückverfolgbarkeit sind zwischen den Softwareanforderungen und den Softwareeinheiten hergestellt; ebenso zwischen der Softwarearchitektur und dem Softwarefeinentwurf sowie zwischen dem Softwarefeinentwurf und den Softwareeinheiten, 5) Der Softwarefeinentwurf und seine Beziehung zur Softwarearchitektur sind abgestimmt und an alle betroffenen Parteien kommuniziert und 6) die durch den Softwarefeinentwurf definierten Softwareeinheiten sind erzeugt	1) Ein Softwarefeinentwurf, einschließlich statischer und dynamischer Aspekte, ist spezifiziert 2) Die im Softwarefeinentwurf spezifizierten Softwareeinheiten sind erzeugt 3) Konsistenz und bidirektionale Rückverfolgbarkeit sind zwischen dem Softwarefeinentwurf und der Softwarearchitektur hergestellt; ebenso zwischen dem Quellcode und dem Softwarefeinentwurf sowie zwischen dem Softwarefeinentwurf und den Softwareanforderungen 4) Der Quellcode und der abgestimmte Softwarefeinentwurf sind an alle betroffenen Parteien kommuniziert

Unterschiede:

Prozessname:

Kein Unterschied.

Prozesszweck:

In A-SPICE® 4.0 wurde der SWE.3-Prozess um statische und dynamische Aspekte erweitert. Zudem wurde die Konsistenz mit der Softwarearchitektur ergänzt. Neu hinzugekommen ist die Anforderung, dass die Softwareeinheiten mit dem detaillierten Softwaredesign übereinstimmen. Die Bewertung der Softwarearchitektur anhand definierter Kriterien hingegen ist nicht länger Bestandteil des Prozesszwecks.

Prozessergebnisse:

Das erste SWE.3-Prozessergebnis in A-SPICE® 4.0 weist im Vergleich zu A-SPICE® 3.1 eine leicht angepasste Wortwahl auf: Statt „entwickelt“ wird der Softwarefeinentwurf nun „spezifiziert“. Zudem umfasst der detaillierte Entwurf erstmals statische und dynamische Aspekte, die in der vorherigen Version nicht erwähnt wurden. Der Begriff Softwareeinheiten, der in A-SPICE® 3.1 bereits im ersten Prozessergebnis auftauchte, erscheint in A-SPICE® 4.0 erst im zweiten Prozessergebnis, welches jedoch voraussetzt, dass diese Einheiten zuvor definiert wurden.

Das zweite Prozessergebnis aus A-SPICE® 3.1 – die Definition der Schnittstellen jeder Softwareeinheit – wird in A-SPICE® 4.0 nicht mehr ausdrücklich genannt. Stattdessen fordert das zweite Prozessergebnis nun die Erzeugung der im Softwarefeinentwurf festgelegten Softwareeinheiten, eine Formulierung, die dem sechsten Prozessergebnis aus A-SPICE® 3.1 entspricht.

Das dritte Prozessergebnis aus A-SPICE® 3.1, die Beschreibung des dynamischen Verhaltens der Softwareeinheiten, wurde in A-SPICE® 4.0 in das erste Prozessergebnis integriert.

Das vierte Prozessergebnis aus A-SPICE® 3.1, das die Konsistenz und bidirektionale Rückverfolgbarkeit sicherstellen soll, weist inhaltliche Parallelen zum dritten Prozessergebnis in A-SPICE® 4.0 auf. Allerdings ergeben sich feine Nuancen in der Wortwahl, die berücksichtigt werden sollten:

- Softwareanforderungen und Softwareeinheiten (spezifiziert im Softwarefeinentwurf)
- Softwarearchitektur und Softwarefeinentwurf und
- Softwarefeinentwurf und Softwareeinheiten

Der Prozess fordert in A-SPICE® 4.0 Konsistenz und bidirektionale Rückverfolgbarkeit zwischen:

- Softwareanforderungen und Softwarefeinentwurf (ohne direkte Bezugnahme auf Softwareeinheiten),
- Softwarearchitektur und Softwarefeinentwurf sowie
- Quellcode und Softwarefeinentwurf.

Das fünfte Prozessergebnis aus A-SPICE® 3.1 SWE.3, das die Vereinbarung und Kommunikation des Softwarefeinentwurfs mit den betroffenen Parteien beschreibt, zeigt Ähnlichkeiten mit dem vierten Prozessziel in A-SPICE® 4.0 SWE.3. Allerdings wird die Wortwahl angepasst: A-SPICE® 4.0 bezieht sich explizit auf den Quellcode und nicht mehr auf die Softwarearchitektur.

Hinweise/Interpretation:
Prozessname:
N/A.
Prozesszweck:
Der Prozesszweck von A-SPICE® 4.0 SWE.3 ist im Vergleich zu A-SPICE® 3.1 genauso verständlich bzw. unverständlich und umfasst im Wesentlichen die folgenden Elemente:

- Erstellung eines detaillierten Softwareentwurfs,
  - der statische und dynamische Aspekte enthält und
  - mit der Softwarearchitektur konsistent ist.
- Konstruktion von Softwareeinheiten,
  - die mit dem detaillierten Softwareentwurf übereinstimmen.

Der Prozesszweck enthält zahlreiche Inhalte und Anforderungen. Dennoch ist er nicht selbsterklärend, weshalb eine Unterteilung in logische, leichter verständliche Einheiten empfohlen wird.
Prozessergebnisse:
Die Anzahl der Prozessergebnisse wurde reduziert. Einige Prozessergebnisse in A-SPICE® 4.0 SWE.3 integrieren Aspekte aus mehreren Prozessergebnissen der Vorgängerversion A-SPICE® 3.1 SWE.3. Zudem wurde der Bereich der Rückverfolgbarkeit leicht überarbeitet.

Das Thema der Schnittstellen der Softwareeinheiten wird in A-SPICE® 4.0 SWE.3 nicht explizit erwähnt, bleibt aber durch die Berücksichtigung des statischen und dynamischen Verhaltens weiterhin relevant. Dadurch wurden die Schnittstellen in das erste Prozessergebnis verschoben.

Das letzte Prozessergebnis in A-SPICE® 4.0 SWE.3 – die Kommunikation des Quellcodes und des Softwarefeinentwurfs – könnte in der Praxis durch bestehende Geheimhaltungsvereinbarungen (Non-Disclosure Agreements, NDAs) problematisch sein. Dabei lässt der Begriff „Kommunikation“ viel Interpretationsspielraum: Genügt es im Kunden-Lieferantenverhältnis beispielsweise, den Quellcode lediglich zu bestätigen und eine gemeinsame Review-Möglichkeit anzubieten? Oder bedeutet „kommuniziert“, dass der Quellcode vollständig übergeben wird? Im letzteren Fall könnten bestehende NDAs die Umsetzung dieser Anforderung erheblich erschweren.

5.8.2 Vergleich der Basispraktiken

Die nächsten Abschnitte befassen sich mit den grundlegenden Anpassungen der Basispraktiken sowie den Gemeinsamkeiten zwischen den SWE.3-Prozessen, wie sie in der vorherigen und der aktuellen A-SPICE®-Version beschrieben sind.

5.8.2.1 Entwickle den Softwarefeinentwurf/Spezifiziere die statischen Aspekte des Softwarefeinentwurfs

(Siehe Tab. 5.64).

Tab. 5.64 SWE.3 BP1 Vergleich

A-SPICE® 3.1	A-SPICE® 4.0
Entwickle den Softwarefeinentwurf a) Entwickle einen Feinentwurf für jede in der Softwarearchitektur definierte Softwarekomponente. Die Softwarearchitektur legt alle Softwaremodule hinsichtlich • funktionalen und • nicht-funktionalen Software-Anforderungen fest (in Anlehnung an Müller et al. 2016, S. 93)	**Spezifiziere die statischen Aspekte des Softwarefeinentwurfs** a) Spezifiziere für jede Softwarekomponente das Verhalten ihrer • Softwaremodule • ihrer statischen Struktur und • ihrer Beziehungen, • ihrer Schnittstellen, einschließlich ▪ gültiger Wertebereiche für ihre Eingaben und Ausgaben (aus Sicht der Anwendungsdomäne) sowie ▪ physikalischer oder messtechnischer Einheiten, die auf Eingaben und Ausgaben anwendbar sind (aus Sicht der Anwendungsdomäne) *Anmerkung 1: Die Abgrenzung eines Softwaremoduls ist unabhängig von seiner Darstellung im Quellcode, der Struktur der Code-Dateien oder der modellbasierten Implementierung. Sie wird vielmehr durch die Semantik der Anwendungsdomäne*[10]*bestimmt. Daher kann ein Softwaremodul auf Code-Ebene entweder durch eine einzelne Unterroutine oder durch eine Gruppe von Unterroutinen repräsentiert werden* *Anmerkung 2: Beispiele für gültige Wertebereiche mit anwendbaren physikalischen Einheiten aus der Perspektive der Anwendungsdomäne sind „0…200 [m/s]“, „0…3.8 [A]“ oder „1.100 [N]“. Zur Zuordnung solcher Wertebereiche der Anwendungsdomäne zu Datentypen auf Programmiersprachenebene (wie einem Unsigned Integer mit einem Wertebereich von 0.65.535) siehe BP2* *Anmerkung 3: Beispiele für eine Maßeinheit sind „%“ oder „‰“* *Anmerkung 4: Ein Zähler ist ein Beispiel für einen Parameter oder einen Rückgabewert, auf den weder eine physikalische noch eine Maßeinheit anwendbar ist* *Anmerkung 5: Die Definition der Hardware-Software-Schnittstelle (HSI) setzt das Hardwaredesign in einen Kontext und stellt somit einen Aspekt des Systemdesigns (SYS. 3) dar*

[10] Die Anwendungsdomäne bezeichnet den spezifischen Bereich oder das Fachgebiet, in dem eine Software oder ein System eingesetzt wird. Sie umfasst die relevanten Konzepte, Regeln, Begriffe und Daten, die in diesem Bereich eine Rolle spielen (Wikimedia Foundation Inc. 2024).

Unterschiede:
A-SPICE® 3.1 SWE.3 BP1 ist in A-SPICE® 4.0 SWE.3 nicht mehr explizit enthalten. Stattdessen wurde sein Inhalt in A-SPICE® 4.0 SWE.3 BP1 integriert, jedoch in weniger detaillierter Form als zuvor. Während A-SPICE® 4.0 SWE.3 BP1 lediglich die Spezifikation der Schnittstellen verlangt – einschließlich gültiger Wertebereiche sowie anwendbarer physikalischer oder messtechnischer Einheiten –, forderte A-SPICE® 3.1 SWE.3 BP2 explizit die Identifikation, Spezifikation und Dokumentation der Schnittstellen jeder Softwareeinheit.

Hinweise/Interpretation:
A-SPICE® 4.0 SWE.3 BP1, Anmerkung 5 enthält eine direkte Verbindung zu SYS.3, was auf eine inhaltliche Abhängigkeit zwischen diesen beiden Prozessen hinweist. Dies könnte bedeuten, dass bestimmte Aspekte der Schnittstellenspezifikation im SWE.3-Prozess mit systematischen Anforderungen aus SYS.3 verknüpft sind.

5.8.2.2 BP2: Definiere die Schnittstellen der Softwaremodule/ Spezifiziere das dynamische Verhalten des Softwarefeinentwurfs

(Siehe Tab. 5.65).

Tab. 5.65 SWE.3 BP2 Vergleich

A-SPICE® 3.1	A-SPICE® 4.0
Definiere die Schnittstellen der Softwaremodule	**Spezifiziere das dynamische Verhalten des Softwarefeinentwurfs**
a) Identifiziere, b) spezifiziere und c) dokumentiere die Schnittstellen für jedes Softwaremodul (Müller et al. 2016, S. 94)	a) Spezifiziere die dynamischen Aspekte des Softwarefeinentwurfs unter Berücksichtigung der Softwarearchitektur, einschließlich ▪ der Wechselbeziehungen zwischen den relevanten Softwaremodulen, um das dynamische Verhalten der Softwarekomponente umzusetzen und b) dokumentiere die dynamischen Aspekte des Softwarefeinentwurfs unter Berücksichtigung der Softwarearchitektur, einschließlich ▪ der Wechselbeziehungen zwischen den relevanten Softwaremodulen, um das dynamische Verhalten der Softwarekomponente umzusetzen *Anmerkung 6: Beispiele für Verhaltensbeschreibungen sind natürliche Sprache oder semi-formale Notationen (z. B. SysML, UML)*

Unterschiede:
A-SPICE® 3.1 SWE.3 BP2 wurde in A-SPICE® 4.0 SWE.3 BP1 integriert (siehe auch SWE.3 BP1). Der Detailgrad bei der Schnittstellendefinition ist in A-SPICE® 4.0 SWE.3 BP1 geringer als in A-SPICE® 3.1 BP2.

A-SPICE® 4.0 SWE.3 BP2 weist Ähnlichkeiten zu A-SPICE® 3.1 SWE.3 BP3 auf. Allerdings entfällt in A-SPICE® 4.0 SWE.3 BP2 der Bewertungsteil.

Hinweise/Interpretation:
Die Erwähnung von SysML (Systems Modeling Language) in Anmerkung 6 von A-SPICE® 4.0 SWE.3 BP2 könnte erneut darauf hindeuten, dass sich A-SPICE® zunehmend an das Systems Engineering annähert.

5.8.2.3 BP3: Beschreibe das dynamische Verhalten/Entwickle Softwaremodule

(Siehe Tab. 5.66).

Tab. 5.66 SWE.3 BP3 Vergleich

A-SPICE® 3.1	A-SPICE® 4.0
Beschreibe das dynamische Verhalten	**Entwickle Softwaremodule**
a) Bewerte und b) dokumentiere das dynamische Verhalten der relevanten Softwaremodule c) Bewerte und d) dokumentiere die (dynamischen) Interaktionen der relevanten Softwaremodule (Müller et al. 2016, S. 95)	a) Entwickle Softwaremodule, • die mit dem Softwarefeinentwurf übereinstimmen, • gemäß den Codier-Richtlinien b) dokumentiere die Softwaremodule, • die mit dem Softwarefeinentwurf übereinstimmen, • gemäß den Codier-Richtlinien *Anmerkung 7: Beispiele für Codier-Richtlinien auf Fähigkeitslevel 1 sind die Vermeidung impliziter Typkonvertierungen, nur ein Einstiegspunkt und ein Austrittspunkt in Unterroutinen, Bereichsprüfungen (Design-by-Contract, defensives Programmieren) Weitere Beispiele finden sich beispielsweise in ISO 26262-6, Abschn. 8.4.5 in Verbindung mit Tabelle 6*

Unterschiede:
A-SPICE® 3.1 SWE.3 BP3 entspricht weitgehend A-SPICE® 4.0 SWE.3 BP2, jedoch ohne den Bewertungsteil der Softwaremodule.

A-SPICE® 4.0 SWE.3 BP3 ähnelt A-SPICE® 3.1 SWE.3 BP8, wobei letzteres „ausführbare“ Softwaremodule verlangte. In A-SPICE® 4.0 SWE.3 BP3 liegt der Fokus hingegen darauf, dass die Softwaremodule mit der Architektur konsistent sind und den Codier-Richtlinien entsprechen.

Hinweise/Interpretation:
Die Anmerkung 7 in A-SPICE® 4.0 SWE.3 BP3 stellt eine Verbindung zu ISO 26262 her.

5.8.2.4 BP4: Bewerte den Softwarefeinentwurf/Stelle Konsistenz sicher und stelle bidirektionale Rückverfolgbarkeit her

(Siehe Tab. 5.67).

Tab. 5.67 SWE.3 BP4 Vergleich

A-SPICE® 3.1	A-SPICE® 4.0
Bewerte den Softwarefeinentwurf	**Stelle Konsistenz sicher und stelle bidirektionale Rückverfolgbarkeit her**
a) Bewerte den Softwarefeinentwurf hinsichtlich • Interoperabilität, • Interaktion, • Kritikalität, • technischer Komplexität, • Risiken und • Testbarkeit *Anmerkung 2: Die Bewertungsergebnisse können als Eingangsgröße für die Softwaremodul-Verifikation verwendet werden* (Müller et al. 2016, S. 95)	a) Stelle Konsistenz zwischen dem Softwarefeinentwurf und der Softwarearchitektur sicher b) Stelle bidirektionale Rückverfolgbarkeit zwischen dem Softwarefeinentwurf und der Softwarearchitektur her c) Stelle Konsistenz zwischen den entwickelten Softwaremodulen und dem Softwarefeinentwurf sicher d) Stelle bidirektionale Rückverfolgbarkeit zwischen den entwickelten Softwaremodulen und dem Softwarefeinentwurf her e) Stelle Konsistenz zwischen dem Softwarefeinentwurf und den Software-Anforderungen sicher f) Stelle bidirektionale Rückverfolgbarkeit zwischen dem Softwarefeinentwurf und den Software-Anforderungen her *Anmerkung 8: Redundanz sollte durch die Anwendung einer Kombination dieser Ansätze vermieden werden* *Anmerkung 9: Beispiele für die direkte Rückverfolgbarkeit eines Softwaremoduls im Feinentwurf zu einer Softwareanforderung sind Kommunikationsmatrizen oder Basis-Softwareaspekte, wie eine Liste von Diagnosekennungen, die in einer Autosar-Konfiguration enthalten sind* *Anmerkung 10: Bidirektionale Rückverfolgbarkeit unterstützt die Konsistenz, erleichtert die Auswirkungsanalyse von Änderungsanträgen und unterstützt den Nachweis der Verifikationsabdeckung. Rückverfolgbarkeit für sich alleine, etwa in Form von Links oder Verweisen, garantiert nicht, dass die Informationen zueinander konsistent sind*

Unterschiede:
Die BP4 aus A-SPICE® 3.1 SWE.3 wurde in A-SPICE® 4.0 SWE.3 nicht übernommen.

Stattdessen vereint A-SPICE® 4.0 BP4 nun die Inhalte von BP5 und BP6 aus A-SPICE® 3.1 SWE.3. Die Unterschiede in Bezug auf die Rückverfolgbarkeit wurden bereits im Abschnitt zu den Prozessergebnissen erläutert.

Hinweise/Interpretation:
In A-SPICE® 4.0 SWE.3 weist BP4, Anmerkung 8, darauf hin, dass Redundanz vermieden werden sollte. Dennoch fordert die Basispraxis sie praktisch gesehen – ein Widerspruch. Die Rückverfolgbarkeit zwischen Softwaremodulen und Softwareanforderungen ist de facto redundant. Eine indirekte Rückverfolgbarkeit wäre ausreichend, sofern die Softwarearchitektur eine bidirektionale Rückverfolgbarkeit zu den Softwareanforderungen (im V-Modell nach oben) und zum Softwarefeinentwurf (im V-Modell nach unten) sicherstellt. In diesem Fall würde eine bidirektionale Rückverfolgbarkeit zwischen Softwareeinheiten und dem Softwarefeinentwurf genügen.

Zwar wird der Begriff einer direkten, bidirektionalen Rückverfolgbarkeit in der Basispraxis nicht explizit verwendet, doch ich würde ihren Wortlaut so auffassen, dass eine solche gefordert ist.

5.8.2.5 BP5: Stelle bidirektionale Rückverfolgbarkeit her/ Kommuniziere den vereinbarten Softwarefeinentwurf und die Softwaremodule

(Siehe Tab. 5.68).

Unterschiede:
A-SPICE® 3.1 SWE.3 BP5 wurde in A-SPICE® 4.0 SWE.3 BP4 integriert. A-SPICE® 4.0 SWE.3 BP5 lehnt sich inhaltlich an A-SPICE® 3.1 SWE.3 BP7 an. Eine explizite

Tab. 5.68 SWE.3 BP5 Vergleich

A-SPICE® 3.1	A-SPICE® 4.0
Stelle bidirektionale Rückverfolgbarkeit her	**Kommuniziere den vereinbarten Softwarefeinentwurf und die Softwaremodule**
a) Stelle bidirektionale Rückverfolgbarkeit zwischen den Software-Anforderungen und den Softwaremodulen her b) Stelle bidirektionale Rückverfolgbarkeit zwischen der Softwarearchitektur und dem Softwarefeinentwurf her c) Stelle bidirektionale Rückverfolgbarkeit zwischen dem Softwarefeinentwurf und den Softwaremodulen her	a) Kommuniziere den vereinbarten Softwarefeinentwurf und b) Kommuniziere die entwickelten Softwaremodule
Anmerkung 3: Redundanz sollte durch eine Kombination dieser Ansätze, die die Projekt- und Unternehmensbedarfe abdeckt, vermieden werden *Anmerkung 4: Bidirektionale Rückverfolgbarkeit unterstützt Abdeckungs-, Konsistenz- und Auswirkungsanalysen* (In Anlehnung an Müller et al. 2016, S. 95–96)	an alle betroffenen Parteien

Kommunikation von Änderungen am Softwarefeinentwurf ist in A-SPICE® 4.0 SWE.3 BP5 nicht ausdrücklich gefordert.

Hinweise/Interpretation:
Auch wenn die Kommunikation von Aktualisierungen am Softwarefeinentwurf in A-SPICE® 4.0 SWE.3 nicht wörtlich erwähnt wird, könnte sie dennoch implizit gefordert sein. Dies dürfte durch die Aspekte Konsistenz und Rückverfolgbarkeit berücksichtigt werden.

5.8.2.6 BP6: Stelle Konsistenz sicher/Es existiert keine BP6 in A-SPICE® 4.0 SWE.3

(Siehe Tab. 5.69).

Unterschiede:
Die BP6 aus A-SPICE® 3.1 SWE.3 wurde in A-SPICE® 4.0 SWE.3 BP4 integriert.

Hinweise/Interpretation:
N/A.

5.8.2.7 BP7: Kommuniziere den vereinbarten Softwarefeinentwurf/Es existiert keine BP7 in A-SPICE® 4.0 SWE.3

(Siehe Tab. 5.70).

Tab. 5.69 SWE.3 BP6 Vergleich

A-SPICE® 3.1	A-SPICE® 4.0
Stelle Konsistenz sicher a) Stelle Konsistenz zwischen den Software-Anforderungen und den Softwaremodulen sicher b) Stelle Konsistenz zwischen der Softwarearchitektur, dem Softwarefeinentwurf und den Softwaremodulen sicher *Anmerkung 5: Konsistenz wird durch bidirektionale Rückverfolgbarkeit unterstützt und kann durch Review-Aufzeichnungen nachgewiesen werden* (Müller et al. 2016, S. 96)	**N/A** Es existiert keine BP6 in A-SPICE® 4.0 SWE.3

Tab. 5.70 SWE.3 BP7 Vergleich

A-SPICE® 3.1	A-SPICE® 4.0
Kommuniziere den vereinbarten Softwarefeinentwurf a) Kommuniziere den vereinbarten Softwarefeinentwurf und b) kommuniziere die Aktualisierungen am Softwarefeinentwurf an alle relevanten Parteien (Müller et al. 2016, S. 97)	**N/A** Es existiert keine BP7 in A-SPICE® 4.0 SWE.3

Unterschiede:
A-SPICE® 3.1 SWE.3 BP7 weist Ähnlichkeiten mit A-SPICE® 4.0 SWE.3 BP5 auf. Die explizite Kommunikation von Aktualisierungen des Softwarefeinentwurfs wird in A-SPICE® 4.0 SWE.3 BP5 nicht gefordert.

Hinweise/Interpretation:
Auch wenn dies nicht ausdrücklich genannt wird, könnte die Kommunikation von Aktualisierungen des Softwarefeinentwurfs dennoch in A-SPICE® 4.0 implizit gefordert sein (siehe auch BP5).

5.8.2.8 BP8: Entwickle die Softwaremodule/Es existiert keine BP8 in A-SPICE® 4.0 SWE.3

(Siehe Tab. 5.71).

Unterschiede:
A-SPICE® 3.1 SWE.3 BP8 entspricht inhaltlich A-SPICE® 4.0 SWE.3 BP3. Während A-SPICE® 3.1 SWE.3 BP8 den ausführbaren Code der Softwaremodule fordert, verlangt A-SPICE® 4.0 SWE.3 BP3, dass die Softwaremodule mit der Architektur konsistent sind und den Codier-Richtlinien entsprechen.

Hinweise/Unterschiede:
N/A.

5.8.2.9 Grafische Zusammenfassung der SWE.3 Basispraxisänderungen

(Siehe Abb. 5.9).

Tab. 5.71 SWE.3 BP9 Vergleich

A-SPICE® 3.1	A-SPICE® 4.0
Entwickle die Softwaremodule a) Entwickle und b) dokumentiere den ausführbaren Code der einzelnen Softwaremodule gemäß dem Softwafeinentwurf (Müller et al. 2016, S. 97)	**N/A** Es existiert keine BP8 in A-SPICE® 4.0 SWE.3

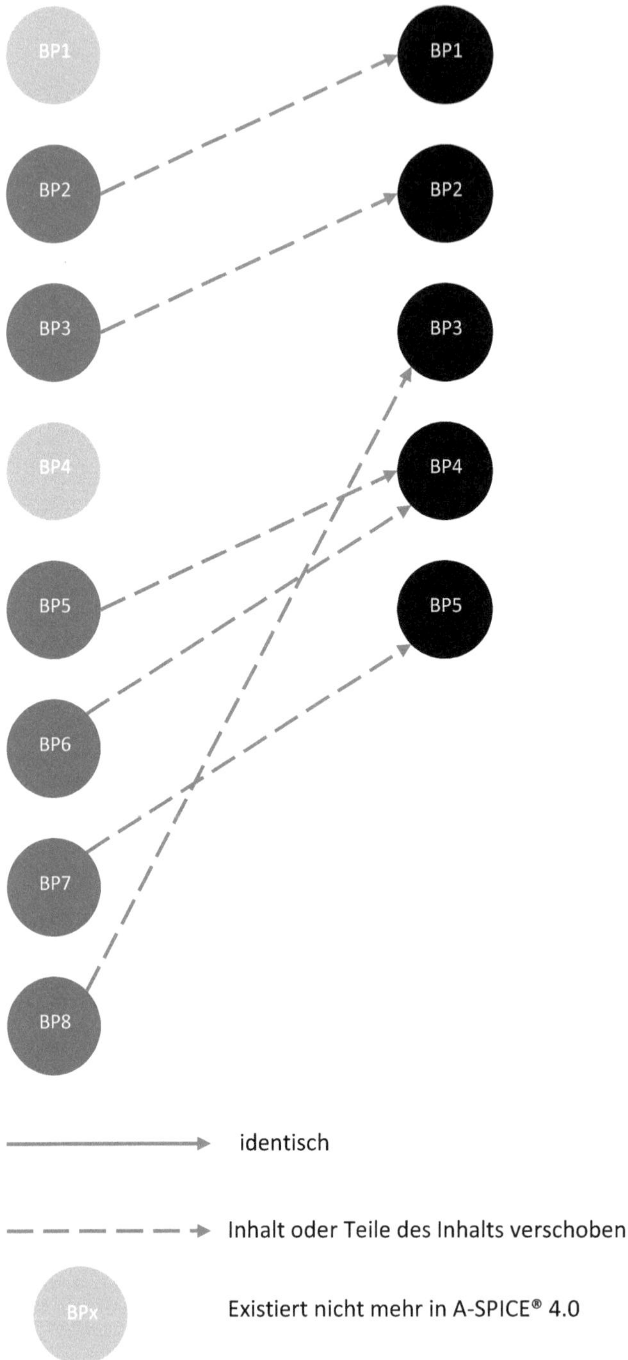

Abb. 5.9 Grafische Zusammenfassung der SWE.3 Basispraxisänderungen

5.9 SWE.4 Software Unit Verification (Softwaremodulverifikation)

In diesem Kapitel werden die Unterschiede und Gemeinsamkeiten der Softwaremodul Verifikationsprozesse behandelt.

5.9.1 Vergleich der Prozessreferenzmodell-Elemente

(Siehe Tab. 5.72).

Tab. 5.72 Vergleich der SWE.4 PRM-Elemente

Element	A-SPICE® 3.1	A-SPICE® 4.0
Prozess-ID	SWE.4	SWE.4
Prozessname	Software unit verification (Softwaremodulverifikation)	Software unit verification (Softwaremodulverifikation)
Prozesszweck	Der Zweck besteht darin, die Softwaremodule zu verifizieren, um deren Übereinstimmung mit dem Softwarefeinentwurf sowie den nicht-funktionalen Software-Anforderungen nachzuweisen	Der Zweck besteht darin die Konsistenz der Softwaremodule mit dem Softwarefeinentwurf nachzuweisen
Prozessergebnisse	1) Eine Strategie für die Softwaremodulverifikation, einschließlich der Regressionsstrategie, ist aufgestellt, um die Softwaremodule zu verifizieren 2) Kriterien für die Softwaremodulverifikation, die geeignet sind, die Übereinstimmung der Softwaremodule mit dem Softwarefeinentwurf sowie den nicht-funktionalen Softwareanforderungen nachzuweisen, sind gemäß der Softwaremodulverifikationsstrategie entwickelt 3) Softwaremodule sind gemäß der Strategie für die Softwaremodulverifikation und den definierten Kriterien verifiziert und die Ergebnisse sind dokumentiert 4) Konsistenz und bidirektionale Rückverfolgbarkeit ist zwischen Softwaremodulen, Verifikationskriterien und Verifikationsergebnissen hergestellt und 5) Ergebnisse der Modulverifikation sind zusammengefasst und an alle betroffenen Parteien kommuniziert	1) Verifikationsmaßnahmen für die Softwaremodulverifikation sind spezifiziert 2) Softwaremodul-Verifikationsmaßnahmen sind gemäß dem Release-Umfang, einschließlich der Kriterien für Regressionstests, ausgewählt 3) Softwaremodule sind anhand der ausgewählten Verifikationsmaßnahmen verifiziert und die Ergebnisse sind aufgezeichnet 4) Konsistenz und bidirektionale Rückverfolgbarkeit sind zwischen Verifikationsmaßnahmen und Softwaremodulen hergestellt, und bidirektionale Rückverfolgbarkeit zwischen Verifikationsergebnissen und den Verifikationsmaßnahmen ist hergestellt 5) Ergebnisse der Softwaremodulverifikation sind zusammengefasst und an alle betroffenen Parteien kommuniziert

Unterschiede:

Prozessname:

Kein Unterschied.

Prozesszweck:

Im Vergleich zum Prozesszweck von SWE.3 in A-SPICE® 3.1 wurden die nicht-funktionalen Softwareanforderungen in A-SPICE® 4.0 aus dem Zweck entfernt. In A-SPICE® 4.0 SWE.4 wird nun vorgegeben, dass die Verifikation nachweisen soll, dass die Softwaremodule mit dem Softwarefeinentwurf konsistent sind.

Prozessergebnisse:

Die Strategieaspekte wurden in A-SPICE® 4.0 auf das Level 2 verschoben. Deswegen genügt es in A-SPICE® 4.0 die Verifikationsmaßnahmen für die Softwaremodule zu definieren, anstatt eine wie zuvor eine Strategie aufzustellen.

Beim Vergleich des zweiten SWE.4-Prozessergebnisses der beiden A-SPICE® Versionen fällt auf, dass die Verifikationskriterien in A-SPICE® 4.0 nicht mehr aufgeführt werden. A-SPICE® 4.0 SWE.4 verlangt in seinem zweiten Prozessergebnis „lediglich“ die Auswahl der Verifikationsmaßnahmen im Hinblick auf den Freigabeumfang, mit besonderem Fokus auf Kriterien für Regressionstests.

Das dritte SWE.4-Prozessergebnis ist in beiden A-SPICE®-Versionen sehr ähnlich, jedoch verlangt A-SPICE® 4.0 die Anwendung der ausgewählten Verifikationsmaßnahmen. A-SPICE® 3.1 erforderte die Einhaltung der Softwaremodul-Verifikationsstrategie sowie der definierten Kriterien, die beide in A-SPICE® 4.0 nicht mehr existieren.

Im vierten SWE.4-Prozessergebnis wird sowohl in A-SPICE® 3.1 als auch in A-SPICE® 4.0 die Konsistenz und bidirektionale Rückverfolgbarkeit gefordert. Während A-SPICE® 3.1 diese zwischen Softwaremodulen, Verifikationskriterien und Verifikationsergebnissen forderte, verlangt A-SPICE® 4.0 bidirektionale Rückverfolgbarkeit und Konsistenz zwischen Verifikationsmaßnahmen und Softwaremodulen sowie die bidirektionale Rückverfolgbarkeit zwischen Verifikationsergebnissen und den Verifikationsmaßnahmen ohne das bei Letzterem die Konsistenz berücksichtigt werden müsste.

Das fünfte und letzte SWE.4 Prozessergebnis ist in beiden A-SPICE® Versionen absolut identisch.

Hinweise/Interpretation:

Prozessname:

N/A

Prozesszweck:

Die nicht-funktionalen Softwareanforderungen sind vermutlich bereits im Softwarefeinentwurf berücksichtigt und integriert, sodass sie im Prozesszweck von A-SPICE® 4.0 SWE.4 keine Erwähnung mehr finden.

Prozessergebnisse:
Die Unterschiede entsprechen denen in SYS.4 Systemintegration und Integrationsverifikation. In Bezug auf das vierte Prozessergebnis, das in beiden Versionen ähnlich ist: Die Formulierung in A-SPICE® 4.0 SWE.4 wirkt klarer und leichter verständlich – zumindest ist das mein Eindruck.

5.9.2 Vergleich der Basispraktiken

Die nächsten Abschnitte behandeln die Unterschiede und Gemeinsamkeiten der Basispraktiken der SWE.4-Prozesse.

5.9.2.1 BP1: Entwickle eine Softwaremodulverifikationsstrategie, einschließlich Regressionsstrategie/Spezifiziere die Verifikationsmaßnahmen für die Softwaremodule

(Siehe Tab. 5.73).

Unterschiede:
Eine Strategie ist gemäß A-SPICE® 4.0 nicht mehr erforderlich, um Level 1 zu erreichen. A-SPICE® 4.0 SWE.4 BP1 enthält Elemente aus A-SPICE® 3.1 SWE.4 BP2 (Kriterien) und A-SPICE® 3.1 BP1 (Anmerkung 1).

Tab. 5.73 SWE.4 BP1 Vergleich

A-SPICE® 3.1	A-SPICE® 4.0
Entwickle eine Softwaremodulverifikationsstrategie, einschließlich Regressionsstrategie	**Spezifiziere die Verifikationsmaßnahmen für die Softwaremodule**
a) Entwickle eine Strategie für die Verifikation der Softwaremodule, einschließlich • einer Regressionsstrategie zur erneuten Verifikation bei Änderungen eines Softwaremoduls b) Die Verifikationsstrategie muss festlegen, wie der Nachweis der Übereinstimmung der Softwaremodule mit dem Softwarefeinentwurf erbracht wird c) Die Verifikationsstrategie muss festlegen, wie der Nachweis der Übereinstimmung der Softwaremodule mit den nicht-funktionalen Anforderungen erbracht wird *Anmerkung 1: Mögliche Techniken für die Verifikation der Softwaremodule sind statische/dynamische Analysen, Codereviews, Modultests etc.* (Müller et al. 2016, S. 102)	a) Spezifiziere Verifikationsmaßnahmen für jedes im Softwarefeinentwurf definiertes Softwaremodul, einschließlich • den Kriterien für das Bestehen/Nicht-Bestehen der Verifikationsmaßnahmen, • einer Definition der Eingangs- und Ausgangskriterien für die Verifikationsmaßnahmen, und • der erforderlichen Verifikationsinfrastruktur *Anmerkung 1: Beispiele für Softwaremodul-Verifikationsmaßnahmen sind statische Analysen, Codereviews und Modultests,* *Anmerkung 2: Statische Analysen lassen sich auf Grundlage von MISRA-Regelsätzen und anderen Codierstandards durchführen*

Hinweise/Interpretation:
ISO 15288/Systems Engineering definiert sieben Verifikationsmethoden: Test, Stichprobentest, Analogie, Demonstration, Analyse, Simulation und Inspektion.

5.9.2.2 BP2: Entwickle Kriterien für die Softwaremodulverifikation/ Wähle die Verifikationsmaßnahmen für die Softwaremodule aus

(Siehe Tab. 5.74).

Unterschiede:
Inhalte von A-SPICE® 3.1 SWE.3 BP2 wurden in A-SPICE® 4.0 SWE.3 BP1 (Kriterien) überführt, während A-SPICE® 4.0 SWE.3 BP2 Elemente aus A-SPICE® 3.1 SWE.3 BP1(Regressionstests) integriert.

Hinweise/Interpretation:
A-SPICE® SWE. 4 BP2 ist in A-SPICE® 4.0 SWE.4 nicht mehr in seiner bisherigen Form vorhanden. Stattdessen wurden die Kriterien in BP1 verlagert und dort mit einer strengeren Definition der erforderlichen Vorgaben versehen.

Durch den Bezug auf den Release-Umfang besteht eine potenzielle Verbindung zum Prozess SPL.2, da in diesem Prozess die Inhalte eines Releases festgelegt werden.

Tab. 5.74 SWE.4 BP2 Vergleich

A-SPICE® 3.1	A-SPICE® 4.0
Entwickle Kriterien für die Softwaremodulverifikation	**Wähle die Verifikationsmaßnahmen für die Softwaremodule aus**
a) Entwickle Kriterien für die Softwaremodulverifikation, die geeignet sind, die Übereinstimmung • der Softwaremodule, • ihrer Interaktionen innerhalb der Komponente, • mit dem Softwarefeinentwurf und • den nicht-funktionalen Software-Anforderungen gemäß der Verifikationsstrategie nachzuweisen b) Für Softwaremodultests sollten die Kriterien in einer Softwaremodultestspezifikation definiert werden *Anmerkung 2: Mögliche Kriterien für die Softwaremodulverifikation enthalten Modultestfälle, statische Verifikation, Testabdeckungsziele und Programmierrichtlinien wie die MISRA-Regeln* *Anmerkung 3: Die Softwaremodultestspezifikation kann z. B. als Skript in einem automatisierten Prüfstand umgesetzt werden* (in Anlehnung an Müller et al. 2016, S. 104)	a) Dokumentiere die Auswahl der Verifikationsmaßnahmen unter Berücksichtigung der Auswahlkriterien, einschließlich den Kriterien für Regressionstests b) Die dokumentierte Auswahl der Verifikationsmaßnahmen muss eine ausreichende Testabdeckung im Hinblick auf den Release-Umfang gewährleisten

5.9.2.3 BP3: Führe eine statische Verifikation der Softwaremodule durch/Verifiziere die Softwaremodule

(Siehe Tab. 5.75).

Unterschiede:
A-SPICE® 4.0 SWE.4 BP3 vereint A-SPICE® 3.1 SWE.4 BP3 und BP4. Die statische und dynamische Verifikation wird nicht mehr explizit unterschieden.

Hinweise/Interpretation:
Da die Verifikation des statischen und dynamischen Verhaltens Teil der Softwaremodulverifikation ist, sieht A-SPICE® 4.0 SWE.4 BP3 keine Notwendigkeit, diese beiden Verifikationen voneinander abzugrenzen. Die Basispraxis (in beiden Versionen) stellt eine direkte Verbindung zu SUP.9 „Problem Resolution Management" her.

5.9.2.4 BP4: Teste die Softwaremodule/Stelle Konsistenz sicher und stelle bidirektionale Rückverfolgbarkeit her

(Siehe Tab. 5.76).

Unterschiede:
A-SPICE® 3.1 SWE.4 BP4 entspricht weitgehend A-SPICE® 4.0 SWE.4 BP3.

A-SPICE® 4.0 SWE.4 BP4 integriert die Inhalte von A-SPICE® 3.1 SWE.4 BP5 und BP6.

Hinweise/Interpretation:
Wie wiederholt festgestellt, werden in A-SPICE® 4.0 Rückverfolgbarkeit und Konsistenz in einer einzigen Basispraxis zusammengefasst, während sie in A-SPICE® 3.1 noch auf zwei Basispraktiken verteilt waren.

Tab. 5.75 SWE.4 BP3 Vergleich

A-SPICE® 3.1	A-SPICE® 4.0
Führe eine statische Verifikation der Softwaremodule durch a) Verifiziere die Softwaremodule anhand der definieren Verifikationskriterien auf ihre Richtigkeit b) Zeichne die Ergebnisse der statischen Verifikation auf *Anmerkung 4: Statische Verifikation kann statische Analysen, Codereviews, Prüfungen gegen Programmierstandards und -Richtlinien und andere Methoden umfassen* *Anmerkung 5: Siehe SUP.9 zum Umgang mit Abweichungen* (Müller et al. 2016, S. 105)	**Verifiziere die Softwaremodule** a) Führe die Softwaremodulverifikation mithilfe der ausgewählten Verifikationsmaßnahmen durch b) Zeichne die Verifikationsergebnisse, einschließlich des Status „bestanden/nicht bestanden" und der entsprechenden Verifikationsmessdaten, auf *Anmerkung 3: Siehe SUP.9 für den Umgang mit Verifikationsergebnissen, die nicht den erwarteten Resultaten entsprechen*

Tab. 5.76 SWE.4 BP4 Vergleich

A-SPICE® 3.1	A-SPICE® 4.0
Teste die Softwaremodule a) Teste die Softwaremodule anhand der Softwaremodultestspezifikation gemäß der Softwaremodulverifikationsstrategie b) Zeichne die Ergebnisse und die Testprotokolle auf *Anmerkung 6: Siehe SUP.9 für den Umgang mit Abweichungen* (Müller et al. 2016, S. 106)	**Stelle Konsistenz sicher und stelle bidirektionale Rückverfolgbarkeit her** a) Stelle die Konsistenz zwischen den Verifikationsmaßnahmen und den im Softwarefeinentwurf definierten Softwaremodulen sicher b) Stelle bidirektionale Rückverfolgbarkeit zwischen Verifikationsmaßnahmen und den im Softwarefeinentwurf definierten Softwaremodulen her c) Stelle bidirektionale Rückverfolgbarkeit zwischen Verifikationsergebnissen und den Verifikationsmaßnahmen her *Anmerkung 4: Bidirektionale Rückverfolgbarkeit unterstützt die Konsistenz, erleichtert die Auswirkungsanalyse von Änderungsanträgen und unterstützt den Nachweis der Verifikationsabdeckung. Rückverfolgbarkeit für sich alleine, etwa in Form von Links oder Verweisen, garantiert nicht, dass die Informationen zueinander konsistent sind*

5.9.2.5 BP5: Stelle bidirektionale Rückverfolgbarkeit her/Fasse die Ergebnisse zusammen und kommuniziere sie

(Siehe Tab. 5.77).

Tab. 5.77 SWE.4 BP5 Vergleich

A-SPICE® 3.1	A-SPICE® 4.0
Stelle bidirektionale Rückverfolgbarkeit her a) Stelle bidirektionale Rückverfolgbarkeit zwischen Softwaremodulen und den statischen Analyseergebnissen her b) Stelle bidirektionale Rückverfolgbarkeit zwischen dem Softwarefeinentwurf und Softwaremodultestspezifikation her c) Stelle bidirektionale Rückverfolgbarkeit zwischen der Softwaremodultestspezifikation und den Softwaremodultestergebnissen her *Anmerkung 7: Bidirektionale Rückverfolgbarkeit unterstützt Abdeckungs-, Konsistenz- und Auswirkungsanalysen* (in Anlehnung an Müller et al. 2016, S. 106)	**Fasse die Ergebnisse zusammen und kommuniziere sie** a) Fasse die Ergebnisse der Softwaremodulverifikation zusammen und b) kommuniziere sie an alle betroffenen Parteien *Anmerkung 5: Das Bereitstellen aller notwendigen Informationen aus der Durchführung der Testfälle in einer Zusammenfassung ermöglicht es anderen Parteien, die Konsequenzen zu beurteilen*

Unterschiede:
A-SPICE® 3.1 SWE.4 BP5 wurde in A-SPICE® 4.0 SWE.4 BP4 integriert.

A-SPICE® 4.0 SWE.4 BP5 zeigt inhaltliche Parallelen zu A-SPICE® 3.1 SWE.4 BP7. Während die statische Verifikation in der älteren Version explizit genannt wurde, wird sie in A-SPICE® 4.0 jedoch nicht mehr ausdrücklich hervorgehoben.

Hinweise/Interpretation:
Wie bereits mehrmals angemerkt, werden in A-SPICE® 4.0 Rückverfolgbarkeit und Konsistenz in einer einzigen Basispraxis zusammengefasst, während sie in A-SPICE® 3.1 noch auf zwei Basispraktiken verteilt waren.

Die Kommunikation der statischen Testergebnisse ist in A-SPICE® 4.0 SWE.4 BP5 vermutlich nicht ausdrücklich genannt, aber als Teil der Verifikationsergebnisse weiterhin erforderlich.

5.9.2.6 BP6: Stelle Konsistenz sicher/Es existiert keine BP6 in A-SPICE® 4.0 SWE.4

(Siehe Tab. 5.78).

Unterschiede:
A-SPICE® 3.1 SWE.4 BP6 weist Parallelen zu A-SPICE® 4.0 SWE.4 BP4 auf. Während in A-SPICE® 3.1 noch die Konsistenz zwischen Softwarefeinentwurf und Softwaremodultestspezifikation gefordert wurde – eine Anforderung, die in A-SPICE® 4.0 entfällt –, betont die neuere Version im SWE.4-Prozess die Abstimmung zwischen Verifikationsmaßnahmen und Softwaremodulen.

Hinweise/Interpretation:
N/A.

Tab. 5.78 SWE.4 BP6 Vergleich

A-SPICE® 3.1	A-SPICE® 4.0
Stelle Konsistenz sicher a) Stelle Konsistenz zwischen dem Softwarefeinentwurf und der Softwaremodultestspezifikation sicher *Anmerkung 8: Konsistenz wird durch bidirektionale Rückverfolgbarkeit unterstützt und kann durch Review-Aufzeichnungen nachgewiesen werden* (Müller et al. 2016, S. 107)	**N/A** Es existiert keine BP6 in A-SPICE® 4.0 SWE.4

5.9.2.7 BP7: Fasse die Ergebnisse zusammen und kommuniziere sie/Es existiert keine BP7 in A-SPICE® 4.0 SWE.4

(Siehe Tab. 5.79).

Unterschiede:
A-SPICE® 3.1 SWE.4 BP7 weist Parallelen zu A-SPICE® 4.0 SWE.4 BP5 auf. Während die statische Verifikation in der älteren Version explizit erwähnt wurde, wird sie in A-SPICE® 4.0 jedoch nicht mehr gesondert genannt.

Hinweise/Interpretation:
In A-SPICE® 4.0 SWE.4 BP5 dürfte die Kommunikation der statischen Testergebnisse implizit enthalten sein, da sie als Bestandteil der Verifikationsergebnisse weiterhin berücksichtigt werden müssen.

5.9.2.8 Grafische Zusammenfassung der SWE.4 Basispraxisänderungen

Einzelne Elemente von A-SPICE® 3.1 SWE.4 BP1 wurden in A-SPICE® 4.0 auf andere Basispraktiken innerhalb von SWE.4 übertragen. Allerdings existiert die ursprüngliche Basispraxis mit ihrem Kerninhalt in A-SPICE® 4.0 SWE.4 nicht mehr (Abb. 5.10).

Tab. 5.79 SWE.4 BP7 Vergleich

A-SPICE® 3.1	A-SPICE® 4.0
Fasse die Ergebnisse zusammen und kommuniziere sie a) Fasse die Ergebnisse der Softwaremodultests und der statischen Verifikation zusammen und b) kommuniziere sie an alle betroffenen Parteien *Anmerkung 9: Das Bereitstellen aller notwendigen Informationen aus der Durchführung der Testfälle in einer Zusammenfassung ermöglicht es anderen Parteien, die Konsequenzen zu beurteilen* (Müller et al. 2016, S. 107)	**N/A** Es existiert keine BP7 in A-SPICE® 4.0 SWE.4

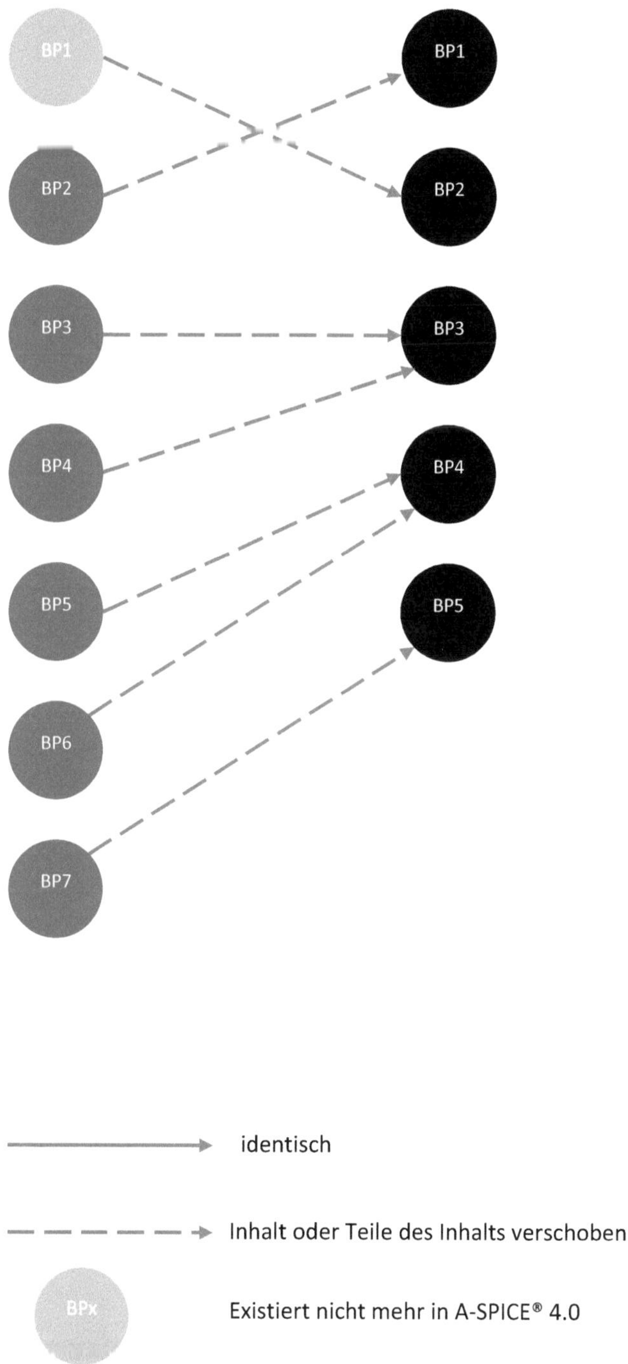

Abb. 5.10 Grafische Zusammenfassung der SWE.4 Basispraxisänderungen

5.10 SWE.5 Software component verification and integration verification (Softwarekomponentenverifikation und Integrationsverifikation)

In diesem Abschnitt werden die Unterschiede und Gemeinsamkeiten zwischen den Prozessen der Softwarekomponenten- und der Integrationsverifikation beschrieben.

5.10.1 Vergleich der Prozessreferenzmodell-Elemente

(Siehe Tab. 5.80).

Unterschiede:
Prozessname:
Der Name wurde von „Softwareintegration und Integrationstest" zu „Softwarekomponentenverifikation und Integrationsverifikation" geändert.
Prozesszweck:
Im Vergleich zum Prozesszweck von A-SPICE® 3.1 SWE.5 wird im Prozesszweck von A-SPICE® 4.0 SWE.5 der Softwarefeinentwurf explizit berücksichtigt. Allerdings werden die Schnittstellen dort nicht mehr erwähnt.

Tab. 5.80 Vergleich der SWE.5 PRM-Elemente

Element	A-SPICE® 3.1	A-SPICE® 4.0
Prozess-ID	SWE.5	SWE.5
Prozessname	Software integration and integration test (Softwareintegration und Softwareintegrationstest)	Software component verification and integration verification (Softwarekomponentenverifikation und Integrationsverifikation)
Prozesszweck	Der Zweck besteht darin, Softwaremodule zu größeren Softwarebestandteilen zu integrieren bis hin zur vollständig integrierten Software, die mit der Softwarearchitektur konsistent ist. Es ist sicherzustellen, dass die integrierten Softwarebestandteile auf Übereinstimmung mit der Softwarearchitektur getestet sind, einschließlich der Schnittstellen zwischen Softwaremodulen und zwischen Softwarebestandteilen	Der Zweck besteht darin, zu überprüfen, ob die Softwarebestandteile mit der Softwarearchitektur übereinstimmen, sowie Softwareelemente zu integrieren und deren Konsistenz mit der Softwarearchitektur und dem Softwarefeinentwurf zu verifizieren

(Fortsetzung)

Tab. 5.80 (Fortsetzung)

Element	A-SPICE® 3.1	A-SPICE® 4.0
Prozessergebnisse	1) Eine Software-Integrationsstrategie, die mit dem Projektplan, dem Release-Plan und dem Softwarearchitekturdesign konsistent ist, wird entwickelt, um die Softwarekomponenten zu integrieren; 2) Eine Strategie für Software-Integrationstests, einschließlich der Strategie für Regressionstests, wird entwickelt, um die Interaktionen zwischen Softwaremodulen und Softwarekomponenten zu testen; 3) Eine Spezifikation für Software-Integrationstests gemäß der Software-Integrationsteststrategie wird erstellt, die geeignet ist, den Nachweis der Konformität der integrierten Softwarebestandteile mit dem Softwarearchitekturdesign zu erbringen, einschließlich der Schnittstellen zwischen den Softwaremodulen und den Softwarebestandteilen; 4) Softwaremodule und Softwarebestandteile werden gemäß der Integrationsstrategie zu einer vollständig integrierten Software zusammengeführt; 5) Testfälle, die in der Spezifikation für Software-Integrationstests enthalten sind, werden gemäß der Software-Integrationsteststrategie und dem Release-Plan ausgewählt; 6) integrierte Softwarekomponenten werden mithilfe der ausgewählten Testfälle getestet und die Ergebnisse der Software-Integrationstests werden dokumentiert; 7) Konsistenz und bidirektionale Rückverfolgbarkeit werden zwischen den Elementen des Softwarearchitekturdesigns und den in der Spezifikation für Software-Integrationstests enthaltenen Testfällen sowie zwischen Testfällen und Testergebnissen hergestellt; und 8) die Ergebnisse der Software-Integrationstests werden zusammengefasst und an alle betroffenen Parteien kommuniziert	1) Verifikationsmaßnahmen für die Software-Integrationsverifikation der integrierten Softwarebestandteile werden basierend auf der Softwarearchitektur und dem Softwarefeinentwurf festgelegt, einschließlich der Schnittstellen und Interaktionen zwischen den Softwarekomponenten, 2) Verifikationsmaßnahmen für Softwarekomponenten werden spezifiziert, um den Nachweis der Konformität der Softwarekomponenten mit ihrem Verhalten und ihren Schnittstellen zu erbringen, 3) Softwarebestandteile werden zu einer vollständig integrierten Software zusammengeführt, 4) Verifikationsmaßnahmen werden basierend auf dem Release-Umfang unter Berücksichtigung von Kriterien, einschließlich der Kriterien für die Regressionsverifikation, ausgewählt., 5) Softwarekomponenten werden mit den ausgewählten Verifikationsmaßnahmen überprüft, und die Ergebnisse der Integrationsverifikation werden dokumentiert, 6) Integrierte Softwarebestandteile werden mit den ausgewählten Verifikationsmaßnahmen überprüft, und die Ergebnisse der Integrationsverifikation werden dokumentiert 7) Konsistenz und bidirektionale Rückverfolgbarkeit werden zwischen den Verifikationsmaßnahmen und der Softwarearchitektur sowie dem Softwarefeinentwurf sichergestellt; außerdem wird eine bidirektionale Rückverfolgbarkeit zwischen Verifikationsergebnissen und Verifikationsmaßnahmen hergestellt, 8) Die Ergebnisse der Softwarekomponentenverifikation und der Softwarebestandteil-Integrationsverifikation werden zusammengefasst und an alle betroffenen Parteien kommuniziert

Prozessergebnisse:
A-SPICE® 3.1 SWE.5 definiert in seinem ersten Prozessergebnis eine Softwareintegrationsstrategie, während A-SPICE® 4.0 SWE.5 stattdessen die Festlegung von Verifikationsmaßnahmen für die Software-Integrationsverifikation verlangt. Interessanterweise tauchen die Schnittstellen, die im Prozesszweck von A-SPICE® 4.0 SWE.5 nicht mehr erwähnt werden, in diesem ersten Prozessergebnis wieder auf.

Während das zweite Prozessergebnis von A-SPICE® 3.1 SWE.5 die Definition einer Softwareintegrations-Teststrategie forderte, verlangt das zweite Prozessergebnis von A-SPICE® 4.0 SWE.5 die Festlegung von Verifikationsmaßnahmen für Softwarekomponenten. Eine Spezifikation für Software-Integrationstests, wie sie in A-SPICE® 3.1 SWE.5 vorgesehen war, ist in A-SPICE® 4.0 SWE.5 nicht aufgeführt.

Das dritte Prozessergebnis von A-SPICE® 3.1 SWE.5 – die Integration von Softwaremodulen und Softwarebestandteilen zu einer vollständig integrierten Software – weist Parallelen zum dritten Prozessergebnis von A-SPICE® 4.0 SWE.5 auf. Allerdings werden dort die Softwaremodule nicht mehr gesondert benannt.

Das fünfte Prozessergebnis von A-SPICE® 3.1 SWE.5, die Auswahl der Testfälle, ähnelt dem vierten Prozessergebnis von A-SPICE® 4.0 SWE.5, wobei dort die Auswahl von Verifikationsmaßnahmen gefordert wird. Während A-SPICE® 3.1 SWE.5 die Software-Integrationsstrategie und den Release-Plan berücksichtigte, verlangt A-SPICE® 4.0 SWE.5 die Betrachtung des Release-Umfangs und spezifischer Kriterien, darunter auch Kriterien für Regressionstests.

Das sechste Prozessergebnis von A-SPICE® 3.1 SWE.5, das Testen der integrierten Softwarebestandteile mit den ausgewählten Testfällen, entspricht weitgehend dem sechsten Prozessergebnis von A-SPICE® 4.0 SWE.5, bei dem die Verifikation mit den ausgewählten Verifikationsmaßnahmen erfolgt. Hier wurde die Terminologie an A-SPICE® 4.0 angepasst. Zudem verlangt A-SPICE® 4.0 SWE.5 zusätzlich zur Verifikation der integrierten Softwarebestandteile auch die Überprüfung der Softwarekomponenten, was in A-SPICE® 3.1 SWE.5 nicht explizit enthalten war.

Das siebte Prozessergebnis von A-SPICE® 3.1 SWE.5, das Konsistenz und bidirektionale Rückverfolgbarkeit sicherstellt, ähnelt stark dem entsprechenden Prozessergebnis in A-SPICE® 4.0 SWE.5, wobei auch hier die Terminologie überarbeitet wurde (Verifikationsmaßnahmen statt Testfälle).

Das achte Prozessergebnis von A-SPICE® 3.1 SWE.5, die Kommunikation der Software-Integrationstestergebnisse, bleibt in A-SPICE® 4.0 SWE.5 erhalten. Allerdings wurde die Terminologie angepasst: Statt nur die Ergebnisse der Software-Integrationstests werden nun die Ergebnisse der Softwarekomponentenverifikation und der Softwarebestandteil-Integrationsverifikation zusammengefasst und kommuniziert.

Hinweise/Interpretation:
Prozessname:
Der Name in A-SPICE® 4.0 verdeutlicht klarer die Abfolge des Prozesses: Zunächst müssen die Softwarekomponenten getestet werden, anschließend erfolgt die Integration,

und abschließend wird die Softwareintegration verifiziert. Diese Bezeichnung unterstreicht die Bedeutung der Verifikation und strukturiert den Ablauf präziser.
Prozesszweck:
In A-SPICE® 4.0 ist der Zweck prägnanter formuliert und dadurch verständlicher. Die Verifikation der korrekten Funktionalität der Schnittstellen bleibt implizit enthalten, auch wenn sie nicht ausdrücklich erwähnt wird.
Prozessergebnisse:
A-SPICE® 4.0 legt einen stärkeren Fokus auf die Verifikation der Softwarekomponenten als eigenständigen Schritt im Entwicklungsprozess. Erst wenn diese grundlegende Überprüfung abgeschlossen ist, erfolgt die Integration zu größeren Softwarebestandteilen. Anschließend können die integrierten Komponenten umfassend getestet werden, um ihre korrekte Funktion innerhalb des Gesamtsystems sicherzustellen. Durch diese klar strukturierte Vorgehensweise wird gewährleistet, dass jede Entwicklungsstufe erst eine fundierte Verifikation erfährt, bevor die nächste Phase eingeleitet wird.

5.10.2 Vergleich der Basispraktiken

Die nächsten Abschnitte werden die Unterschiede und Gemeinsamkeiten der Basispraktiken zwischen den SWE.5-Prozessen behandeln.

5.10.2.1 BP1: Entwickle eine Softwareintegrationsstrategie/ Spezifiziere Software-Integrationsverifikationsmaßnahmen

(Siehe Tab. 5.81).

Unterschiede:
A-SPICE® 3.1 SWE.5 BP1 und A-SPICE® 4.0 SWE.5 BP1 verfolgen eine ähnliche Intention. Während in der früheren Version eine Strategie definiert wurde, setzt A-SPICE® 4.0 SWE.5 BP1 stattdessen auf mehrere gezielte Verifikationsmaßnahmen für die Integration. Die festgelegte Reihenfolge und die Voraussetzungen für die Integration der Softwareelemente orientieren sich am Projekt- und Release-Plan, sind jedoch nicht zwingend identisch. So kann eine Softwarekomponente, die unerwartet früher fertiggestellt wurde, unabhängig vom Release-Plan getestet werden. Besonders betont werden die statischen und dynamischen Aspekte der Softwarearchitektur. Eine Identifikation der Softwareelemente basierend auf der Softwarearchitektur wird in A-SPICE® 4.0 nicht mehr erwähnt, die Reihenfolge der Integration wurde hingegen übernommen.

Hinweise/Interpretation:
Eine Strategie ist in A-SPICE® 4.0 grundsätzlich nicht mehr erforderlich, um A-SPICE® Level 1 zu erreichen.

Tab. 5.81 SWE.5 BP1 Vergleich

A-SPICE® 3.1	A-SPICE® 4.0
Entwickle eine Softwareintegrationsstrategie a) Entwickle eine Strategie zur Integration der Softwarebestandteile, die mit dem Projekt- und Release-Plan konsistent ist b) Identifiziere Softwarebestandteile basierend auf der Softwarearchitektur und c) Lege eine Reihenfolge für deren Integration fest (Müller et al. 2016, S. 112)	**Spezifiziere Software-Integrationsverifikationsmaßnahmen** a) Spezifiziere Verifikationsmaßnahmen basierend auf • einer definierten Reihenfolge und • Vorbedingungen für die Integration der Softwareelemente Im Hinblick auf die in der Softwarearchitektur definierten statischen und dynamischen Aspekte, einschließlich • Methoden für Verifikationsmaßnahmen, • Kriterien für das Bestehen/Nicht-Bestehen der Verifikationsmaßnahmen, • Ein- und Ausgangskriterien für die Verifikationsmaßnahmen und • der erforderlichen Verifikationsinfrastruktur und der Einrichtung der Verifikationsumgebung *Anmerkung 1: Beispiele für Schwerpunkte der Software-Integrationsverifikationsmaßnahmen können der korrekte Datenfluss und die dynamische Interaktion zwischen Softwarekomponenten unter Berücksichtigung ihrer Zeitabhängigkeiten, die korrekte Interpretation von Daten durch alle Softwarekomponenten, die eine Schnittstelle nutzen, und die Einhaltung der Vorgaben zum Ressourcenverbrauch sein* *Anmerkung 2: Die Verifikationsmaßnahmen für die Softwareintegration können durch die Nutzung von Hardware-Debug-Schnittstellen oder Simulationsumgebungen (z. B. Software-in-the-Loop-Simulation) unterstützt werden*

5.10.2.2 BP2: Entwickle eine Softwareintegrationsteststrategie, einschließlich Regressionsteststrategie/Spezifiziere Verifikationsmaßnahmen für die Verifikation des Verhaltens der Softwarekomponenten.

(Siehe Tab. 5.82).

Unterschiede:

A-SPICE® 3.1 SWE.5 BP2 und A-SPICE® 4.0 SWE.5 BP2 verfolgen eine ähnliche Absicht. Während in der älteren Version eine Strategie im Mittelpunkt stand, setzt die neuere Version auf gezielte, einzelne Verifikationsmaßnahmen zur Überprüfung des Verhaltens von Software-Komponenten. A-SPICE® 4.0 SWE.5 BP2 präzisiert zudem detaillierter, welche Aspekte in der Spezifikation dieser Verifikationsmaßnahmen berücksichtigt werden sollten.

Die Regressionsteststrategie aus A-SPICE® 3.1 SWE.5 BP2 findet sich etwas abgewandelt in A-SPICE® 4.0 SWE.5 BP3 als Kriterien für die Regressionstests wieder.

Tab. 5.82 SWE.5 BP2 Vergleich

A-SPICE® 3.1	A-SPICE® 4.0
Entwickle eine Softwareintegrationsteststrategie, einschließlich Regressionsteststrategie a) Entwickle eine Strategie, um die integrierten Softwarebestandteile gemäß der Integrationsstrategie zu testen b) Dies beinhaltet eine Regressionsteststrategie für das erneute Testen der integrierten Softwarebestandteile, falls diese geändert wurden (Müller et al. 2016, S. 113)	**Spezifiziere Verifikationsmaßnahmen für die Verifikation des Verhaltens der Softwarekomponenten** a) Spezifiziere Verifikationsmaßnahmen für die Softwarekomponenten im Hinblick auf • das definierte Verhalten der Softwarekomponenten und • deren Schnittstellen in der Softwarearchitektur, einschließlich • Methoden für Verifikationsmaßnahmen, • Ein- und Ausgangskriterien für die Verifikationsmaßnahmen, • Kriterien für das Bestehen/Nicht-Bestehen der Verifikationsmaßnahmen, und • der erforderlichen Verifikationsinfrastruktur und der Einrichtung der Testumgebung Anmerkung 3: Die Verifikationsmaßnahmen beziehen sich auf Softwarekomponenten, jedoch nicht auf Softwaremodule, da die Verifikation von Softwaremodulen im Prozess „SWE.4 Software Unit Verification" behandelt wird

Hinweise/Interpretation:
A-SPICE® 4.0 SWE.5 BP2, Anmerkung 3 verweist auf den Prozess zu SWE.4 „SW Unit Verification".

5.10.2.3 BP3: Entwickle eine Spezifikation für den Softwareintegrationstest/Wähle Verifikationsmaßnahmen aus

(Siehe Tab. 5.83).

Unterschiede:
A-SPICE® 3.1 SWE.5 BP3 weist Parallelen zu A-SPICE® 4.0 SWE.5 BP3 auf, während letzteres Elemente aus A-SPICE® 3.1 SWE.5 BP5 aufnimmt.

A-SPICE® 4.0 SWE.5 BP3 legt den Schwerpunkt auf die Auswahl und Dokumentation von Verifikationsmaßnahmen, anstatt eine Testspezifikation für die Integration zu entwickeln. Dabei sind Kriterien für Regressionstests enthalten.

Darüber hinaus fordert A-SPICE® 4.0 SWE.5 BP3 eine angemessene Abdeckung gemäß dem Release-Umfang, verzichtet jedoch auf die explizite Anforderung, dass die Maßnahmen geeignet sein müssen, um die Übereinstimmung der integrierten Softwarebestandteile mit der Softwarearchitektur nachzuweisen. Dies war in A-SPICE® 3.1 SWE.5 BP3 gefordert.

Tab. 5.83 SWE.5 BP3 Vergleich

A-SPICE® 3.1	A-SPICE® 4.0
Entwickle eine Spezifikation für den Softwareintegrationstest a) Entwickle eine Testspezifikation für den Softwareintegrationstest einschließlich der Testfälle für jeden integrierten Softwarebestandteil gemäß der Software-Integrationsteststrategie b) Die Testspezifikation muss geeignet sein, die Übereinstimmung der integrierten Softwarebestandteile mit der Softwarearchitektur nachzuweisen *Anmerkung 1: Übereinstimmung mit der Softwarearchitektur bedeutet, dass die spezifizierten Integrationstests dazu geeignet sind, nachzuweisen, dass die Schnittstellen zwischen den Softwaremodulen und zwischen den Softwarebestandteilen die von der Softwarearchitektur vorgegebene Spezifikation erfüllen* *Anmerkung 2: Die Testfälle der Softwareintegration können sich auf folgende Aspekte konzentrieren:* • *den korrekten Datenfluss zwischen den Softwarebestandteilen,* • *Rechtzeitigkeit und Zeitabhängigkeiten des Datenflusses zwischen Softwarebestandteilen,* • *Die korrekte Interpretation aller Daten einer Schnittstelle, die von den, Softwarebestandteilen verwendet wird,* • *das dynamische Zusammenspiel zwischen Softwarebestandteilen und,* • *Die Einhaltung des Ressourcenverbrauchsziele an den Schnittstellen* (Müller et al. 2016, S. 116)	**Wähle Verifikationsmaßnahmen aus** a) Dokumentiere die Auswahl der Verifikationsmaßnahmen für jeden Integrationsschritt unter Berücksichtigung der Auswahlkriterien, einschließlich der Kriterien für die Regressionstests b) Die dokumentierte Auswahl der Verifikationsmaßnahmen muss eine ausreichende Testabdeckung im Hinblick auf den Release-Umfang gewährleisten *Anmerkung 4:* Beispiele für Auswahlkriterien können der Bedarf der kontinuierlichen Integration bzw. kontinuierlichen Entwicklungs-Regressionsprüfung sein (z. B. aufgrund von Änderungen an der Softwarearchitektur oder dem detaillierten Design) oder die beabsichtigte Verwendung der ausgelieferten Produktversion (z. B. Prüfstand, Teststrecke, öffentliche Straße usw.)

Hinweise/Interpretation:
Die Dokumentation der Verifikationsmaßnahmen kommt einer „Spezifikation" nahe, wie sie in A-SPICE® 3.1 erwähnt wurde, entspricht ihr jedoch nicht vollständig. Insgesamt bleibt die Absicht der BP3s ähnlich, jedoch unterscheidet sich die Wortwahl in A-SPICE® 4.0 aufgrund der Änderungen an BP1 in A-SPICE® 4.0 geringfügig.

Zudem forderte A-SPICE® 3.1 SWE.5 BP3 eine geeignete Abdeckung der Testspezifikation in Bezug auf die Softwarearchitektur. A-SPICE® 4.0 tut dies nicht mehr. Dies wird nun durch A-SPICE® 4.0 SWE.5 BP6 abgedeckt und war in A-SPICE® 3.1 SWE.5 aus meiner Sicht redundant.

Durch den Bezug auf den Release-Umfang besteht eine potenzielle Verbindung zum Prozess SPL.2, da in diesem Prozess die Inhalte eines Releases festgelegt werden.

5.10.2.4 BP4: Integriere die Softwaremodule und Softwarebestandteile/Integriere die Softwareelemente und führe die Integrationsverifikation durch

(Siehe Tab. 5.84).

Unterschiede:
A-SPICE® 3.1 SWE.5 BP4 weist Parallelen zu A-SPICE® 4.0 SWE.5 BP4 auf und integriert zudem Elemente aus A-SPICE® 3.1 SWE.5 BP6. Während A-SPICE® 3.1 SWE.5 BP4 ausschließlich die Integration betrachtet, umfasst die Basispraxis in A-SPICE® 4.0 zusätzlich das Testen und die Dokumentation der Ergebnisse. Diese beiden Aspekte stammen aus A-SPICE® 3.1 SWE.5 BP6 und wurden in A-SPICE® 4.0 SWE.5 BP4 übernommen.

Hinweise/Interpretation:
A-SPICE® 4.0 SWE.5 BP4 stellt mit der Anmerkung 7 eine direkte Verbindung zum Prozess SUP.9 her.

Tab. 5.84 SWE.5 BP4 Vergleich

A-SPICE® 3.1	A-SPICE® 4.0
Integriere die Softwaremodule und Softwarebestandteile a) Integriere die Softwaremodule zu Softwarebestandteilen und b) Integriere die Softwarebestandteile zur integrierten Software gemäß der Softwareintegrationsstrategie (Müller et al. 2016, S. 117)	**Integriere die Softwareelemente und führe die Integrationsverifikation durch** a) Integriere die Softwareelemente bis die Software vollständig integriert ist • gemäß den spezifizierten Schnittstellen und Interaktionen zwischen den Softwareelementen und • gemäß der definierten Reihenfolge und der definierten Vorbedingungen b) Führe die ausgewählten Integrationsverifikationsmaßnahmen durch c) Dokumentiere die Ergebnisse der Verifikationsmaßnahmen, einschließlich des Bestehen-/Nichtbestehen-Status und der zugehörigen Verifikationsmessdaten *Anmerkung 5: Beispiele für Vorbedingung zum Beginn der Softwareintegration sind die Qualifikation vorhandener Softwarekomponenten, handelsüblicher Softwarekomponenten, Open-Source-Software oder automatisch generierter Code* *Anmerkung 6: Definierte Vorbedingungen können beispielsweise eine Big-Bang-Integration aller Softwarekomponenten, eine kontinuierliche Integration sowie eine schrittweise Integration ermöglichen (z. B. über Softwaremodule und/oder Softwarekomponenten bis hin zur vollständig integrierten Software), begleitet von entsprechenden Verifikationsmaßnahmen* *Anmerkung 7: Siehe SUP.9 zum Umgang mit Verifikationsergebnissen, die von den erwarteten Resultaten abweichen*

5.10.2.5 BP5: Wähle Testfälle aus/Führe die Softwarekomponentenverifikation durch

(Siehe Tab. 5.85).

Unterschiede:
A-SPICE® 3.1 SWE.5 BP5 ist in gewissem Umfang in A-SPICE® 4.0 SWE.5 BP3 aufgegangen. A-SPICE® 4.0 SWE.5 BP5 weist Parallelen zu A-SPICE® 3.1 SWE.5 BP6 auf.

Hinweise/Interpretation:
Eine ganzheitliche Betrachtung der bisherigen Basispraktiken aus A-SPICE® 4.0 SWE.5 hilft, die Zusammenhänge besser zu verstehen:

- BP1 definiert die Software-Integrationsverifikationsmaßnahmen,
- BP2 legt die Verifikationsmaßnahmen für die Verifikation des Verhaltens der Softwarekomponenten fest,
- BP3 selektiert die Verifikationsmaßnahmen aus BP1 und BP2,
- BP4 integriert die Softwareelemente und führt die Integrationsverifikation anhand der in BP3 ausgewählten Maßnahmen aus BP1 durch,
- BP5 führt die Verifikation der Softwarekomponenten mit den in BP3 ausgewählten Maßnahmen aus BP2 durch.

Somit ergibt sich eine klare Zuordnung: BP4 steht in direkter Verbindung zu BP1, BP5 zu BP2, während BP3 eine zentrale Filterfunktion übernimmt und die relevanten Verifikationsmaßnahmen für BP4 und BP5 bestimmt.

Tab. 5.85 SWE.5 BP5 Vergleich

A-SPICE® 3.1	A-SPICE® 4.0
Wähle Testfälle aus	**Führe die Softwarekomponentenverifikation durch**
a) Wähle Testfälle aus der Software-Integrationstestspezifikation aus b) Die Auswahl muss eine ausreichende Testabdeckung gemäß der Softwareintegrationsteststrategie und dem Release-Plan gewährleisten (Müller et al. 2016, S. 117)	a) Führe die ausgewählten Verifikationsmaßnahmen zur Verifikation des Verhaltens der Softwarekomponenten durch b) Zeichne die Verifikationsergebnisse einschließlich des Bestanden/Nicht-Bestanden Status und der zugehörigen Verifikationsmessdaten auf *Anmerkung 9: Siehe SUP.9 für den Umgang mit Verifikationsergebnissen, die von den erwarteten Resultaten abweichen*

Außerdem ist zu beachten, dass A-SPICE® 4.0 SWE.5 BP5 durch die Anmerkung 9 eine direkte Verbindung zum Prozess SUP.9 herstellt.

5.10.2.6 BP6: Führe den Softwareintegrationstest durch/Stelle Konsistenz sicher und stelle bidirektionale Rückverfolgbarkeit her

(Siehe Tab. 5.86).

Unterschiede:
A-SPICE® 3.1 SWE.5 BP6 weist Parallelen zu A-SPICE® 4.0 SWE.5 BP4 auf.

A-SPICE® 4.0 SWE.5 BP6 vereint die Inhalte von A-SPICE® 3.1 SWE.4 BP7 und BP8 in einer Basispraxis.

Hinweise/Interpretation:
N/A.

Tab. 5.86 SWE.5 BP6 Vergleich

A-SPICE® 3.1	A-SPICE® 4.0
Führe den Softwareintegrationstest durch	**Stelle Konsistenz sicher und stelle bidirektionale Rückverfolgbarkeit her**
a) Führe Softwareintegrationstests anhand der ausgewählten Testfälle durch b) Dokumentiere die Integrationstestergebnisse und Testprotokolle *Anmerkung 3: Siehe SUP.9 für den Umgang mit Abweichungen* *Anmerkung 4: Der Softwareintegrationstest kann durch die Nutzung von Hardware-Debug-Schnittstellen oder durch Simulationsumgebungen (z. B. Software-in-the-Loop-Simulationen) unterstützt werden* (Müller et al. 2016, S. 117)	a) Stelle Konsistenz zwischen Verifikationsmaßnahmen und den statischen sowie dynamischen Aspekten der Softwarearchitektur und dem Softwarefeinentwurf sicher b) Stelle bidirektionale Rückverfolgbarkeit zwischen Verifikationsmaßnahmen und den statischen sowie dynamischen Aspekten der Softwarearchitektur und dem Softwarefeinentwurf her c) Stelle bidirektionale Rückverfolgbarkeit zwischen Verifikationsergebnissen und den Verifikationsmaßnahmen her *Anmerkung 9: Bidirektionale Rückverfolgbarkeit unterstützt die Konsistenz, erleichtert die Auswirkungsanalyse von Änderungsanträgen und unterstützt den Nachweis der Verifikationsabdeckung. Rückverfolgbarkeit für sich alleine, etwa in Form von Links oder Verweisen, garantiert nicht, dass die Informationen zueinander konsistent sind*

5.10.2.7 BP7: Stelle bidirektionale Rückverfolgbarkeit her/Fasse die Ergebnisse zusammen und kommuniziere sie

(Siehe Tab. 5.87).

Unterschiede:
A-SPICE® 3.1 SWE.5 BP7 findet sich in A-SPICE® 4.0 SWE.5 BP6 wieder.
A-SPICE® 4.0 SWE.5 BP7 lehnt sich inhaltlich an A-SPICE® 3.1 SWE.5 BP9 an.

Hinweise/Interpretation:
N/A.

5.10.2.8 BP8: Stelle Konsistenz sicher/Es existiert keine BP8 in A-SPICE® 4.0 SWE.5

(Siehe Tab. 5.88).

Unterschiede:
A-SPICE® 3.1 SWE.5 BP8 wurde in A-SPICE® 4.0 SWE.5 BP6 eingebunden.

Hinweise/Interpretation:
N/A.

Tab. 5.87 SWE.5 BP7 Vergleich

A-SPICE® 3.1	A-SPICE® 4.0
Stelle bidirektionale Rückverfolgbarkeit her a) Stelle eine bidirektionale Rückverfolgbarkeit zwischen den Elementen der Softwarearchitektur und den in der Software-Integrationstestspezifikation enthaltenen Testfällen her b) Stelle eine bidirektionale Rückverfolgbarkeit zwischen den in der Software-Integrationstest-spezifikation enthaltenen Testfällen und den Ergebnissen der Software-Integrationstests her *Anmerkung 5: Bidirektionale Rückverfolgbarkeit unterstützt Abdeckungs-, Konsistenz- und Auswirkungsanalysen* (in Anlehnung an Müller et al. 2016, S. 118)	**Fasse die Ergebnisse zusammen und kommuniziere sie** a) Fasse die Ergebnisse der Verifikation der Softwarekomponenten und der Softwareintegration zusammen und b) kommuniziere sie an alle betroffenen Parteien *Anmerkung 10: Das Bereitstellen aller notwendigen Informationen aus der Durchführung der Testfälle in einer Zusammenfassung ermöglicht es anderen Parteien, die Konsequenzen zu beurteilen*

Tab. 5.88 SWE.5 BP8 Vergleich

A-SPICE® 3.1	A-SPICE® 4.0
Stelle Konsistenz sicher a) Stelle die Konsistenz zwischen den Elementen der Softwarearchitektur und den in der Software-Integrationstestspezifikation enthaltenen Testfällen sicher *Anmerkung 6: Konsistenz wird durch bidirektionale Rückverfolgbarkeit unterstützt und kann durch Review-Aufzeichnungen nachgewiesen werden* (Müller et al. 2016, S. 118)	**N/A** Es existiert keine BP8 in A-SPICE® 4.0 SWE.5

5.10.2.9 BP9: Fasse die Ergebnisse zusammen und kommuniziere sie/ Es existiert keine BP9 in A-SPICE® 4.0 SWE.5

(Siehe Tab. 5.89).

Unterschiede:

A-SPICE® 3.1 SWE.5 BP9 weist Ähnlichkeiten mit A-SPICE® 4.0 SWE.5 BP7 auf.

Hinweise/Interpretation:

N/A.

5.10.2.10 Grafische Zusammenfassung der SWE.5 Basispraxisänderungen

(Siehe Abb. 5.11).

Tab. 5.89 SWE.5 BP9 Vergleich

A-SPICE® 3.1	A-SPICE® 4.0
Fasse die Ergebnisse zusammen und kommuniziere sie a) Fasse die Ergebnisse der Software-Integrationstests zusammen und b) kommuniziere sie an alle betroffenen Parteien *Anmerkung 7: Das Bereitstellen aller notwendigen Informationen aus der Durchführung der Testfälle in einer Zusammenfassung ermöglicht es anderen Parteien, die Konsequenzen zu beurteilen* (Müller et al. 2016, S. 118)	**N/A** Es existiert keine BP9 in A-SPICE® 4.0 SWE.5

Abb. 5.11 Grafische Zusammenfassung der SWE.5 Basispraxisänderungen

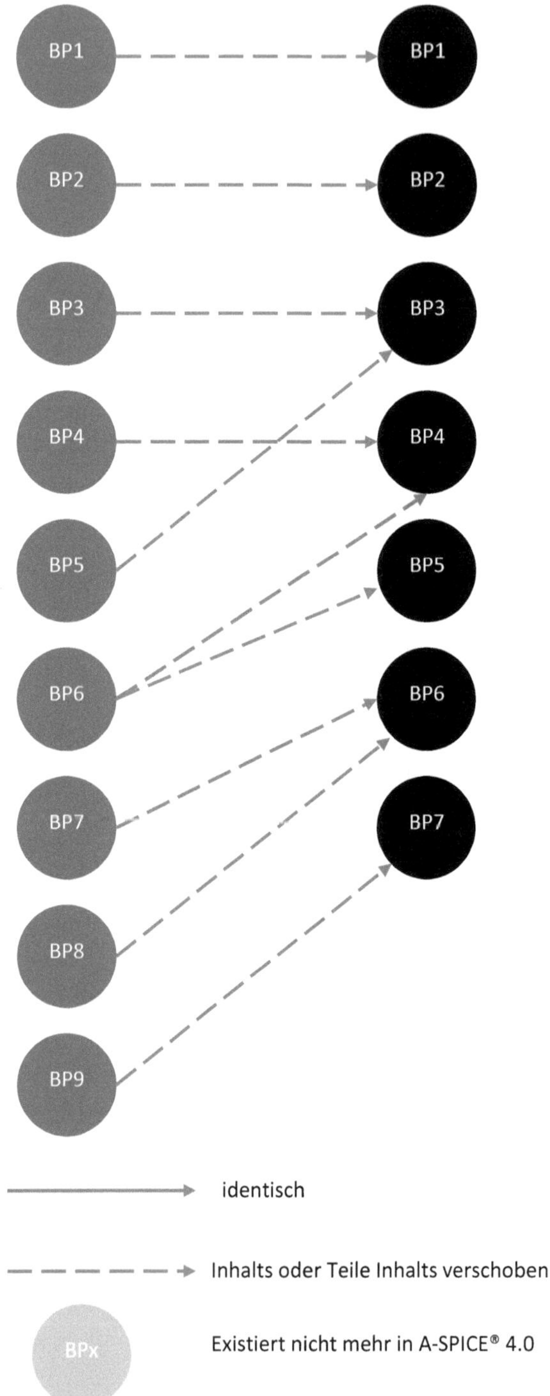

5.11 SWE.6 Software verification (Softwareverifikation)

Dieses Kapitel behandelt die Unterschiede und Gemeinsamkeiten der Softwareverifikationsprozesse bzw. Softwaretestprozesse.

5.11.1 Vergleich der Prozessreferenzmodell-Elemente

(Siehe Tab. 5.90).

Unterschiede:
Prozessname:
Der Prozessname wurde von Softwaretest zu Softwareverifikation in A-SPICE® 4.0 geändert.
Prozesszweck:
Die Beschreibung des SWE.6-Prozesszwecks wurde umformuliert. Während in A-SPICE® 3.1 die integrierte Software getestet wird, um die Einhaltung der Softwareanforderungen nachzuweisen, fordert A-SPICE® 4.0 stattdessen die Verifikation der Übereinstimmung mit den Anforderungen. Inhaltlich bleiben beide Versionen ähnlich, jedoch ermöglicht die Verifikation in A-SPICE® 4.0 neben Tests auch andere Verifikationsmethoden[11], um die Konformität zu prüfen.
Prozessergebnisse:
Die Softwareteststrategie aus A-SPICE® 3.1 SWE.6 entfällt in A-SPICE® 4.0. Strategie-Aspekte sind nun im Level 2 verankert und für das Erreichen von Level 1 nicht mehr erforderlich.

Die Definition einer Softwaretestspezifikation aus A-SPICE® 3.1 weist Parallelen zur neuen Definition von Verifikationsmaßnahmen in A-SPICE® 4.0 auf. Allerdings ersetzt die Sammlung einzelner, unabhängiger Verifikationsmaßnahmen keine durchgängige Testspezifikation.

Das dritte Prozessergebnis aus A-SPICE® 3.1 SWE.6 wird nun in A-SPICE® 4.0 durch das zweite SWE.6-Prozessergebnis abgedeckt. Der Release-Plan und die Strategie werden nicht mehr betont – stattdessen liegt der Fokus auf dem Release-Umfang (welche Funktionen sollen veröffentlicht werden?) und den zugehörigen Kriterien.

[11] Zur Erinnerung aus SYS.5: Im Systems Engineering werden sieben Arten von Verifikationsmaßnahmen unterschieden: Test, Stichprobenprüfung, Analogie, Demonstration, Simulation, Analyse und Inspektion

Tab. 5.90 Vergleich der SWE.6 PRM-Elemente

Element	A-SPICE® 3.1	A-SPICE® 4.0
Prozess-ID	SWE.6	SWE.6
Prozess- name	Software qualification test (Softwaretest)	Software verification (Softwareverifikation)
Prozesszweck	Der Zweck besteht darin, sicherzustellen, dass die integrierte Software getestet ist, um die Einhaltung der Softwareanforderungen nachzuweisen	Der Zweck besteht darin, sicherzustellen, dass die Übereinstimmung der integrierten Software mit den Software-Anforderungen verifiziert ist
Prozessergebnisse	1) Eine Softwareteststrategie, einschließlich Regressionsstrategie, ist entwickelt, die mit dem Projekt-Plan und dem Release-Plan konsistent ist, 2) eine Spezifikation für den Softwaretest der integrierten Software gemäß der Softwareteststrategie ist entwickelt, die geeignet ist, den Nachweis der Übereinstimmung mit den Software-Anforderungen zu erbringen, 3) die in der Softwaretestspezifikation enthaltenen Testfälle sind gemäß der Softwareteststrategie und dem Release-Plan ausgewählt, 4) die integrierte Software ist anhand der ausgewählten Testfälle getestet und die Ergebnisse der Softwaretests sind dokumentiert, 5) Konsistenz und bidirektionale Rückverfolgbarkeit zwischen den Software-Anforderungen und der Softwaretestspezifikation, einschließlich der Testfälle, sind hergestellt – ebenso zwischen Testfällen und Testergebnissen, und 6) die Ergebnisse der Softwaretests sind zusammengefasst und an alle betroffenen Parteien kommuniziert	1) Verifikationsmaßnahmen sind für die Softwareverifikation der Software auf Grundlage der Software-Anforderungen spezifiziert 2) Verifikationsmaßnahmen sind gemäß dem Release-Umfang unter Berücksichtigung von Kriterien, einschließlich Kriterien für die Regressionsverifikation, ausgewählt, 3) Die integrierte Software ist anhand der ausgewählten Verifikationsmaßnamen verifiziert und die Ergebnisse der Softwareverifikation sind dokumentiert, 4) Konsistenz und bidirektionale Rückverfolgbarkeit sind zwischen Verifikationsmaßnahmen und Software-Anforderungen hergestellt und bidirektionale Rückverfolgbarkeit ist zwischen Verifikationsergebnissen und den Verifikationsmaßnahmen hergestellt 5) Ergebnisse der Softwareverifikation sind zusammengefasst und an alle betroffenen Parteien kommuniziert

Das vierte Prozessergebnis aus A-SPICE® 3.1 SWE.6 – das Testen der integrierten Software anhand ausgewählter Testfälle sowie die Dokumentation der Ergebnisse – findet sich in A-SPICE® 4.0 als drittes SWE.6-Prozessergebnis wieder. Allerdings beschränkt sich A-SPICE® 4.0 nicht nur auf Tests, sondern öffnet die Möglichkeit für weitere Verifikationsmethoden.

Das fünfte Prozessergebnis aus A-SPICE® 3.1 SWE.6 entspricht inhaltlich dem vierten SWE.6-Prozessergebnis in A-SPICE® 4.0. Hier wurden Begriffe angepasst – beispielsweise wird nun von Verifikationsergebnissen statt von Testergebnissen gesprochen.

Das sechste Prozessergebnis aus A-SPICE® 3.1 SWE.6 ist mit dem fünften SWE.6-Prozessergebnis in A-SPICE® 4.0 identisch. Die Ergebnisse müssen weiterhin zusammengefasst und an alle betroffenen Parteien kommuniziert werden. Auch hier wurde die Terminologie vereinheitlicht, indem von Ergebnissen der Softwareverifikation statt von Ergebnissen der Softwaretests gesprochen wird.

Hinweise/Interpretation:
Prozessname:
Die Umbenennung des Prozesses in „Softwareverifikation" könnte darauf hinweisen, dass A-SPICE® 4.0 einen umfassenderen Ansatz zur Qualitätssicherung und Nachweiserbringung verfolgt. Statt ausschließlich auf Tests zu setzen, wird die Verifikation als übergeordneter Prozess betrachtet.
Prozesszweck:
Die Anpassung der Formulierung legt nahe, dass die Verifikation nicht mehr ausschließlich durch Tests erfolgen muss. Vielmehr eröffnet A-SPICE® 4.0 die Möglichkeit, verschiedene Verifikationsmethoden wie Simulationen oder Demonstrationen zu nutzen, um die Übereinstimmung der Software mit den Anforderungen zu bestätigen.
Prozessergebnisse:
Die Prozessergebnisse zwei bis sechs aus A-SPICE® 3.1 SWE.6 zeigen inhaltliche Parallelen zu den Ergebnissen zwei bis fünf in A-SPICE® 4.0 SWE.6. Die zentralen Aspekte bleiben weitgehend erhalten, jedoch wurden Begriffe präziser an die neue Terminologie angepasst. So wird zum Beispiel „Softwareverifikation" statt „Softwaretest" verwendet.

5.11.1.1 Vergleich der Basispraktiken

Die nächsten Abschnitte beleuchten die Änderungen an den Basispraktiken sowie deren Gemeinsamkeiten.

5.11.1.2 BP1: Entwickle eine Softwareteststrategie, einschließlich Regressionsteststrategie/Spezifiziere Verifikationsmaßnahmen für die Softwareverifikation

(Siehe Tab. 5.91).

Unterschiede:
A-SPICE® 3.1 SWE.6 BP1 entfällt in A-SPICE® 4.0 SWE.6, da eine Strategie für das Erreichen von Level 1 nicht mehr erforderlich ist.

Tab. 5.91 SWE.6 BP1 Vergleich

A-SPICE® 3.1	A-SPICE® 4.0
Entwickle eine Softwareteststrategie, einschließlich Regressionsteststrategie a) Entwickle eine Strategie für den Softwaretest, die mit dem Projektplan und dem Release-Plan konsistent ist b) Dies schließt eine Regressionsteststrategie für das erneute Testen der integrierten Software ein, falls ein Softwarebestandteil sich ändert (Müller et al. 2016, S. 122)	**Spezifiziere Verifikationsmaßnahmen für die Softwareverifikation** a) Spezifiziere die Verifikationsmaßnahmen für die Softwareverifikation, die geeignet sind, Nachweise für die Übereinstimmung der integrierten Software mit den funktionalen und nicht-funktionalen Software-Anforderungen zu erbringen, einschließlich • Methoden der Verifikationsmaßnahmen, • Kriterien für das Bestehen/Nicht-Bestehen der Verifikationsmaßnahmen • Definition der Eingangs- und Ausganskriterien der Verifikationsmaßnahmen • der erforderlichen Reihenfolge der Verifikationsmaßnahmen und • die benötigte Verifikationsinfrastruktur und Einrichtung der Umgebung *Anmerkung 1: Die Auswahl geeigneter Methoden für Verifikationsmaßnahmen kann vom Inhalt der jeweiligen Softwareanforderung abhängen (z. B. Grenzwerte und Äquivalenzklassen für datenbereichsorientierte Anforderungen, positiver „Sunny-Day-Test" vs. negativer Test wie Fehler-Injektion) oder von anforderungsbasiertem Testen im Vergleich zu „Fehlerraten auf Basis von Wissen oder Erfahrung"*

A-SPICE® 4.0 SWE.6 BP1 entspricht inhaltlich weitgehend A-SPICE® 3.1 SWE.6 BP2. Während in A-SPICE® 3.1 SWE.6 BP2 die Entwicklung einer Softwaretestspezifikation gefordert wurde, verlangt A-SPICE® 4.0 SWE.6 BP1 stattdessen die Spezifikation von Verifikationsmaßnahmen. Darüber hinaus bietet A-SPICE® 4.0 SWE.6 BP1 präzisere Vorgaben als A-SPICE® 3.1 SWE.6 BP2 hinsichtlich der Aspekte, die durch die Spezifikation der Verifikationsmaßnahmen abgedeckt werden sollten.

Hinweise/Interpretation:
Wie bereits erwähnt, ist eine Strategie in A-SPICE® 4.0 nicht mehr erforderlich, um Level 1 zu erreichen.

5.11.1.3 BP2: Entwickle eine Testspezifikation für den Softwaretest/Wähle Verifikationsmaßnahmen aus

(Siehe Tab. 5.92).

Tab. 5.92 SWE.6 BP2 Vergleich

A-SPICE® 3.1	A-SPICE® 4.0
Entwickle eine Testspezifikation für den Softwaretest a) Entwickle eine Testspezifikation für den Softwaretest, einschließlich der Testfälle basierend auf den Verifikationskriterien und gemäß der Softwareteststrategie b) Die Testspezifikation muss geeignet sein, um Nachweise für die Einhaltung der Software-Anforderungen durch die integrierte Software zu erbringen (in Anlehnung an Müller et al. 2016, S. 122)	**Wähle Verifikationsmaßnahmen aus** a) Dokumentiere die Auswahl der Verifikationsmaßnahmen unter Berücksichtigung der Auswahlkriterien, einschließlich der Kriterien für Regressionsverifikation b) Die dokumentierte Auswahl der Verifikationsmaßnahmen muss eine ausreichende Abdeckung im Hinblick auf den Release-Umfang gewährleisten *Anmerkung 2:* Beispiele für Auswahlkriterien können die Priorisierung von Anforderungen, kontinuierliche Entwicklung, die Notwendigkeit einer Regressionsverifikation (z. B. aufgrund von Änderungen an den Softwareanforderungen) oder der beabsichtigte Einsatzzweck der ausgelieferten Produktversion (Prüfstand, Teststrecke, öffentliche Straße etc.) sein

Unterschiede:
A-SPICE® 3.1 SWE.6 BP2 weist inhaltliche Parallelen zu A-SPICE® 4.0 SWE.6 BP1 auf. Während in A-SPICE® 3.1 SWE.6 BP2 die Entwicklung einer Softwaretestspezifikation erforderlich war, verlangt A-SPICE® 4.0 SWE.6 BP1 stattdessen die Spezifikation von Verifikationsmaßnahmen. Zudem liefert A-SPICE® 4.0 SWE.6 BP1 detailliertere Vorgaben dazu, welche Aspekte durch die Verifikationsmaßnahmen abgedeckt werden sollen.

A-SPICE® 4.0 SWE.6 BP2 hat Ähnlichkeit mit A-SPICE® 3.1 SWE.6 BP3. Statt der Auswahl von Testfällen aus der Softwaretestspezifikation werden nun die ausgewählten Verifikationsmaßnahmen dokumentiert – unter Berücksichtigung der Auswahlkriterien sowie der Kriterien für die Regressionsverifikation.

Ein weiterer Unterschied besteht darin, dass A-SPICE® 4.0 SWE.6 BP2 eine ausreichende Abdeckung im Hinblick auf den Release-Umfang fordert, während in A-SPICE® 3.1 SWE.6 BP3 stattdessen der Release-Plan und die Softwareteststrategie als Maßstab dienten.

Hinweise/Interpretation:
Durch den Bezug auf den Release-Umfang besteht eine potenzielle Verbindung zum Prozess SPL.2, da in diesem Prozess die Inhalte eines Releases festgelegt werden.

5.11.1.4 BP3: Wähle Testfälle aus/Verifiziere die integrierte Software

(Siehe Tab. 5.93).

Tab. 5.93 SWE.6 BP3 Vergleich

A-SPICE® 3.1	A-SPICE® 4.0
Wähle Testfälle aus	**Verifiziere die integrierte Software**
a) Wähle Testfälle aus der Softwaretestspezifikation aus b) Die Auswahl der Testfälle muss eine ausreichende Testabdeckung gemäß der Softwareteststrategie und dem Release-Plan gewährleisten (Müller et al. 2016, S. 123)	a) Führe die Verifikation der integrierten Software anhand der ausgewählten Verifikationsmaßnahmen durch b) Zeichne die Verifikationsergebnisse auf, einschließlich des Status für das Bestehen/Nicht-Bestehen sowie der entsprechenden Verifikationsmessdaten *Anmerkung 3: Siehe SUP.9 für den Umgang mit Verifikationsergebnissen, die nicht den erwarteten Resultaten entsprechen*

Unterschiede:
A-SPICE® 3.1 SWE.6 BP3 entspricht weitgehend A-SPICE® 4.0 SWE.6 BP2. Anstelle der Auswahl von Testfällen aus der Softwaretestspezifikation werden nun die ausgewählten Verifikationsmaßnahmen dokumentiert – unter Berücksichtigung der Auswahlkriterien sowie der Kriterien für die Regressionsverifikation.

Wie bereits in BP2 erwähnt: A-SPICE® 4.0 SWE.6 BP2 fordert eine ausreichende Abdeckung im Hinblick auf den Release-Umfang, während A-SPICE® 3.1 SWE.6 BP3 stattdessen den Release-Plan und die Softwareteststrategie als Maßstab heranzog.

A-SPICE® 4.0 SWE.6 BP3 weist inhaltliche Ähnlichkeiten zu A-SPICE® 3.1 SWE.6 BP4 auf.

Hinweise/Interpretation:
A-SPICE® 4.0 SWE.6 BP3 stellt durch die Anmerkung 3 eine direkte Verbindung zu SUP.9 Problem Resolution Management (Problemmanagement) her.

5.11.1.5 BP4: Teste die integrierte Software/Stelle Konsistenz sicher und stelle bidirektionale Rückverfolgbarkeit her

(Siehe Tab. 5.94).

Unterschiede:
A-SPICE® 3.1 SWE.6 BP4 weist Ähnlichkeiten mit A-SPICE® 4.0 SWE.6 BP3 auf.

A-SPICE® 4.0 SWE.6 BP4 umfasst nun die Inhalte von A-SPICE® 3.1 SWE.6 BP5 und BP6.

Hinweise/Interpretation:
N/A.

Tab. 5.94 SWE.6 BP4 Vergleich

A-SPICE® 3.1	**A-SPICE®4.0**
Teste die integrierte Software a) Teste die integrierte Software anhand der ausgewählten Testfälle b) Zeichne die Ergebnisse des Softwaretests und die Testprotokolle auf *Anmerkung 1: Siehe SUP.9 für den Umgang mit Abweichungen* (Müller et al. 2016, S. 123)	**Stelle Konsistenz sicher und stelle bidirektionale Rückverfolgbarkeit her** a) Stelle Konsistenz zwischen den Verifikationsmaßnahmen und den Software-Anforderungen sicher b) Stelle bidirektionale Rückverfolgbarkeit zwischen den Verifikationsmaßnahmen und den Software-Anforderungen her c) Stelle bidirektionale Rückverfolgbarkeit zwischen den Verifikationsergebnissen und den Verifikationsmaßnahmen her *Anmerkung 4: Bidirektionale Rückverfolgbarkeit unterstützt die Konsistenz, erleichtert die Auswirkungsanalyse von Änderungsanträgen und unterstützt den Nachweis der Verifikationsabdeckung. Rückverfolgbarkeit für sich alleine, etwa in Form von Links oder Verweisen, garantiert nicht, dass die Informationen zueinander konsistent sind*

5.11.1.6 BP5: Stelle bidirektionale Rückverfolgbarkeit her/Fasse die Ergebnisse zusammen und kommuniziere sie

(Siehe Tab. 5.95).

Unterschiede:

A-SPICE® 3.1 SWE.6 BP5 ist nun Bestandteil von A-SPICE® 4.0 SWE.6 BP4.

A-SPICE® 4.0 SWE.6 BP5 entspricht weitgehend A-SPICE® 3.1 SWE.6 BP7.

Hinweise/Interpretation:

N/A.

Tab. 5.95 SWE.6 BP5 Vergleich

A-SPICE® 3.1	A-SPICE® 4.0
Stelle bidirektionale Rückverfolgbarkeit her a) Stelle bidirektionale Rückverfolgbarkeit zwischen den Software-Anforderungen und den in der Softwaretestspezifikation enthaltenen Testfällen her b) Stelle bidirektionale Rückverfolgbarkeit zwischen den in der Softwaretestspezifikation enthaltenen Testfällen und den Softwaretestergebnissen her *Anmerkung 2: Bidirektionale Rückverfolgbarkeit unterstützt Abdeckungs-, Konsistenz- und Auswirkungsanalysen* (in Anlehnung an Müller et al. 2016, S. 123)	**Fasse die Ergebnisse zusammen und kommuniziere sie** a) Fasse die Ergebnisse der Softwareverifikation zusammen und b) kommuniziere sie an alle betroffenen Parteien *Anmerkung 5: Das Bereitstellen aller notwendigen Informationen aus der Durchführung der Testfälle in einer Zusammenfassung ermöglicht es anderen Parteien, die Konsequenzen zu beurteilen*

5.11.1.7 BP6: Stelle Konsistenz sicher/Es existiert keine BP6 in A-SPICE® 4.0 SWE.6

(Siehe Tab. 5.96).

Unterschiede:
A-SPICE® 3.1 SWE.6 BP6 ist nun in A-SPICE® 4.0 SWE.6 BP4 enthalten.

Hinweise/Interpretation:
N/A.

5.11.1.8 BP7: Fasse die Ergebnisse zusammen und kommuniziere sie/ Es existiert keine BP7 in A-SPICE® 4.0 SWE.6

(Siehe Tab. 5.97).

Unterschiede:
A-SPICE® 3.1 SWE.6 BP7 entspricht inhaltlich A-SPICE® 4.0 SWE.6 BP5.

Hinweise/Interpretation:
N/A.

5.11.1.9 Grafische Zusammenfassung der SWE.6 Basispraxisänderungen

(Siehe Abb. 5.12).

Tab. 5.96 SWE.6 BP6 Vergleich

A-SPICE® 3.1	A-SPICE® 4.0
Stelle Konsistenz sicher a) Stelle Konsistenz zwischen den Software-Anforderungen und den in der Softwaretestspezifikation enthaltenen Testfällen her *Anmerkung 3: Konsistenz wird durch bidirektionale Rückverfolgbarkeit unterstützt und kann durch Review-Aufzeichnungen nachgewiesen werden* (Müller et al. 2016, S. 123)	**N/A** Es existiert keine BP6 in A-SPICE® 4.0 SWE.6

Tab. 5.97 SWE.6 BP7 Vergleich

A-SPICE® 3.1	A-SPICE® 4.0
Fasse die Ergebnisse zusammen und kommuniziere sie a) Fasse die Ergebnisse der Softwaretests zusammen und b) kommuniziere sie an alle betroffenen Parteien *Anmerkung 4: Das Bereitstellen aller notwendigen Informationen aus der Durchführung der Testfälle in einer Zusammenfassung ermöglicht es anderen Parteien, die Konsequenzen zu beurteilen* (Müller et al. 2016, S. 124)	**N/A** Es existiert keine BP7 in A-SPICE® 4.0 SWE.6

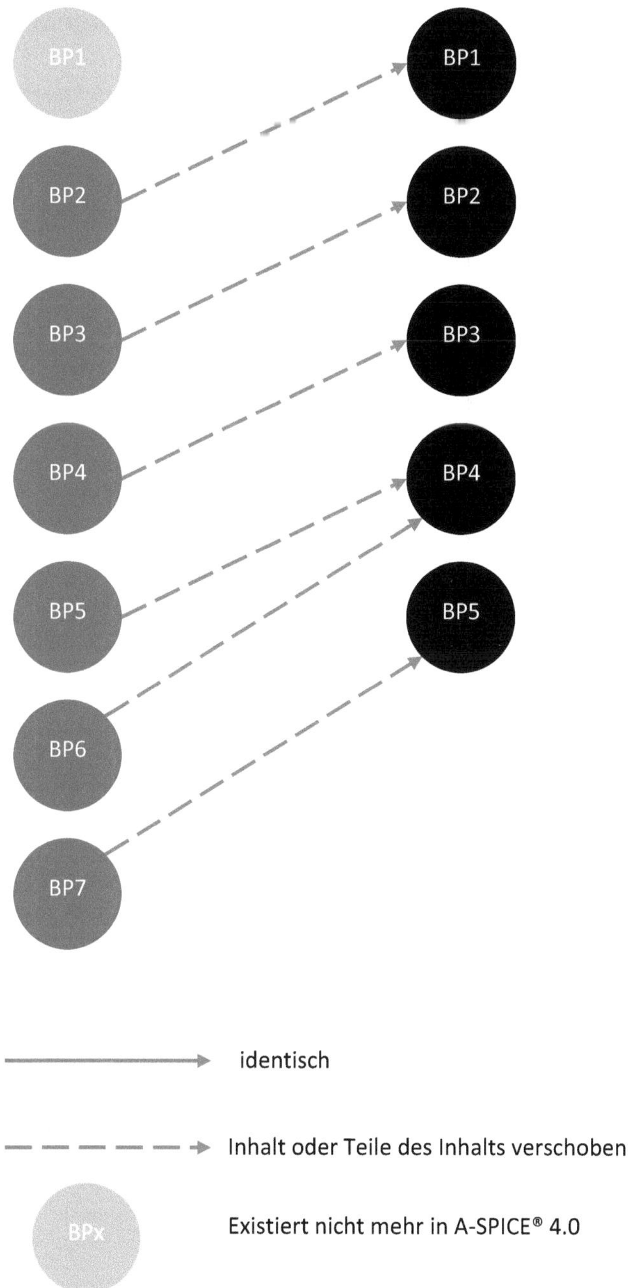

Abb. 5.12 Grafische Zusammenfassung der SWE.6 Basispraxisänderungen

5.12 ACQ.4 Supplier Monitoring (Lieferantenmanagement)

Dieser Abschnitt vergleicht die beiden Versionen des Standards hinsichtlich ihrer Ansätze im Lieferantenmanagement und hebt sowohl Unterschiede als auch Gemeinsamkeiten hervor.

5.12.1 Vergleich der Prozessreferenzmodell-Elemente

(Siehe Tab. 5.98).

Unterschiede:
Prozessname:
Keine Änderung.
Prozesszweck:
Der Vergleich der ACQ.4-Prozesse in beiden A-SPICE® Versionen zeigt klar, dass sich der Prozesszweck in A-SPICE® 4.0 ausschließlich auf externe, vertragsgebundene Lieferanten erstreckt, während interne Lieferanten – etwa innerhalb eines Konzerns

Tab. 5.98 Vergleich der ACQ.4 PRM-Elemente

Element	A-SPICE® 3.1	A-SPICE® 4.0
Prozess-ID	ACQ.4	ACQ.4
Prozessname	Supplier monitoring (Lieferantenmanagement)	Supplier monitoring (Lieferantenmanagement)
Prozesszweck	Der Zweck besteht darin, die Leistungen des Lieferanten hinsichtlich der vereinbarten Anforderungen zu verfolgen und zu bewerten	Der Zweck besteht darin, die Leistung eines externen, vertragsgebundenen Lieferanten hinsichtlich der vereinbarten Verpflichtungen zu verfolgen und zu bewerten
Prozess-Ergebnisse	1) gemeinsame Aktivitäten, die zwischen Kunde und Lieferant vereinbart wurden, werden nach Bedarf durchgeführt, 2) Sämtliche für den Austausch vereinbarten Informationen werden regelmäßig zwischen Kunde und Lieferant übermittelt, 3) die Leistung des Lieferanten gegenüber den Vereinbarungen überwacht und 4) Änderungen am Vertrag werden bei Bedarf zwischen Kunde und Lieferant verhandelt und im Vertrag schriftlich festgehalten	1) Gemeinsame Aktivitäten, die zwischen Kunde und Lieferant vereinbart wurden, werden durchgeführt, 2) Sämtliche für den Austausch vereinbarten Informationen werden regelmäßig zwischen Kunde und Lieferant übermittelt, 3) die Leistung des Lieferanten gegenüber den Vereinbarungen überwacht und 4) Änderungen am Vertrag werden bei Bedarf zwischen Kunde und Lieferant verhandelt und im Vertrag schriftlich festgehalten

– nicht mehr berücksichtigt werden. Diese Differenzierung war in A-SPICE® 3.1 noch nicht vorhanden.
Prozessergebnisse:
Im Vergleich zu den bisher behandelten Prozessen fällt die Gegenüberstellung der ACQ.4-Prozessergebnisse kurz aus, da die Prozessergebnisse zwei bis vier – der Austausch vereinbarter Informationen, die Überwachung des Lieferanten und die Vertragsänderungen – in beiden Versionen unverändert geblieben sind. Einzig das erste Prozessergebnis weist eine geringfügige Anpassung auf: Die Durchführung der zwischen Kunde und Lieferant vereinbarten Aktivitäten. In A-SPICE® 4.0 wurde der Zusatz ‚bei Bedarf' gestrichen."

Hinweise/Interpretation:
Prozessname:
N/A.

Prozesszweck:
Der Fokus auf externe, vertragsgebundene Lieferanten könnte den Eindruck erwecken, dass interne Lieferanten – etwa innerhalb eines Unternehmensverbunds wie Toyota, VW, General Motors, ZF, Continental oder Hitachi – anders und möglicherweise weniger streng behandelt werden dürfen. Dies öffnet der Doppelmoral Tür und Tor. Aus meiner Sicht führt diese vermeintliche Präzisierung der Formulierung in der neuen A-SPICE®-Version zu einer signifikanten Verschlechterung des Prozesses. Zudem bleibt fraglich, ob eine unterschiedliche Behandlung interner und externer Lieferanten nicht sogar gegen Normen oder gesetzliche Vorgaben verstößt. Alle Lieferanten – interne wie externe – sollten gleichermaßen behandelt und denselben Standards unterworfen sein. Ich war stets der Ansicht, dass Unternehmen, die hohe Anforderungen an externe Vertragslieferanten stellen, diese mindestens selbst erfüllen und idealerweise übertreffen sollten. Nur das wäre wirklich integer.

Prozessergebnisse:
Da der Zusatz ‚bei Bedarf' im ersten Prozessergebnis gestrichen wurde, müssen die zwischen Kunde und Lieferant vereinbarten Aktivitäten verbindlich stattfinden – unabhängig davon, ob beide Parteien sie für erforderlich halten.

5.12.2 Vergleich der Basispraktiken

Die folgenden Abschnitte behandeln die grundlegenden Unterschiede und Gemeinsamkeiten der ACQ.4-Prozesse.

5.12.2.1 BP1: Vereinbare gemeinsame Prozesse, gemeinsame Schnittstellen und auszutauschende Informationen und halte diese aktuell/Vereinbare gemeinsame Aktivitäten, gemeinsame Schnittstellen und auszutauschende Informationen und halte diese aktuell.

(Siehe Tab. 5.99).

Tab. 5.99 ACQ.4 BP1 Vergleich

A-SPICE® 3.1	A-SPICE® 4.0
Vereinbare gemeinsame Prozesse, gemeinsame Schnittstellen und auszutauschende Informationen und halte diese aktuell a) Treffe eine Vereinbarung über • die auszutauschenden Informationen, • gemeinsame Prozesse, • gemeinsame Schnittstellen, • Verantwortlichkeiten, • Art und Häufigkeit der gemeinsamen Aktivitäten, • Kommunikation, • Besprechungen, • Statusberichte und • Reviews b) Halte die Vereinbarung aktuell hinsichtlich • der auszutauschenden Informationen, • gemeinsamer Prozesse, • gemeinsamer Schnittstellen, • Verantwortlichkeiten, • Art und Häufigkeit der gemeinsamen Aktivitäten, • Kommunikation, • Besprechungen, • Statusberichte und • Reviews *Anmerkung 1: Gemeinsame Prozesse und Schnittstellen umfassen in der Regel Projektmanagement, Anforderungsmanagement, Änderungsmanagement, Konfigurationsmanagement, Problemlösung, Qualitätssicherung und Kundenabnahme* *Anmerkung 2: Gemeinsam durchzuführende Aktivitäten sollten zwischen Kunde und Lieferant einvernehmlich vereinbart werden* *Anmerkung 3: Der Begriff „Kunde" bezieht sich in diesem Prozess auf die assessierte Partei. Der Begriff ‚Lieferant' bezeichnet den Lieferanten der assessierten Partei* (Müller et al. 2016, S. 23)	**Vereinbare gemeinsame Aktivitäten, gemeinsame Schnittstellen und auszutauschende Informationen und halte diese aktuell** a) Treffe eine Vereinbarung • die auszutauschenden Informationen, • gemeinsame Aktivitäten, • gemeinsame Schnittstellen, • Verantwortlichkeiten, • Art und Häufigkeit der gemeinsamen Aktivitäten, • Kommunikation, • Besprechungen, • Statusberichte und • Reviews b) Halte die Vereinbarung aktuell hinsichtlich • der auszutauschenden Informationen, • gemeinsamer Aktivitäten • gemeinsamer Schnittstellen, • Verantwortlichkeiten, • Art und Häufigkeit der gemeinsamen Aktivitäten, • Kommunikation, • Besprechungen, • Statusberichte und • Reviews

Unterschiede:
Die Basispraxis bleibt in beiden A-SPICE®-Versionen im Wesentlichen unverändert. In A-SPICE® 4.0 ACQ.4 wurden die ‚gemeinsamen Prozesse' durch ‚gemeinsame Aktivitäten' ersetzt und die Anmerkungen wurden entfernt.

Interpretation:
Die Umstellung von ‚gemeinsame Prozesse' auf ‚gemeinsame Aktivitäten' verhindert ein potenziell übergriffiges Verständnis der Basispraxis. In A-SPICE® 3.1 konnte der Eindruck entstehen, dass beispielsweise der Prozess ‚Qualitätssicherung' bei beiden Vertragspartnern identisch ablaufen muss – sofern vereinbart. Dies hätte jedoch in die Autonomie der Unternehmen eingegriffen, da jede Organisation ihr eigenes formelles Vorgehen zur Prozessdefinition und -freigabe besitzt.

Ein solch umfassender Anpassungsprozess allein für ein Projekt wäre unverhältnismäßig aufwendig und stünde zudem im Widerspruch zu A-SPICE® Level 3, das die Definition eines Standardprozesses vorsieht. Die Klarstellung, dass es sich um ‚gemeinsame Aktivitäten' handelt, trägt somit zu einer praxisnahen und realistischeren Interpretation der Vorgaben bei und stellt eine sinnvolle Verbesserung dar.

5.12.2.2 BP2: Tausche alle vereinbarten Informationen aus/Tausche alle vereinbarten Informationen aus

(Siehe Tab. 5.100).

Unterschiede:
Die Basispraxis ist in beiden A-SPICE® Versionen identisch. Die Anmerkung wurde in A-SPICE® 4.0 ACQ.4 BP2 entfernt.

Hinweise/Interpretation:
N/A.

5.12.2.3 BP3: Überprüfe die technische Entwicklung zusammen mit dem Lieferanten/Überprüfe die Arbeitsergebnisse der Entwicklung gemeinsam mit dem Lieferanten

(Siehe Tab. 5.101).

Tab. 5.100 ACQ.4 BP2 Vergleich

A-SPICE® 3.1	A-SPICE® 4.0
Tausche alle vereinbarten Informationen aus a) Nutze die definierten gemeinsamen Schnittstellen zwischen Kunde und Lieferant für den Austausch aller vereinbarten Informationen *Anmerkung 4: Die vereinbarten Informationen sollten alle relevanten Arbeitsergebnisse enthalten* (Müller et al. 2016, S. 24)	**Tausche alle vereinbarten Informationen aus** a) Nutze die definierten gemeinsamen Schnittstellen zwischen Kunde und Lieferant für den Austausch aller vereinbarten Informationen

Tab. 5.101 ACQ.4 BP3 Vergleich

A-SPICE® 3.1	A-SPICE® 4.0
Überprüfe die technische Entwicklung zusammen mit dem Lieferanten	**Überprüfe die Arbeitsergebnisse der Entwicklung gemeinsam mit dem Lieferanten**
a) Überprüfe die Entwicklung mit dem Lieferanten in der vereinbarten Regelmäßigkeit und berücksichtige dabei a. technische Aspekte, b. Probleme sowie c. Risiken und b) verfolge zudem offene Punkte bis zu deren Abschluss	a) Überprüfe die Arbeitsergebnisse der Entwicklung mit dem Lieferanten in der vereinbarten Regelmäßigkeit und berücksichtige dabei: • technische Aspekte, • Probleme sowie • Risiken b) Verfolge offene Maßnahmen
(in Anlehnung an Müller et al. 2016, S. 24)	*Anmerkung 1: siehe SUP.9 für den Umgang mit Problemen*

Unterschiede:
In A-SPICE® 4.0 ACQ.4 BP3 wurde der Name der Basispraxis von ‚Überprüfe die technische Entwicklung mit dem Lieferanten' zu ‚Überprüfe die Arbeitsergebnisse der Entwicklung mit dem Lieferanten' geändert, während der Inhalt im Wesentlichen unverändert blieb.

Die Formulierung ‚Verfolge offene Punkte bis zu deren Abschluss' wurde in ‚Verfolge offene Maßnahmen' angepasst.

Zudem wurde in A-SPICE® 4.0 ACQ.4 BP3 die Anmerkung 1 neu hinzugefügt.

Hinweise/Interpretation:
A-SPICE® 4.0 ACQ.3 BP3 stellt in seiner Anmerkung 1 eine direkte Verbindung zum Prozess SUP.9 ‚Problem Resolution Management' her.

Die Formulierung ‚Verfolge offene Maßnahmen' impliziert weiterhin die Nachverfolgung bis zum Abschluss. Allerdings könnte die neue Wortwahl anerkennen, dass es Fälle gibt, in denen bestimmte Maßnahmen möglicherweise nicht endgültig abgeschlossen werden können.

5.12.2.4 BP4: Überprüfe den Fortschritt des Lieferanten/Überprüfe den Fortschritt des Lieferanten

(Siehe Tab. 5.102).

Unterschiede:
Die Basispraxis bleibt inhaltlich in beiden A-SPICE®-Versionen weitgehend unverändert. In A-SPICE® 4.0 ACQ.4 BP4 wurde das Wort ‚Punkte' aus A-SPICE® 3.1 ACQ.4 BP4 durch ‚Maßnahmen' ersetzt.

Tab. 5.102 ACQ.4 BP4 Vergleich

A-SPICE® 3.1	A-SPICE® 4.0
Überprüfe den Fortschritt des Lieferanten	**Überprüfe den Fortschritt des Lieferanten**
a) Überprüfe in der vereinbarten Regelmäßigkeit den Fortschritt des Lieferanten hinsichtlich • Zeitplan, • Qualität, und • Kosten b) Verfolge offene Punkte bis zum Abschluss und c) führe Maßnahmen zur Risikominderung durch (Müller et al. 2016, S. 25)	a) Überprüfe in der vereinbarten Regelmäßigkeit den Fortschritt des Lieferanten hinsichtlich • Zeitplan, • Qualität, und • Kosten b) Verfolge offene Maßnahmen bis zum Abschluss und c) führe Maßnahmen zur Risikominderung durch *Anmerkung 2: siehe MAN.5 für den Umgang mit Risiken*

Hinweise/Interpretation:

A-SPICE® 4.0 ACQ.4 BP4 stellt eine direkte Verbindung zum Prozess MAN.5 „Risk Management" her.

5.12.2.5 BP5: Reagiere auf Abweichungen/Reagiere auf Abweichungen

(Siehe Tab. 5.103).

Unterschiede:

In A-SPICE® 4.0 ACQ.4 BP5 wurden die Formulierungen ‚Um Abweichungen von den vereinbarten Projektplänen zu korrigieren' sowie ‚Um das erneute Auftreten erkannter Probleme zu verhindern' entfernt.

Tab. 5.103 ACQ.4 BP5 Vergleich

A-SPICE® 3.1	A-SPICE® 4.0
Reagiere auf Abweichungen	**Reagiere auf Abweichungen**
a) Ergreife Maßnahmen, wenn vereinbarte Ziele nicht erreicht werden, um Abweichungen von den vereinbarten Projektplänen zu korrigieren und b) um das erneute Auftreten erkannter Probleme zu verhindern c) Verhandle über Änderungen an den Zielen und d) dokumentiere die Anpassungen der Ziele in den Vereinbarungen (in Anlehnung an Müller et al. 2016, S. 27)	a) Ergreife Maßnahmen, wenn vereinbarte Ziele nicht erreicht werden, b) verhandle über Änderungen an den Zielen und c) dokumentiere die Anpassungen der Ziele in den Vereinbarungen

Hinweise/Interpretation:
Auch wenn die Formulierung ‚das erneute Auftreten erkannter Probleme verhindern' in A-SPICE® 4.0 ACQ.4 BP5 nicht mehr explizit erwähnt wird, könnte die Anforderung dennoch weiterhin implizit bestehen.

Die Formulierung ‚um Abweichungen von den vereinbarten Projektplänen zu korrigieren' wurde entfernt, vermutlich um die Lesbarkeit und Verständlichkeit zu verbessern.

5.12.2.6 Grafische Zusammenfassung der ACQ.4 Basispraxisänderungen

(Siehe Abb. 5.13).

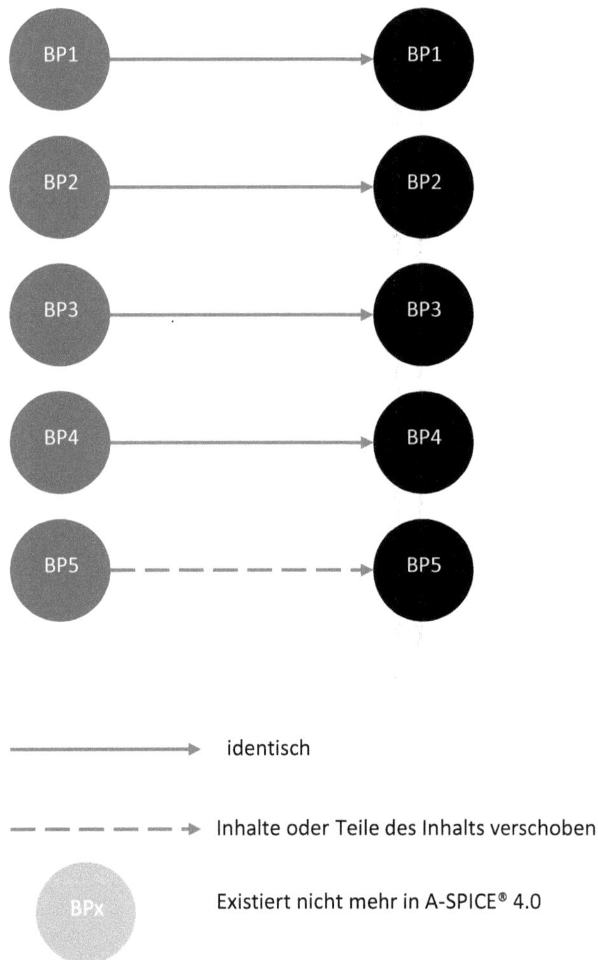

Abb. 5.13 Grafische Zusammenfassung der ACQ.4 Basispraxisänderungen

5.13 SPL.2 Product Release (Releasemanagement)

Dieses Kapitel analysiert die Unterschiede und Gemeinsamkeiten der Releasemanagement Prozesse in den beiden Versionen der Norm und stellt sie gegenüber.

5.13.1 Vergleich der Prozessreferenzmodell-Elemente

(Siehe Tab. 5.104).

Unterschiede:
Prozessname:
Keine Veränderung.
Prozesszweck:
Der Prozesszweck ist in beiden A-SPICE® Versionen identisch.
Prozessergebnisse:
In A-SPICE® 3.1 und A-SPICE® 4.0 bleibt die Bestimmung der Release-Inhalte im Wesentlichen identisch. Allerdings betont A-SPICE® 4.0 durch die Verwendung des Plurals, dass mehrere Produktreleases – etwa für A-, B- und C-Muster – möglich sind. Während A-SPICE® 3.1 im zweiten SPL.2-Prozessergebnis die Zusammenstellung des Releases aus konfigurierten Elementen beschreibt, führt A-SPICE® 4.0 den Begriff „Release-Paket" ein, der dem „Release-Umfang" entsprechen sollte. Damit wird deutlich, dass ein Release nicht nur das Produkt selbst umfasst, sondern auch begleitende Dokumente, Freigaben (z. B. für die Teststrecke), Software und weitere relevante Komponenten. Die Definition und Erstellung der Releasedokumentation bleibt im Vergleich zwischen A-SPICE® 3.1 und A-SPICE® 4.0 unverändert. Das vierte Prozessergebnis aus A-SPICE® 3.1, die Festlegung des Bereitstellungsmechanismus und der -medien, sowie das siebte Prozessergebnis, die Einholung der Release-Bestätigung, wurden in A-SPICE® 4.0 nicht übernommen. Unverändert bestehen hingegen das fünfte Prozessergebnis, die Freigabe des Releases anhand definierter Kriterien, sowie das sechste Prozessergebnis, die Bereitstellung des Releases für den vorgesehenen Kunden. In A-SPICE® 4.0 haben sich jedoch deren Nummerierungen auf das vierte bzw. fünfte Prozessergebnis verschoben.

Hinweise/Interpretation:
Prozessname:
N/A.
Prozesszweck:
N/A.

Tab. 5.104 Vergleich der SPL.2 PRM-Elemente

Element	A-SPICE® 3.1	A-SPICE® 4.0
Prozess-ID	SPL.2	SPL.2
Prozessname	Product release[12] (Releasemanagement)	Product release (Release-management)
Prozesszweck	Der Zweck besteht darin, die Produktreleases für den vorgesehenen Kunden zu steuern	Der Zweck besteht darin, die Produktreleases für den vorgesehenen Kunden zu steuern
Prozessergebnisse	1) die Inhalte des Produktrelease sind bestimmt, 2) das Release wird aus konfigurierten Elementen zusammengestellt, 3) die Releasedokumentation ist festgelegt und erstellt, 4) Der Bereitstellungsmechanismus und die -medien des Releases sind festgelegt, 5) die Freigabe des Releases ist anhand definierter Kriterien erfolgt, 6) das Produktrelease ist dem vorgesehenen Kunden zur Verfügung gestellt, und 7) die Bestätigung des Releases ist eingeholt	1) die Inhalte der Produktreleases sind bestimmt, 2) Das Release-Paket[13] ist aus konfigurierten Elementen zusammengestellt, 3) die Releasedokumentation ist festgelegt und erstellt 4) die Freigabe des Releases ist anhand definierter Kriterien erfolgt 5) das Release-Paket ist dem vorgesehenen Kunden zur Verfügung gestellt

Prozessergebnisse:
Das Release-Paket kann verschiedene Komponenten umfassen, darunter:

- Muster (z. B. A-, B-, C-Muster)
- Hardware (HW) wie Steuergeräte, Sensoren oder andere physische Bauteile
- Software (SW) einschließlich Firmware oder Anwendungscode
- Software-Tools zur Konfiguration, Analyse oder Validierung
- Dokumentation, einschließlich technischer Spezifikationen, Benutzerhandbücher und
- Errata-Sheets, die bekannte Einschränkungen oder Fehlerbeschreibungen enthalten.

Da im SPL.2-Prozess das Release-Paket – gleichbedeutend mit dem Release-Umfang – festgelegt wird, könnten alle Prozesse, die in ihren Basispraktiken oder Anmerkungen auf den Release-Umfang Bezug nehmen, eine potenzielle Verbindung zum SPL.2-Prozess aufweisen. Dennoch wäre eine konsistente Begrifflichkeit wünschenswert gewesen,

[12] Wörtlich übersetzt: Produktfreigabe.

[13] Mit Release-Paket ist für mein Verständnis der Release-Umfang gemeint.

sodass der SPL.2-Prozess direkt den Begriff „Release-Umfang“ verwendet, anstatt „Release-Paket“ zu nutzen.

5.13.2 Vergleich der Basispraktiken

Die nächsten Abschnitte befassen sich mit den Änderungen an den Basispraktiken und den Gemeinsamkeiten zwischen den SPL.2-Prozessen.

5.13.2.1 BP1: Lege den funktionalen Inhalt des Releases fest/Lege den funktionalen Inhalt des Releases fest

(Siehe Tab. 5.105).

Unterschiede:
A-SPICE® 3.1 SPL.2 BP1 entspricht in weiten Teilen A-SPICE® 4.0 SPL.2 BP1. Allerdings entfällt in A-SPICE® 4.0 die Notwendigkeit einer Releaseplanung. Zudem wurde in der neuesten Version die Definition der Freigabekriterien als Ergänzung zu SPL.2 BP1 aufgenommen.

Hinweise/Interpretation:
N/A.

5.13.2.2 BP2: Definiere Release-Produkte/Definiere das Release-Paket

(Siehe Tab. 5.106).

Unterschiede:
A-SPICE® 3.1 SPL.2 BP2 und A-SPICE® 4.0 SPL.2 BP2 sind weitgehend vergleichbar. Allerdings wird in A-SPICE® 4.0 SPL.2 BP2 der Inhalt eines Release-Pakets detaillierter definiert und verbindlicher eingefordert.

Tab. 5.105 SPL.2 BP1 Vergleich

A-SPICE® 3.1	A-SPICE® 4.0
Lege den funktionalen Inhalt des Releases fest	**Lege den funktionalen Inhalt des Releases fest**
a) Erstelle eine Releaseplanung, die die zu beinhaltende Funktionalität jedes Releases festlegt	a) Definiere die zu beinhaltende Funktionalität und b) definiere die Freigabekriterien
Anmerkung 1: Der Plan sollte aufzeigen, welche Applikationsparameter, die die Funktionalität beeinflussen, für welches Release wirksam sind (Müller et al. 2016, S. 31)	für jedes Release *Anmerkung 1: Dies kann die Hardware-Elemente, Software-Elemente und zusätzliche Applikations-Parameterdateien (mit Einfluss auf die festgelegte Systemfunktionalität) umfassen, die für das Release benötigt werden*

Tab. 5.106 SPL.2 BP2 Vergleich

A-SPICE® 3.1	A-SPICE® 4.0
Definiere Release-Produkte a) Definiere die mit dem Release verbundenen Produkte *Anmerkung 2: Release-Produkte können Programmiertools enthalten, wenn dies vereinbart wurde. Im Automobilsprachgebrauch kann ein Release einem Muster, z. B. A, B, C, zugeordnet sein* (Müller et al. 2016, S. 32)	**Definiere das Release-Paket** Definiere a) das Release als auch b) unterstützende Werkzeuge und c) Informationen *Anmerkung 2: Das Release-Paket kann auch Programmiertools beinhalten*

Hinweise/Interpretation:
Die Inhalte eines Release-Pakets sind in A-SPICE® 4.0 SPL.2 klarer definiert und somit leichter nachvollziehbar als in A-SPICE® 3.1 SPL.2.

5.13.2.3 BP3: Lege eine Klassifizierung der Produktreleases und ein Nummerierungsschema fest/Stelle eine eindeutige Identifikation der Releases sicher

(Siehe Tab. 5.107).

Unterschiede:
A-SPICE® 3.1 SPL2.2 BP3 und A-SPICE® 4.0 SPL2. BP3 weisen große Gemeinsamkeiten auf. Allerdings ist ein Klassifizierungs- oder Nummerierungsschema für Produkt-

Tab. 5.107 SPL.2 BP3 Vergleich

A-SPICE® 3.1	A-SPICE® 4.0
Lege eine Klassifizierung der Produktreleases und ein Nummerierungsschema fest a) Eine Klassifizierung der Produktreleases und b) ein Nummerierungsschema werden gemäß dem vorgesehenen Zweck und der Anforderungen an die jeweiligen Releases eingeführt *Anmerkung 3: Die Release-Nummerierung kann folgendes beinhalten* • *die Hauptversionsnummer* • *die Versionsnummer eines Funktionsmerkmals* • *die Fehlerbehebungsnummer* • *die Alpha- oder Beta-Version* • *die Iteration innerhalb der Alpha- oder Betaversion* (Müller et al. 2016, S. 32)	**Stelle eine eindeutige Identifikation der Releases sicher** a) Stelle eine eindeutige Identifikation der Releases sicher, basierend auf • dem vorgesehenen Zweck und • den Anforderungen an das Release *Anmerkung 3: Die eindeutige Identifizierung kann durch ein Klassifizierungs- und Nummerierungsschema für Produkt-Releases realisiert werden*

Releases in A-SPICE® 4.0 SPL.2 BP3 nicht mehr explizit erforderlich. Stattdessen sind ausschließlich der vorgesehene Zweck und die Anforderungen an das Release maßgeblich.

Hinweise/Interpretation:
Der Hinweis auf das Klassifizierungs- und Nummerierungsschema findet sich in Anmerkung 3. Es handelt sich nun um eine Kann-Vorgabe und nicht mehr um eine Muss-Anforderung.

Ein Release könnte beispielsweise als „Software Angelika, Version 32" für einen offenen Beta-Test gekennzeichnet werden, mit dem Ziel, Feedback zu Fehlern zu sammeln und diese zu beheben. Diese Bezeichnung könnte ausreichen, wäre jedoch vermutlich zu lang, um sie auf ein Produktetikett zu drucken.

5.13.2.4 BP4: Definiere die Build-Aktivitäten und die Build-Umgebung/Erstelle das Release aus Elementen unter Konfigurationskontrolle

(Siehe Tab. 5.108).

Unterschiede:
A-SPICE® 3.1 SPL.2 BP4 wurde gestrichen, während A-SPICE® 4.0 SPL.2 BP4 weitgehend A-SPICE® 3.1 SPL.2 BP5 entspricht.

Hinweise/Interpretation:
Anmerkung 4 in A-SPICE® 4.0 SPL.2 BP4 stellt eine direkte Verbindung zu SUP.8 Konfigurationsmanagement her. Nimmt man die Überschrift der Basispraxis wörtlich, dürfte ein Release keine Elemente enthalten, die nicht unter Konfigurationskontrolle stehen. Jede Komponente eines Releases muss der Konfigurationskontrolle unterliegen.

Tab. 5.108 SPL.2 BP4 Vergleich

A-SPICE® 3.1	A-SPICE® 4.0
Definiere die Build-Aktivitäten und die Build-Umgebung	**Erstelle das Release aus Elementen unter Konfigurationskontrolle**
a) Ein einheitlicher Build-Prozess wird eingerichtet und b) aufrechterhalten	a) Erstelle das Release aus Elementen unter Konfigurationskontrolle, um die Integrität zu gewährleisten
Anmerkung 4: Eine spezifizierte und einheitliche Build-Umgebung sollte von allen Beteiligten genutzt werden (in Anlehnung an Müller et al. 2016, S. 33)	*Anmerkung 4: Diese Basispraxis kann durch den Prozess SUP.8 "Configuration Management Process" (Konfigurationsmanagement) unterstützt werden*

5.13.2.5 BP5: Erstelle das Release aus konfigurierten Elementen/Stelle die Genehmigung des Releases vor der Auslieferung sicher

(Siehe Tab. 5.109).

Unterschiede:
A-SPICE® 3.1 SPL.2 BP5 entspricht A-SPICE® 4.0 SPL.2 BP4, wobei sich die Unterschiede ausschließlich in den Anmerkungen zeigen. Während A-SPICE® 3.1 SPL.2 BP5, Anmerkung 5, auf das Aufspielen der Software-Releases auf die richtige Hardware vor der Freigabe hinweist, verweist A-SPICE® 4.0 SPL.2 BP4 in Anmerkung 4 auf den Prozess des Konfigurationsmanagements.

A-SPICE® 4.0 SPL.2 BP5 hingegen ist identisch mit A-SPICE® 3.1 SPL.2 BP10.

Hinweise/Interpretation:
N/A.

5.13.2.6 BP6: Teile Art, Service Level und Dauer des Supports für ein Produktrelease mit/Stelle eine Release-Note zur Verfügung

(Siehe Tab. 5.110).

Unterschiede:
A-SPICE® 3.1 SPL.2 BP6 entspricht A-SPICE® 4.0 SPL.2 BP7. A-SPICE® 4.0 SPL.2 BP6 weist inhaltliche Parallelen zu A-SPICE® 3.1 SPL.2 BP12 auf.

Hinweise/Interpretation:
Die Anmerkung 5 in A-SPICE® 4.0 SPL.2 BP6 stellt eine direkte Verbindung zum Prozess VAL.1 Validierung her.

Tab. 5.109 SPL.2 BP5 Vergleich

A-SPICE® 3.1	A-SPICE® 4.0
Erstelle das Release aus konfigurierten Elementen	**Stelle die Freigabe des Releases vor der Auslieferung sicher**
a) Erstelle das Release aus Elementen unter Konfigurationskontrolle, um die Integrität zu gewährleisten *Anmerkung 5: Gegebenenfalls sollte ein Softwarerelease vor der Freigabe auf die richtige Hardwareversion aufgespielt werden* (in Anlehnung an Müller et al. 2016, S. 33)	a) Die Kriterien für das Release werden vor der Auslieferung erfüllt

Tab. 5.110 SPL.2 BP6 Vergleich

A-SPICE® 3.1	A-SPICE® 4.0
Teile Art, Service Level und Dauer des Supports für ein Produktrelease mit a) Bestimme • Art, • Service Level und • Dauer des Supports für ein Produktrelease und b) kommuniziere • Art, • Service Level und • Dauer des Supports für ein Produktrelease (in Anlehnung an Müller et al. 2016, S. 33)	**Stelle eine Release-Note zur Verfügung** a) Ein Release wird von Informationen begleitet, die die wichtigsten Merkmale des Releases detailliert beschreiben *Anmerkung 5: Die Release-Note kann Informationen zu rechtlichen Aspekten enthalten, wie relevante Zielmärkte, berücksichtigte Gesetzgebungen usw. Siehe auch VAL.1 Validierung*

5.13.2.7 BP7: Lege die Art des Liefermediums für das Release fest/ Teile Art, Service Level und Dauer des Supports für ein Produktrelease mit

(Siehe Tab. 5.111).

Unterschiede:
A-SPICE® 3.1 SPL.2 BP7 ist in A-SPICE® 4.0 SPL.2 nicht mehr vorhanden. A-SPICE® 4.0 SPL.2 BP7 entspricht inhaltlich vollständig A-SPICE® 3.1 SPL.2 BP6. Die Formulierung „Dauer der Unterstützung“ aus A-SPICE® 3.1 SPL.2 BP6 wurde in A-SPICE® 4.0 SPL.2 BP7 auf „Dauer“ verkürzt.

Tab. 5.111 SPL.2 BP7 Vergleich

A-SPICE® 3.1	A-SPICE® 4.0
Lege die Art des Liefermediums für das Release fest a) Das Medium für die Produktlieferung wird entsprechend den Bedürfnissen des Kunden festgelegt *Anmerkung 6: Das Liefermedium kann mittelbar erfolgen (Bereitstellung auf einem geeigneten Medium und Übergabe an den Kunden) oder direkt (z. B. als Firmware innerhalb des Pakets) oder als Kombination beider Ansätze. Das Release kann elektronisch durch Ablage auf einem Server bereitgestellt werden. Zudem kann es erforderlich sein, das Release vor der Auslieferung zu vervielfältigen* (Müller et al. 2016, S. 34)	**Teile Art, Service Level und Dauer des Supports für ein Produktrelease mit** a) Bestimme • Art, • Service Level und • Dauer des Supports für ein Produktrelease und b) kommuniziere • Art, • Service Level und • Dauer des Supports für ein Produktrelease

Hinweise/Interpretation:
Aus meiner Sicht hat die Streichung von A-SPICE® 3.1 SPL.2 BP7 in A-SPICE® 4.0 SPL.2 zu einem Verlust wichtiger Details geführt. Ist das freigegebene Produkt eine Software, sollte das Liefermedium sorgfältig bedacht werden – sei es CD-ROM, DVD, USB-Stick, Server-Download oder eine Vorinstallation auf der Hardware.

5.13.2.8 BP8: Bestimme die Verpackung für die Release-Medien/Liefere das Release-Paket an den vorgesehenen Kunden

(Siehe Tab. 5.112).

Unterschiede:
A-SPICE® 3.1 SPL.2 BP8 ist in A-SPICE® 4.0 SPL.2 nicht mehr enthalten. A-SPICE® 4.0 SPL.2 BP8 weist inhaltliche Parallelen zu A-SPICE® 3.1 SPL.2 BP13 auf. Jedoch ist in A-SPICE® 4.0 SPL.2 BP8 keine ausdrückliche Empfangsbestätigung erforderlich.

Hinweise/Interpretation:
Meiner Ansicht nach büßt der Prozess in A-SPICE® 4.0 im Vergleich zu A-SPICE® 3.1 erneut an Detailtiefe ein. Für ein Motorsteuergerät könnte beispielsweise eine Verpackung mit ESD-Schutz erforderlich sein.

5.13.2.9 BP9: Definiere und erstelle die Produktreleasedokumentation/die Release-Notes/Es existiert keine BP9 in A-SPICE® 4.0 SPL.2

(Siehe Tab. 5.113).

Unterschiede:
A-SPICE® 3.1 SPL.2 BP9 wurde in A-SPICE® 4.0 SPL.2 nicht übernommen. Lediglich die Release-Notes finden in A-SPICE® 4.0 SPL.2 BP6 Erwähnung.

Tab. 5.112 SPL.2 BP8 Vergleich

A-SPICE® 3.1	A-SPICE® 4.0
Bestimme die Verpackung für die Release-Medien	**Liefere das Release-Paket an den vorgesehenen Kunden**
a) Die Verpackung für die unterschiedlichen Medienarten wird festgelegt	a) Liefere das Release-Paket an den vorgesehenen Kunden
Anmerkung 7: Die Verpackung bestimmter Medienarten kann physischen oder elektronischen Schutz erfordern, zum Beispiel durch bestimmte Verschlüsselungstechniken (Müller et al. 2016, S. 34)	*Anmerkung 6: Der vorgesehene Kunde könnte eine interne Organisationseinheit oder ein externes Unternehmen sein*

Tab. 5.113 SPL.2 BP9 Vergleich

A-SPICE® 3.1	A-SPICE® 4.0
Definiere und erstelle die Produktreleasedokumentation/die Release-Notes Stelle sicher, dass die gesamte, das Release begleitende Dokumentation a) erstellt, b) geprüft sowie, c) genehmigt[14] wird und d) verfügbar ist (Müller et al. 2016, S. 34)	**N/A** Es existiert keine BP9 in A-SPICE® 4.0 SPL.2

Hinweise/Interpretation:
Die Definition und Erstellung einer Release-Note ist eine wesentliche Voraussetzung für deren Bereitstellung, wie es in A-SPICE® 4.0 SPL.2 BP6 gefordert wird. Zwar bleibt die Erstellung der Release-Note in A-SPICE® 4.0 SPL.2 implizit bestehen, doch sie wird nicht mehr ausdrücklich verlangt. Dies könnte abermals als ein Bruch in der logischen Abfolge von A-SPICE® 4.0 interpretiert werden.

5.13.2.10 BP10: Stelle die Genehmigung des Produktrelease vor der Auslieferung sicher/Es existiert keine BP10 in A-SPICE® 4.0 SPL.2

(Siehe Tab. 5.114).

Unterschiede:
A-SPICE® 3.1 SPL.2 BP10 entspricht inhaltlich A-SPICE® 4.0 SPL.2 BP5 vollkommen.

Hinweise/Interpretation:
N/A.

5.13.2.11 BP11: Stelle Konsistenz sicher/Es existiert keine BP11 in A-SPICE® 4.0 SPL.2

(Siehe Tab. 5.115).

Unterschiede:
A-SPICE® 3.1 SPL.2 BP11 findet sich in A-SPICE® 4.0 SPL.2 nicht mehr wieder.

[14] Im Automobilbereich wird oft auch der Begriff „freigegeben" verwendet.

Tab. 5.114 SPL.2 BP10 Vergleich

A-SPICE® 3.1	A-SPICE® 4.0
Stelle die Genehmigung des Produktrelease vor der Auslieferung sicher a) Die Kriterien für das Produktrelease werden vor der Auslieferung erfüllt (Müller et al. 2016, S. 35)	**N/A** Es existiert keine BP10 in A-SPICE® 4.0 SPL.2

Tab. 5.115 SPL.2 BP11 Vergleich

A-SPICE® 3.1	A-SPICE® 4.0
Stelle Konsistenz sicher a) Stelle die Konsistenz zwischen der Software-Release-Nummer, dem Papieretikett und dem EPROM-Etikett (falls relevant) sicher (Müller et al. 2016, S. 35)	**N/A** Es existiert keine BP11 in A-SPICE® 4.0 SPL.2

Hinweise/Interpretation:
Möglicherweise wird zumindest die formale Konsistenz des Releases in A-SPICE® 4.0 SPL.2 durch die Verknüpfung mit dem Prozess SUP.8 Konfigurationsmanagement sichergestellt.

5.13.2.12 BP12: Stelle eine Release-Note zur Verfügung/Es existiert keine BP12 in A-SPICE® 4.0 SPL.2

(Siehe Tab. 5.116).

Unterschiede:
A-SPICE® 3.1 SPL.2 BP12 weist keine Unterschiede zu A-SPICE® 4.0 SPL.2 BP6 auf.

Hinweise/Interpretation:
N/A.

Tab. 5.116 SPL.2 BP12 Vergleich

A-SPICE® 3.1	A-SPICE® 4.0
Stelle eine Release-Note zur Verfügung a) Ein Release wird von Informationen begleitet, die die wichtigsten Merkmale des Releases detailliert beschreiben *Anmerkung 8: Eine Release-Note kann eine Einleitung, die Umgebungsanforderungen, Installationsverfahren, Produktaufruf, Listung neuer Features sowie eine Aufstellung behobener Fehler, bekannter Fehler und Workarounds beinhalten* (Müller et al. 2016, S. 35)	**N/A** Es existiert keine BP12 in A-SPICE® 4.0 SPL.2

5.13.2.13 BP13: Liefere das Release an den vorgesehenen Kunden aus/ Es existiert keine BP13 in A-SPICE® 4.0 SPL.2

(Siehe Tab. 5.117).

Unterschiede:
A-SPICE® 3.1 SPL.2 BP13 weist Ähnlichkeiten mit A-SPICE® 4.0 SPL.2 BP8 auf. Jedoch ist in A-SPICE® 4.0 SPL.2 BP8 keine Empfangsbestätigung erforderlich.

Hinweise/Interpretation:
Gemäß A-SPICE® 4.0 SPL.2 BP8 scheint es nun ausreichend zu sein, das Release lediglich zu versenden, ohne eine Bestätigung zu erhalten, dass es tatsächlich beim Empfänger angekommen ist. Doch während der Zustellung können Pakete verloren gehen oder E-Mails aus verschiedensten Gründen nicht zugestellt werden. Daher hätte ich die positive Empfangsbestätigung gerne beibehalten.

5.13.2.14 Grafische Zusammenfassung der SPL.2 Basispraxisänderungen

(Siehe Abb. 5.14).

Tab. 5.117 SPL.2 BP13 Vergleich

A-SPICE® 3.1	A-SPICE® 4.0
Liefere das Release an den vorgesehenen Kunden aus a) Das Produkt wird and den vorgesehenen Kunden ausgeliefert und b) der Erhalt wird bestätigt[15] *Anmerkung 9: Eine Empfangsbestätigung kann von Hand, elektronisch, per Post, telefonisch, oder mittels eines Logistikdienstleisters erfolgen* *Anmerkung 10: Diese Praktiken werden typischerweise durch den Prozess SUP.8 Configuration Management (Konfigurationsmanagement) unterstützt* (Müller et al. 2016, S. 35)	**N/A** Es existiert keine BP13 in A-SPICE® 4.0 SPL.2

[15] Der Erhalt wird natürlich vom Kunden bestätigt.

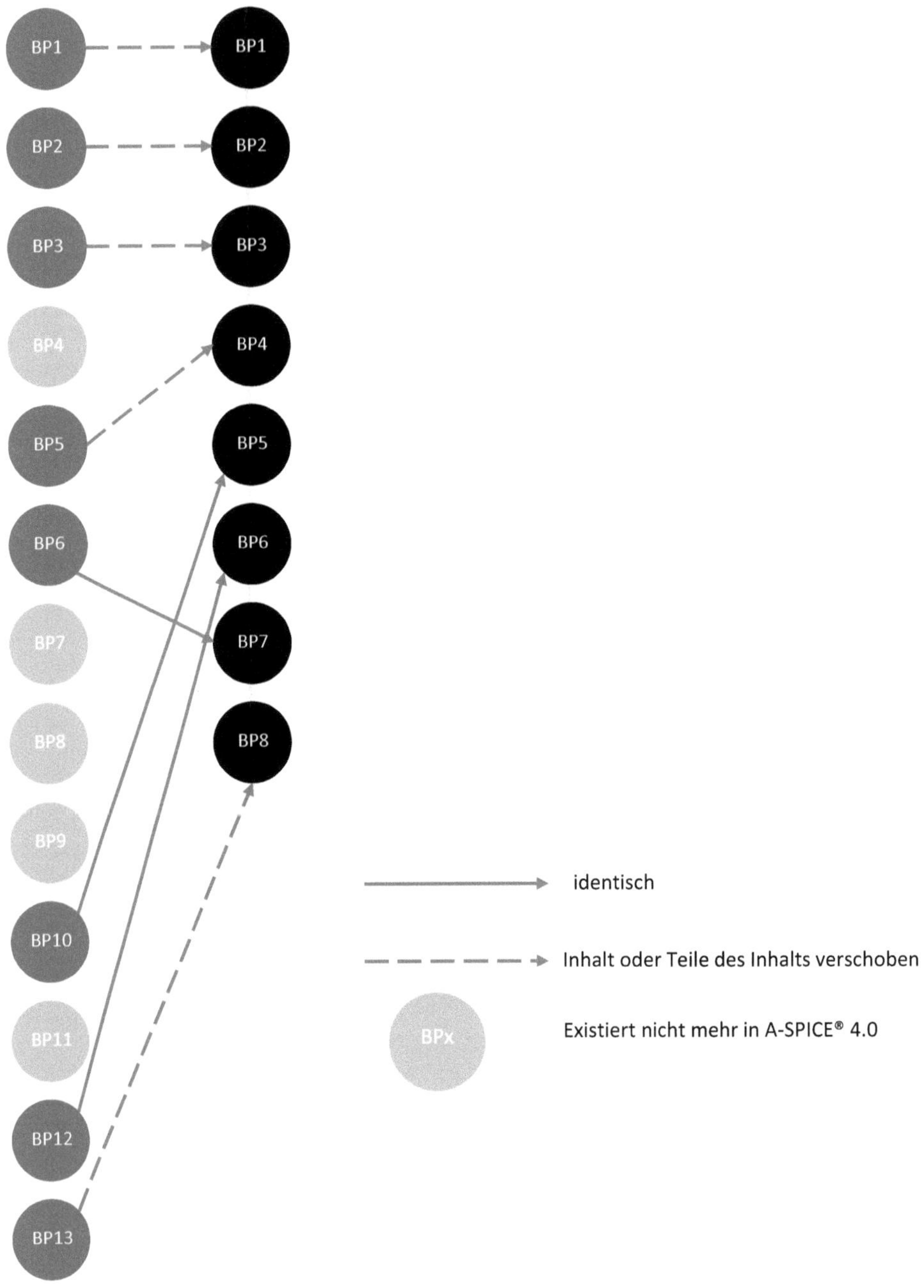

Abb. 5.14 Grafische Zusammenfassung der SPL.2 Basispraxisänderungen

Literatur

GfSE (2016) INCOSE Systems Engineering Handbuch: Ein Leitfaden für Systemlebenszyklus-Prozesse und -Aktivitäten. Titel des englischen Originals: INCOSE Systems Engineering Handbook: A Guide for System Life Cycle Processes and Activities (4. Aufl). DD Walden, GJ Roedler, KJ Forsberg, RD Hamelin and TM Shortell (Hrsg.). San Diego, CA: International Council on Systems Engineering. Erschienen im GfSE Verlag. ISBN: 978-3-9818805-0-2

INCOSE (2023) Walden D (Hrsg) INCOSE Systems Engineering Handbook, A Guide To System Life Cycle Processes And Activities, Fifth Edition. Wiley. ISBN 978-1-11-981429-0

Metzner A (2020) Software Engineering Kompakt. Hanser Verlag München. ISBN: 978-3-446-45949-6

Müller M, Dr Hörmann K, Dittmann L, Zimmer J (2016) Automotive SPICE® in der Praxis, Interpretationshilfe für Anwender und Assessoren, 2. Aktualisierte und erweiterte Auflage. dPunkt. Verlag. ISBN 978-3-8649-326-7

Klabnik S, Nichols C (2024) Dr. Reiter H (Hrsg) Die Programmiersprache RUST, 2 Auflage. ISBN 978-3-98871-003-1

SEBoK Editorial Board (2024) Guide to the Systems Engineering Body of Knowledge (SeBoK): v2.10. The Trustees of the Stevens Institute of Technology

VDA QMC Working Group 13 (2017) Automotive SIG. Automotive SPICE® Process Assessment/Reference Model, Version 3.1

VDA Working Group 13 (2023) Automotive SPICE® Process Assessment/Reference Model, Version 4.0. https://vda-qmc.de/wp-content/uploads/2023/12/Automotive-SPICE-PAM-v40.pdf

Wikimedia Foundation Inc (2024) San Francisco https://de.wikipedia.org/wiki/Problemdom%C3%A4ne. Zugegriffen: 15. Juni 2025

6 Vergleich der unterstützenden Lebenszyklusprozesse zwischen A-SPICE® 3.1 und A-SPICE® 4.0

Zu den unterstützenden Lebenszyklusprozessen gehören die folgenden:

- SUP.1 Quality Assurance (Qualitätssicherung)
- SUP.8 Configuration Management (Konfigurationsmanagement)
- SUP. 9 Problem Resolution Management (Problemmanagement)
- SUP.10 Change Request Management (Änderungsmanagement)
- SUP.11 Machine Learning Data Management (Datenmanagement für das maschinelle Lernen)

Die folgenden Kapitel befassen sich mit diesen Prozessen in beiden A-SPICE®-Versionen – mit Ausnahme von SUP.11. In A-SPICE® 3.1 gab es noch keinen Prozess, der das Datenmanagement für maschinelles Lernen abdeckte.

6.1 SUP.1 Quality Assurance (Qualitätssicherung)

In diesem Abschnitt werden die Unterschiede und Gemeinsamkeiten der Qualitätsmanagementprozesse in beiden Versionen des Standards erläutert.

S. Gülbas, *Automotive SPICE® 3.1 und Automotive SPICE® 4.0*,
https://doi.org/10.1007/978-3-662-72591-7_6

6.1.1 Vergleich der Prozessreferenzmodell-Elemente

(siehe Tab. 6.1).

Unterschiede
Prozessname:
Kein Unterschied.

Tab. 6.1 Vergleich der SUP.1 PRM-Elemente

Element	A-SPICE® 3.1	A-SPICE® 4.0
Prozess-ID	SUP.1	SUP.1
Prozessname	Quality Assurance (Qualitätssicherung)	Quality Assurance (Qualitätssicherung)
Prozesszweck	Der Zweck besteht darin, von einer unabhängigen Seite sicherzustellen, dass Arbeitsergebnisse und Prozesse den vorgegebenen Festlegungen und Plänen entsprechen und Nichtübereinstimmungen behoben sowie künftig verhindert werden	Der Zweck besteht darin, von unabhängiger Seite sicherzustellen, dass Arbeitsergebnisse und Prozesse definierten Kriterien entsprechen und Nichtübereinstimmungen behoben und zukünftig verhindert werden
Prozess-Ergebnisse	1) Eine Strategie für die Durchführung der Qualitätssicherung ist entwickelt, umgesetzt und wird aktualisiert und 2) die Qualitätssicherung wird unabhängig und objektiv durchgeführt, ohne Interessenkonflikte, 3) Nichtübereinstimmungen der Arbeitsergebnisse, Prozesse und Prozessaktivitäten mit den zutreffenden Anforderungen werden erkannt, aufgezeichnet, an die relevanten Parteien kommuniziert, nachverfolgt, behoben und zukünftig verhindert, 4) die Übereinstimmung von Arbeitsergebnissen, Prozessen und Prozessaktivitäten mit den zutreffenden Anforderungen wird verifiziert, dokumentiert und an die den relevanten Parteien kommuniziert, 5) die Befugnis zur Eskalation von Nichtübereinstimmungen auf geeignete Managementebenen ist eingerichtet, und 6) das Management stellt sicher, dass eskalierte Nichtübereinstimmungen behoben werden	1) Die Qualitätssicherung wird unabhängig und objektiv durchgeführt, ohne Interessenkonflikte 2) Kriterien für die Qualität der Arbeitsergebnisse und der Prozessleistung sind definiert, 3) die Übereinstimmung von Arbeitsergebnissen und der Prozessleistung mit den definierten Kriterien und Zielen ist verifiziert, aufgezeichnet und an die relevanten Parteien kommuniziert, 4) Nicht-Übereinstimmungen werden nachverfolgt, behoben und zukünftig verhindert 5) Nicht-Übereinstimmungen werden auf angemessene Managementebenen eskaliert, 6) das Management stellt sicher, dass eskalierte Nichtübereinstimmungen behoben werden

Prozesszweck:
Die Begrifflichkeit „vorgegebene Festlegungen und Pläne" wurde in A-SPICE® 4.0 SUP.1 in „definierte Kriterien" geändert.
Prozessergebnisse:
In A-SPICE® 3.1 SUP.1 war die Strategie für die Qualitätssicherung noch ein zentrales Prozessergebnis. In A-SPICE® 4.0 SUP.1 hingegen wurde diese Strategie nicht übernommen, da für das Erreichen von Level 1 keine explizite Strategie mehr erforderlich ist. Das zweite Prozessergebnis aus A-SPICE® 3.1 – eine unabhängige und objektive Qualitätssicherung ohne Interessenkonflikte – bleibt unverändert und entspricht dem ersten SUP.1-Prozessergebnis in A-SPICE® 4.0.

Das dritte Prozessergebnis in A-SPICE® 3.1 SUP.1, das sich mit der Handhabung von Nichtübereinstimmungen mit den zutreffenden Anforderungen befasst, weist Parallelen zum vierten SUP.1-Prozessergebnis in A-SPICE® 4.0 auf. Allerdings entfällt dort die explizite Anforderung zur Kommunikation an die relevanten Parteien, und auch das Wort „Erkennen" wurde aus der Formulierung gestrichen. Ähnlich verhält es sich mit dem vierten Prozessergebnis aus A-SPICE® 3.1 SUP.1, das sich auf die Übereinstimmung mit den zutreffenden Anforderungen konzentriert. Dieses Prozessergebnis findet sich in leicht angepasster Form im dritten SUP.1-Prozessergebnis von A-SPICE® 4.0 wieder, wobei nun definierte Kriterien statt vorgegebener Festlegungen und Pläne als Bezugspunkt dienen. Zudem spricht A-SPICE® 4.0 nicht mehr von Prozessen und Prozessaktivitäten, sondern von der Prozessleistung.

Die Befugnis zur Eskalation, die in A-SPICE® 3.1 SUP.1 „lediglich" eingerichtet wurde, erfährt in A-SPICE® 4.0 eine bedeutende Weiterentwicklung. Während in A-SPICE® 3.1 die Eskalation als Option gesehen wurde, fordert A-SPICE® 4.0 SUP.1 die Eskalation auf angemessene Managementebenen in seinem Prozessergebnis explizit ein. Auf den ersten Blick erweckt die Formulierung diesen Eindruck, doch erst bei näherer Betrachtung der Basispraktiken wird klar, dass es sich auch in A-SPICE® 4.0 um die Möglichkeit handelt, eine Eskalation einzuleiten. Eine stringentere Konsistenz der Formulierung des Prozessergebnisses mit der Beschreibung der Basispraxis wäre wünschenswert gewesen.

Unverändert bleibt hingegen das sechste Prozessergebnis, das sicherstellt, dass eskalierte Nichtübereinstimmungen durch das Management behoben werden. Neu hinzugekommen ist in A-SPICE® 4.0 SUP.1 sein zweites Prozessergebnis: die Definition von Kriterien für die Qualität der Arbeitsergebnisse und der Prozessleistung.

Hinweise/Interpretation
Prozessname:
N/A.
Prozesszweck:
N/A.
Prozessergebnisse:
Das vierte Prozessergebnis von A-SPICE® 4.0 SUP.1 könnte weiterhin die Identifizierung, Dokumentation und Kommunikation von Nichtübereinstimmungen implizieren. Schließlich setzt eine lückenlose Nachverfolgung voraus, dass eine Nicht-

übereinstimmung zunächst erkannt und festgehalten wird. Ebenso ist eine gezielte Kommunikation erforderlich, um den Fortschritt bei der Lösung transparent nachvollziehen zu können.

6.1.2 Vergleich der Basispraktiken

Die folgenden Unterkapitel beleuchten die wesentlichen Basispraxisänderungen sowie die Gemeinsamkeiten der SUP.1-Prozesse – sowohl in der früheren als auch in der neuesten A-SPICE®-Version.

6.1.2.1 BP1: Entwickle eine Qualitätssicherungsstrategie im Projekt/ Stelle die Unabhängigkeit der Qualitätssicherung sicher

(siehe Tab. 6.2).

Unterschiede

In A-SPICE® 4.0 SUP.1 BP1 werden die Qualität von Arbeitsergebnissen und Prozessen nicht mehr getrennt betrachtet. Stattdessen wird lediglich gefordert, dass Qualitätssicherungsmaßnahmen sowohl unabhängig als auch objektiv durchgeführt werden müssen. Auch das Aufstellen einer Strategie ist in A-SPICE® 4.0 SUP.1 nicht mehr erforderlich.

Hinweise/Interpretation

Der Inhalt bleibt im Wesentlichen gleich. Warum A-SPICE® 4.0 SUP.1 BP1 die Qualität von Arbeitsergebnissen und Prozessen nicht mehr separat aufführt, lässt sich schwer erklären. Möglicherweise wird beides ohnehin als Bestandteil der Qualität betrachtet oder es erschien überflüssig, da es bereits im Prozesszweck erwähnt wird. Zudem wird in den nachfolgenden BPs die Qualität von Arbeitsergebnissen und Prozessen jeweils gesondert aufgeführt, wodurch eindeutig erkennbar ist, dass beide Aspekte gemeint sind.

6.1.2.2 BP2: Stelle die Qualität der Arbeitsergebnisse sicher/Definiere die Kriterien für die Qualitätssicherung

(siehe Tab. 6.3).

Unterschiede

A-SPICE® 3.1 SUP.1 BP2 weist inhaltliche Parallelen zu A-SPICE® 4.0 SUP.1 BP3 auf.

Im Vergleich zu A-SPICE 3.1® SUP.1 stellt A-SPICE® 4.0 SUP.1 BP2 eine neue Basispraxis für diesen Prozess dar. Da eine Strategie nicht mehr vorgesehen ist, müssen zunächst Kriterien für die Arbeitsergebnisse und Prozesse festgelegt werden. Dies ermöglicht es, Qualitätssicherungsmaßnahmen anhand dieser Kriterien durchzuführen, die Arbeitsergebnisse und Prozesse zu bewerten und fundierte Schlussfolgerungen zu ziehen.

Tab. 6.2 SUP.1 BP1 Vergleich

A-SPICE® 3.1	A-SPICE® 4.0
Entwickle eine Qualitätssicherungsstrategie im Projekt Entwickle eine Strategie, um sicherzustellen, dass ohne Interessenkonflikte a) die Qualitätssicherung der Arbeitsergebnisse auf Projektebene • unabhängig und • objektiv durchgeführt wird b) die Qualitätssicherung der Prozesse auf Projektebene • unabhängig und • objektiv durchgeführt wird *Anmerkung 1: Aspekte der Unabhängigkeit können finanzieller und/oder organisatorischer Natur sein* *Anmerkung 2: Qualitätssicherung kann mit anderen Prozessen wie Verifikation, Validierung, gemeinsame Reviews, Audit und Problemmanagement abgestimmt werden und deren Ergebnisse verwenden* *Anmerkung 3: Die Qualitätssicherung der Prozesse kann Assessments und Audits, Problemanalysen, die regelmäßige Überprüfung von Methoden, Werkzeugen und Dokumenten sowie die Einhaltung definierter Prozesse umfassen. Zudem können Berichte und „Lessons Learned" dazugehören, die zur Verbesserung der Prozesse für zukünftige Projekte beitragen* *Anmerkung 4: Die Qualitätssicherung der Arbeitsergebnisse kann Reviews, Problemanalysen, Berichte und "Lessons Learned" zur Verbesserung der Arbeitsprodukte für die weitere Verwendung umfassen* (in Anlehnung an Müller et al. 2016, S. 129)	**Stelle die Unabhängigkeit der Qualitätssicherung sicher** Stelle sicher, dass die Qualitätssicherung ohne Interessenkonflikte a) unabhängig und b) objektiv durchgeführt wird *Anmerkung 1: „Mögliche Faktoren zur Bewertung der Unabhängigkeit können die Zuordnung zur finanziellen und/oder organisatorischen Struktur sowie die Verantwortung für Prozesse umfassen, die der Qualitätssicherung unterliegen (keine Selbstkontrolle)."*

Hinweise/Interpretation

N/A.

6.1.2.3 BP3: Stelle die Qualität der Prozessaktivitäten sicher/Stelle die Qualität der Arbeitsergebnisse sicher

(siehe Tab. 6.4).

Unterschiede

A-SPICE® 3.1 SUP.1 BP3 weist Gemeinsamkeiten mit A-SPICE® 4.0 SUP.1 BP4 auf, ebenso wie A-SPICE® 4.0 SUP.1 BP3 Parallelen zu A-SPICE® 3.1 SUP.1 BP2. Der wesentliche Unterschied zwischen A-SPICE® 4.0 SUP.1 BP3 und A-SPICE® 3.1 SUP.1

Tab. 6.3 SUP.1 BP2 Vergleich

A-SPICE® 3.1	A-SPICE® 4.0
Stelle die Qualität der Arbeitsergebnisse sicher a) Führe die Aktivitäten gemäß der Qualitätssicherungsstrategie und dem Projektzeitplan aus, um sicherzustellen, dass die Arbeitsergebnisse die an sie gestellten Anforderungen erfüllen, und b) dokumentiere die Ergebnisse *Anmerkung 5: Relevante Anforderungen an Arbeitsergebnisse können Anforderungen aus geltenden Normen umfassen* *Anmerkung 6: Abweichungen, die an Arbeitsergebnissen festgestellt wurden, können in den Problemmanagementprozess (SUP.9) aufgenommen werden, um das Problem zu dokumentieren, analysieren, zu lösen, bis zum Abschluss nachzuverfolgen und die Probleme zukünftig zu vermeiden* (Müller et al. 2016, S. 131)	**Definiere die Kriterien für die Qualitätssicherung** a) Definiere die Qualitätskriterien für Arbeitsergebnisse, b) Definiere Qualitätskriterien für Prozessaufgaben und deren Durchführung *Anmerkung 2: Qualitätskriterien können interne und externe Eingangsgrößen wie Kundenanforderungen, Normen, Meilensteine, etc. berücksichtigen*

Tab. 6.4 SUP.1 BP3 Vergleich

A-SPICE® 3.1	A-SPICE® 4.0
Stelle die Qualität der Prozessaktivitäten sicher a) Führe die Aktivitäten gemäß der Qualitätssicherungsstrategie und dem Projektzeitplan durch, um sicherzustellen, dass die Prozesse ihre definierten Ziele erfüllen und b) dokumentiere die Ergebnisse *Anmerkung 7: Relevante Prozessziele können Ziele aus geltenden Normen umfassen* *Anmerkung 8: Probleme, die in der Prozessdefinition oder Prozessimplementierung festgestellt werden, können in den Prozessverbesserungsprozess (PIM.3) aufgenommen werden, um diese zu beschreiben, aufzuzeichnen, zu analysieren, zu lösen, bis zum Abschluss nachzuverfolgen und zukünftig zu vermeiden* (Müller et al. 2016, S. 132)	**Stelle die Qualität der Arbeitsergebnisse sicher** a) Bestimme die Arbeitsergebnisse, die gemäß den Qualitätskriterien der Qualitätssicherung unterliegen b) Führe angemessene Aktivitäten durch, um die Arbeitsergebnisse im Hinblick auf die definierten Qualitätskriterien zu bewerten und c) dokumentiere die Ergebnisse *Anmerkung 3: Aktivitäten der Qualitätssicherung können Reviews, Problemanalysen und „Lessons Learned“ zur Verbesserung der Arbeitsprodukte für die weitere Verwendung umfassen*

BP2 liegt darin, dass zunächst festgelegt wird, welche Arbeitsergebnisse einer Qualitätssicherung unterzogen werden sollen. Das Konfigurationsmanagement kann diesen Schritt maßgeblich unterstützen.

Hinweise/Interpretation

In A-SPICE® 4.0 SUP.1 BP3 a) könnte eine Verbindung zu SUP.8 Konfigurationsmanagement bestehen, da dieses festlegt, welche Dokumente oder Arbeitsergebnisse einer Kontrolle unterliegen. Während A-SPICE® 4.0 einerseits von Informationsobjekten als Ergebnis („output information items“) spricht, wird andererseits weiterhin mit Arbeitsergebnissen („work products“) gearbeitet. Diese Uneinheitlichkeit wirkt widersprüchlich im Kontext der neuen Terminologie von A-SPICE® 4.0, insbesondere da die PAM-Elemente keine Arbeitsergebnisse mehr explizit erwähnen.

6.1.2.4 BP4: Fasse die Qualitätssicherungsaktivitäten und ihre Ergebnisse zusammen und kommuniziere sie/Stelle die Qualität der Prozessaktivitäten sicher

(siehe Tab. 6.5).

Unterschiede

A-SPICE® 3.1 SUP.1 BP4 weist Parallelen zu A-SPICE® 4.0 SUP.1 BP5 auf, ebenso wie A-SPICE® 4.0 SUP.1 BP4 Ähnlichkeiten mit A-SPICE® 3.1 SUP.1 BP3 zeigt. Der entscheidende Unterschied zwischen A-SPICE® 4.0 SUP.1 BP4 und A-SPICE® 3.1 SUP.1 BP3 liegt darin, dass zunächst definiert wird, welche Prozesse einer Qualitätssicherung unterzogen werden sollen.

Hinweise/Interpretation

N/A.

6.1.2.5 BP5: Stelle die Behebung von Abweichungen sicher/Fasse die Qualitätssicherungsaktivitäten und ihre Ergebnisse zusammen und kommuniziere sie

(siehe Tab. 6.6).

Tab. 6.5 SUP.1 BP4 Vergleich

A-SPICE® 3.1	A-SPICE® 4.0
Fasse die Qualitätssicherungsaktivitäten und ihre Ergebnisse zusammen und kommuniziere sie Berichte regelmäßig über a) die Durchführung, b) die Abweichungen, und c) den Trends der Qualitätssicherungsaktivitäten an die relevanten Parteien zwecks Information oder Aktion gemäß der Qualitätssicherungsstrategie (in Anlehnung an Müller et al. 2016, S. 133)	**Stelle die Qualität der Prozessaktivitäten sicher** a) Bestimme die Prozesse, die gemäß den Qualitätskriterien der Qualitätssicherung unterliegen b) Führe angemessene Aktivitäten durch, um die Prozesse im Hinblick auf ihre definierten Qualitätskriterien und zugehörigen Zielwerte zu beurteilen und c) dokumentiere die Ergebnisse *Anmerkung 4: Qualitätssicherungsaktivitäten können Prozess-Assessments, Problemanalysen, regelmäßige Überprüfung der Methoden, Werkzeuge und die Einhaltung definierter Prozesse sowie die Berücksichtigung von "Lessons Learned" umfassen*

Tab. 6.6 SUP.1 BP5 Vergleich

A-SPICE® 3.1	A-SPICE® 4.0
Stelle die Behebung von Abweichungen sicher Abweichungen oder Nicht-Übereinstimmungen, die in Qualitätssicherungsaktivitäten für den Prozess oder das Produkt festgestellt wurden, sollten a) analysiert, b) nachverfolgt, c) korrigiert, und d) künftig vermieden werden	**Qualitätssicherungsaktivitäten und ihre Ergebnisse zusammen und kommuniziere sie** Berichte regelmäßig über die a) Durchführung, b) Nicht-Übereinstimmungen, und c) den Trends der Qualitätssicherungsaktivitäten an alle betroffenen Parteien
(in Anlehnung an Müller et al. 2016, S. 135)	

Unterschiede

A-SPICE® 3.1 SUP.1 BP5 weist Parallelen zu A-SPICE® 4.0 SUP.1 BP6 auf, ebenso wie A-SPICE® 4.0 SUP.1 BP5 Gemeinsamkeiten mit A-SPICE® 3.1 SUP.1 BP4 zeigt. In A-SPICE® 4.0 SUP.1 BP5 wurde der Begriff „Abweichungen" aus A-SPICE® 3.1 SUP.1 BP4 durch „Nicht-Übereinstimmungen" ersetzt.

Hinweise/Interpretation

Es kann Abweichungen innerhalb der Toleranzgrenzen geben oder akzeptable Abweichungen, die folglich keine Nicht-Übereinstimmung darstellen. A-SPICE® 3.1 SUP.1 BP4 erforderte möglicherweise die Meldung solcher Fälle. A-SPICE® 4.0 SUP.1 BP5 hingegen verwendet eine striktere Formulierung.

6.1.2.6 BP6: Setze einen Eskalationsmechanismus um/Stelle die Behebung von Nicht-Übereinstimmungen sicher

(siehe Tab. 6.7).

Unterschiede

A-SPICE® 3.1 SUP.1 BP6 und A-SPICE® 4.0 SUP.1 BP7 weisen deutliche Parallelen auf, ebenso wie A-SPICE® 4.0 SUP.1 BP6 Gemeinsamkeiten mit A-SPICE® 3.1 SUP.1 BP5 zeigt. Ein markanter Unterschied ist die Ergänzung von Punkt d) „Beheben" in A-SPICE® 4.0 SUP.1 BP6, die in A-SPICE® 3.1 SUP.1 BP6 noch nicht enthalten war.

Hinweise/Interpretation

A-SPICE® 4.0 SUP.1 BP6 schafft direkte Verbindungen zu den Prozessen SUP.9 Problemlösungsmanagement und PIM.3 Prozessverbesserung. Die Ergänzung von „Beheben" zu „Korrigieren" könnte den Unterschied zwischen einer sofortigen Korrekturmaßnahme und einer nachhaltigen Lösung verdeutlichen, wie sie im 8D-Prozess beschrieben wird. Die nachhaltige Korrekturmaßnahme unterstützt zudem die weitergehende Vermeidung von Nicht-Übereinstimmungen.

Tab. 6.7 SUP.1 BP6 Vergleich

A-SPICE® 3.1	A-SPICE® 4.0
Setze einen Eskalationsmechanismus um a) Etabliere und b) erhalte einen Eskalationsmechanismus aufrecht, der gemäß der Qualitätssicherungsstrategie sicherstellt, dass die Qualitätssicherung Probleme auf geeignete Managementebenen und an andere relevante Stakeholder eskalieren kann, um deren Lösung zu ermöglichen (in Anlehnung an Müller et al. 2016, S. 135)	**Stelle die Behebung von Nicht-Übereinstimmungen sicher** a) Analysiere, b) nachverfolge, c) korrigiere, d) behebe, und e) vermeide weitere Nicht-Übereinstimmungen, die in Qualitätssicherungsaktivitäten festgestellt wurden *Anmerkung 5: Abweichungen, die an Arbeitsergebnissen festgestellt wurden, können in den Problemmanagementprozess (SUP.9) aufgenommen werden* *Anmerkung 6: Nicht-Übereinstimmungen, die in der Prozessdefinition oder Prozessimplementierung festgestellt werden, können in den Prozessverbesserungsprozess (PIM.3) aufgenommen werden*

6.1.2.7 BP7: Es existiert keine BP7 in A-SPICE® 3.1 SUP.1/Eskaliere Nicht-Übereinstimmungen

(siehe Tab. 6.8).

Unterschiede

A-SPICE® 4.0 SUP.1 BP7 hat inhaltliche Ähnlichkeiten mit A-SPICE® 3.1 SUP.1 BP6. In A-SPICE® 4.0 SUP.1 BP7 ist die Einrichtung eines Eskalationsmechanismus nicht mehr erforderlich. Eine erste Eskalation an das Projektmanagement mit anschließender Weiterleitung an höhere Führungsebenen entfällt. Entscheidend ist lediglich, dass die Eskalation erfolgt.

Hinweise/Interpretation

Übrigens, aus eigener Erfahrung (mit einem Augenzwinkern):

Tab. 6.8 SUP.1 BP7 Vergleich

A-SPICE® 3.1	A-SPICE® 4.0
N/A There is no BP7 in A-SPICE® 3.1 BP7	**Eskaliere Nicht-Übereinstimmungen** a) Eskaliere relevante Nicht-Übereinstimmungen an angemessene Managementebenen und andere Stakeholder um deren Behebung zu ermöglichen *Anmerkung 7: Die Entscheidung, ob Nicht-Übereinstimmungen eskaliert werden, kann auf Kriterien wie Verzug der Behebung, Dringlichkeit und Risiko basieren*

Es ist selten, dass eine Eskalation an das Management tatsächlich zur Lösung eines Problems führt. Dass ein Manager ein technisches Problem eines Produkts behebt, ist eine Ausnahme – in der Regel übernehmen das die Ingenieure auf Arbeitsebene. Eine Eskalation bewirkt vor allem eines: Sie erhöht den Druck. Falls man Glück hat, werden zusätzliche Ressourcen bereitgestellt. Ein weiterer Nebeneffekt der Eskalation an das Management ist die Verdopplung des Berichtsaufwands. Da das Management weder die Zeit und vermutlich auch nicht die Geduld hat lange Statusberichte zu lesen, folgt fast zwangsläufig die Aufforderung zu einer kompakten Zusammenfassung – idealerweise auf einer einzelnen Seite oder Folie. Besonders sarkastische Stimmen behaupten gar, das Management schaffe Probleme, die ohne dessen Zutun nie entstanden wären.

6.1.2.8 Grafische Zusammenfassung der SUP.1 Basispraxisänderungen

(siehe Abb. 6.1).

6.2 SUP.8 Configuration Management (Konfigurationsmanagement)

Dieser Part befasst sich mit den Gemeinsamkeiten und Unterschieden der Konfigurationsmanagement-Prozesse.

6.2.1 Vergleich der Prozessreferenzmodell-Elemente

(siehe Tab. 6.9).

Unterschiede

Prozessname:

Kein Unterschied.

Prozesszweck:

In A-SPICE® 4.0 SUP.8 werden Baselines nun explizit im Prozesszweck erwähnt. Zudem ersetzt ‚Konfigurationselemente‘ die bisherige Bezeichnung ‚Arbeitsergebnisse‘ im Prozesszweck.

Prozessergebnisse:

Mit A-SPICE® 4.0 SUP.8 entfällt die Notwendigkeit einer Konfigurationsmanagementstrategie für das Erreichen von Level 1. Die Auswahlkriterien für Konfigurationselemente, die zuvor integraler Bestandteil der Strategie in A-SPICE® 3.1 SUP.8 waren, sind nun explizit im ersten Prozessergebnis verankert.

Während A-SPICE® 3.1 SUP.8 im zweiten Prozessergebnis das Baselining einzelner Arbeitsergebnisse forderte, legt A-SPICE® 4.0 SUP.8 stattdessen die Eigenschaften der Konfigurationselemente fest – zum Beispiel Autor, Ablageort, zugehöriger Prozess,

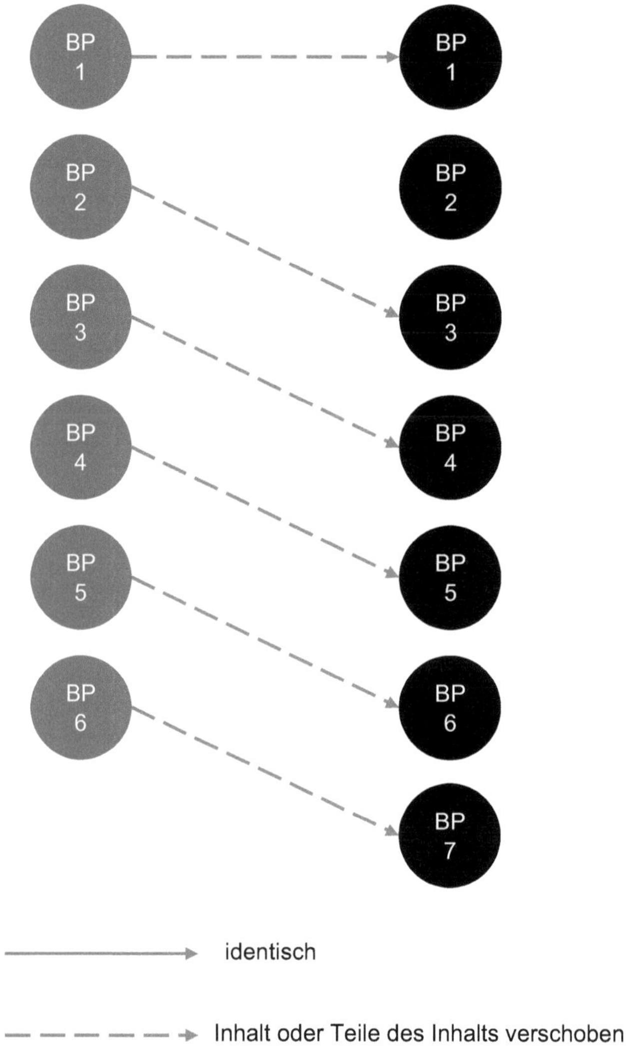

Abb. 6.1 Grafische Zusammenfassung der SUP.1 Basispraxisänderungen

Dokumentenklassifizierung und Zugriffsrechte. Die explizite Anforderung des Baselining findet sich nun erst im fünften Prozessergebnis in A-SPICE® 4.0 SUP.8.

Eine bemerkenswerte Neuerung ist das dritte Prozessergebnis von A-SPICE® 4.0 SUP.8, das die Einrichtung des Konfigurationsmanagements umfasst. Demgegenüber zeigt das dritte Prozessergebnis aus A-SPICE® 3.1 SUP.8 – die Steuerung von Änderungen und Releases – inhaltliche Parallelen zum vierten Prozessergebnis von A-SPICE® 4.0 SUP.8, wenngleich in der aktuellen Version keine explizite Erwähnung von Releases mehr erfolgt.

Tab. 6.9 Vergleich der SUP.8 PRM-Elemente

Element	A-SPICE® 3.1	A-SPICE® 4.0
Prozess-ID	SUP.8	SUP.8
Prozessname	Configuration management (Konfigurationsmanagement)	Configuration management (Konfigurationsmanagement)
Prozesszweck	Der Zweck besteht darin, die Integrität aller Arbeitsergebnisse eines Prozesses oder eines Projektes herzustellen und aufrecht zu erhalten sowie diese den betroffenen Parteien zur Verfügung zu stellen	Der Zweck besteht darin, die Integrität relevanter Konfigurationselemente und Baselines herzustellen und aufrecht zu erhalten und diese den betroffenen Parteien zur Verfügung zu stellen
Prozessergebnisse	1) Eine Konfigurationsmanagementstrategie ist entwickelt, 2) alle Konfigurationselemente, die durch einen Prozess oder ein Projekt erzeugt werden, sind gemäß der Konfigurationsmanagementstrategie identifiziert, definiert und unterliegen dem Baseline-Prozess, 3) Änderungen und Releases der Konfigurationselemente sind gesteuert, 4) Änderungen und Releases sind den betroffenen Parteien zur Verfügung gestellt, 5) der Status der Konfigurationselemente und deren Änderungen[1] sind dokumentiert und berichtet; 6) die Vollständigkeit und die Konsistenz der Baselines sind sichergestellt, und 7) die Ablage der Konfigurationselemente ist gesteuert	1) Auswahlkriterien für Konfigurationselemente sind definiert und angewendet, 2) Eigenschaften der Konfigurationselemente sind festgelegt, 3) das Konfigurationsmanagement ist eingerichtet, 4) Änderungen sind gesteuert, 5) das Baselining ist angewendet, 6) der Status der Konfigurationselemente ist dokumentiert und berichtet, 7) die Vollständigkeit und die Konsistenz der Baselines sind sichergestellt, und 8) die Verfügbarkeit von Datensicherungs- und Wiederherstellungsverfahren ist verifiziert

Das vierte Prozessergebnis aus A-SPICE® 3.1 SUP.8 wurde in der neuen Version nicht übernommen, während das fünfte Prozessergebnis aus A-SPICE® 3.1 SUP.8 konzeptionell Ähnlichkeiten mit dem sechsten Prozessergebnis aus A-SPICE® 4.0 SUP.8 aufweist – allerdings ohne die frühere Erwähnung von Änderungen.

[1] Im englischen Original ist von „modifications" die Rede. Es besteht ein kleiner aber feiner Unterschied zwischen einer „modification" und einem „change". Leider kann man das ins Deutsche kaum adäquat übersetzen.

Die Vollständigkeits- und Konsistenzprüfung der Baselines bleibt unverändert: In A-SPICE® 3.1 SUP.8 als sechstes Prozessergebnis und in A-SPICE® 4.0 SUP.8 als siebtes Prozessergebnis.

Eine bedeutende Änderung betrifft das siebte Prozessergebnis von A-SPICE® 3.1 SUP.8, das sich mit der Steuerung der Ablage von Konfigurationselementen befasste, aber in A-SPICE® 4.0 keine Entsprechung mehr findet. Stattdessen ergänzt ein neues achtes Prozessergebnis die überarbeitete Version und fordert die Überprüfung der Verfügbarkeit von Datensicherungs- und Wiederherstellungsmechanismen.

Hinweise/Interpretation
Prozessname:
N/A.
Prozesszweck:
N/A.
Prozessergebnisse:
Die Einrichtung des Konfigurationsmanagements stellt ein sehr vages Prozessergebnis dar. Laut der Basispraxis A-SPICE® 4.0 SUP.8 BP3 bezieht es sich auf die Infrastruktur zur Steuerung der Konfigurationselemente. In A-SPICE® 3.1 SUP.8 war die Formulierung ‚Einrichtung eines Konfigurationsmanagementsystems' hingegen deutlich verständlicher.

6.2.2 Vergleich der Basispraktiken

Die nächsten Abschnitte werden die Unterschiede und Ähnlichkeiten der Basispraktiken der Konfigurationsmanagementprozesse untersuchen.

6.2.2.1 BP1: Entwickle eine Konfigurationsmanagementstrategie/ Bestimme Konfigurationselemente

(siehe Tab. 6.10).

Unterschiede
Nach der neuesten Version des Standards ist eine Strategie für das Erreichen von A-SPICE® Level 1 nicht mehr erforderlich. Allerdings bleibt die Definition von Auswahlkriterien zur Identifikation von Arbeitsergebnissen, die zuvor Teil der Strategie in A-SPICE® 3.1 SUP.8 BP1 war, weiterhin in A-SPICE® 4.0 SUP.8 BP1 bestehen.

Hinweise/Interpretation
Anstelle einer Konfigurationsmanagementstrategie kann ein Datenmanagement plan oder eine Liste der Konfigurationselemente genügen, um diese Basispraxis in A-SPICE® 4.0 zu erfüllen. Die Auswahlkriterien müssen nun jedoch an anderer Stelle definiert und vermutlich dokumentiert werden, da ein eigenes Strategie-Dokument, das

Tab. 6.10 SUP.8 BP1 Vergleich

A-SPICE® 3.1	A-SPICE® 4.0
Entwickle eine Konfigurationsmanagement-strategie a) Entwickle eine Konfigurationsmanagement-strategie, die folgendes umfasst: • Verantwortlichkeiten, • Werkzeuge und (Datei-)Ablagen, • Kriterien für Konfigurationselemente, • Namenskonventionen, • Zugriffsrechte; • Kriterien für Baselines, • eine Verzweigungsmanagementstrategie; • das Vorgehen zur Dokumentation des Änderungsverlaufs der Konfigurationselemente *Anmerkung 1: Die Konfigurationsmanagement-strategie unterstützt typischerweise die Handhabung von Produkt- und Softwarevarianten, die durch verschiedene Sätze von Kalibrierungsparametern oder durch andere Ursachen entstehen können* *Anmerkung 2: Die Verzweigungsmanagement-strategie definiert die Bedingungen für zulässige Verzweigungen, regelt die Notwendigkeit einer Autorisierung, beschreibt den Prozess der Zusammenführung von Entwicklungszweigen und legt Maßnahmen fest, die gewährleisten, dass alle Änderungen konsistent integriert werden, ohne andere Anpassungen oder die Originalsoftware zu beeinträchtigen* (in Anlehnung an Müller et al. 2016, S. 155)	**Bestimme Konfigurationselemente** a) Definiere Auswahlkriterien zur Identifikation relevanter Arbeitsergebnisse, die dem Konfigurationsmanagements unterliegen b) Bestimme und c) dokumentiere Konfigurationselemente gemäß den definierten Auswahlkriterien *Anmerkung 1: Konfigurationselemente stellen Arbeitsergebnisse oder Gruppen von Arbeitsergebnissen dar, die als eine einzelne Einheit dem Konfigurations-management unterliegen* *Anmerkung 2: Konfigurationselemente können in ihrer Komplexität, Größe und Art variieren – von einem gesamten System mit sämtlicher System-, Hardware- und Softwaredokumentation bis hin zu einem einzelnen Element oder Dokument* *Anmerkung 3: Die Auswahlkriterien können auf einzelne Arbeitsergebnisse oder Gruppen von Arbeitsergebnissen angewendet werden*

diese Informationen früher enthielt, nicht mehr erforderlich ist. Allerdings könnten die Auswahlkriterien in den Datenmanagementplan integriert werden, wodurch sich die Möglichkeit ergäbe, zu überprüfen, ob die ausgewählten Konfigurationselemente den festgelegten Kriterien entsprechen. Die Kriterien für Konfigurationselemente aus Systems Engineering sind beispielsweise:

- definierte Funktionalität,
- eindeutige Spezifikation,
- Lenkung von Form, Passgenauigkeit und Funktion,
- als Einheit austauschbar (z. B. Elektromotor statt Verbrennungsmotor).

6.2.2.2 BP2: Bestimme die Konfigurationselemente/Definiere Eigenschaften der Konfigurationselemente

(siehe Tab. 6.11).

Tab. 6.11 SUP.8 BP2 Vergleich

A-SPICE® 3.1	A-SPICE® 4.0
Bestimme die Konfigurationselemente a) Bestimme und b) dokumentiere Konfigurationselemente gemäß der Konfigurationsmanagementstrategie *Anmerkung 3: Das Konfigurationsmanagement wird typischerweise auf Produkte angewendet, die an den Kunden ausgeliefert werden, auf ausgewählte interne Arbeitsergebnisse, erworbene Produkte, Werkzeuge und andere Konfigurationselemente, die zur Erstellung und Beschreibung dieser Arbeitsergebnisse genutzt werden* (Müller et al. 2016, S. 156)	**Definiere Eigenschaften der Konfigurationselemente** Definiere die notwendigen Eigenschaften a) für die Modifikation und b) für die Lenkung der Konfigurationselemente *Anmerkung 4: Die Eigenschaften von Konfigurationselementen können für ein einzelnes Element oder eine Gruppe von Konfigurationselementen definiert werden* *Anmerkung 5: Eigenschaften von Konfigurationselementen können ein Statusmodell (z. B. in Bearbeitung, getestet, freigegeben, etc.), Ablageorte, Zugriffsrechte und weitere Merkmale umfassen* *Anmerkung 6: Die Anwendung von Eigenschaften kann durch Attribute von Konfigurationselementen umgesetzt werden*

Unterschiede

BP2 von A-SPICE® 3.1 SUP.8 weist inhaltliche Ähnlichkeiten mit BP1 von A-SPICE® 4.0 SUP.8 auf. Zwar enthält A-SPICE® 4.0 SUP.8 BP2 bestimmte Elemente von A-SPICE® 3.1 SUP.8 BP1, doch handelt es sich dennoch um eine eigenständige neue Basispraxis. Eine direkte Vergleichbarkeit mit den anderen BPs von A-SPICE® 3.1 SUP.8 ist daher nicht gegeben.

Hinweise/Interpretation

Die Definition der Eigenschaften der Arbeitsergebnisse in der Liste der Konfigurationselemente oder im Datenmanagementplan (in einer Tabelle würden die Eigenschaften den Spalten entsprechen) könnte ausreichen, um die Basispraxis zu erfüllen.

6.2.2.3 BP3: Richte ein Konfigurationsmanagementsystem ein/Richte Konfigurationsmanagement ein

(siehe Tab. 6.12).

Unterschiede

A-SPICE® 3.1 SUP.8 BP3 entspricht weitgehend A-SPICE® 4.0 SUP.8 BP3. In der neuen Version des Standards wurde A-SPICE® 3.1 SUP.8 BP4 (Verzweigungsmanagement) in SUP.8 BP3 integriert.

Hinweise/Interpretation

Allein anhand der BP bleibt in A-SPICE® 4.0 BP3 unklar, was genau unter Konfigurationsmanagement-Verfahren zu verstehen ist. Bezieht es sich auf Zugriffsrechte,

Tab. 6.12 SUP.8 BP3 Vergleich

A-SPICE® 3.1	A-SPICE® 4.0
Richte ein Konfigurationsmanagement-system ein a) Richte ein Konfigurationsmanagementsystem gemäß der Konfigurationsmanagement-strategie ein (Müller et al. 2016, S. 158)	**Richte Konfigurationsmanagement ein** a) Richte Konfigurationsmanagement-Verfahren zur Lenkung der identifizierten Konfigurationselemente, einschließlich ihrer Eigenschaften, ein, b) einschließlich Verfahren zur Lenkung paralleler Modifikationen von Konfigurations-elementen *Anmerkung 7: Dies kann spezifische Verfahren für verschiedene Arten von Konfigurations-elementen umfassen, wie etwa die Verwaltung von Verzweigungen und Zusammenführungen oder die Checkout-Steuerung*

Check-out, Check-in oder das Need-to-Know-Prinzip? Um die Intention dieser Basispraxis wirklich zu erfassen, ist die Anmerkung 7 unerlässlich.

6.2.2.4 BP4: Richte ein Verzweigungsmanagement ein/Steuere Änderungen

(siehe Tab. 6.13).

Unterschiede

„A-SPICE® 3.1 SUP.8 BP4 ist nun in A-SPICE® 4.0 SUP.8 BP3 integriert. A-SPICE® 4.0 SUP.8 BP4 entspricht weitgehend A-SPICE® 3.1 SUP.8 BP5, doch die Verfahren wurden bereits in A-SPICE® 4.0 SUP.8 BP3 definiert. Daher entfällt in A-SPICE® 4.0 SUP.8 BP4 – im Gegensatz zu A-SPICE® 3.1 SUP.8 BP5 – die explizite Angabe zur Einrichtung der Mechanismen.

Hinweise/Interpretation

Im englischen Originaltext ist in A-SPICE® 4.0 SUP.8 BP4 von „control modifications" die Rede. Leider erklärt A-SPICE® 4.0 nicht klar genug den Unterschied zwischen einer

Tab. 6.13 SUP.8 BP4 Vergleich

A-SPICE® 3.1	A-SPICE® 4.0
Richte ein Verzweigungsmanagement ein a) Richte ein Verzweigungsmanagement gemäß der Konfigurationsmanagementstrategie in Fällen von parallelen Entwicklungen ein, die dieselbe Basis verwenden	**Steuere Änderungen** a) Steuere Änderungen anhand der Konfigurationsmanagement-Verfahren *Anmerkung 8: Dies kann die Anwendung eines definierten Statusmodells für Konfigurations-elemente umfassen*

Modifikation und einer Änderung, die durch SUP.10 Änderungsmanagement verwaltet wird. In beiden A-SPICE®-Versionen gibt es keinen eindeutigen Hinweis oder eine klare Spur darüber, was eine Modifikation von einer Änderung unterscheidet. Daher ist es schwierig zu entscheiden, wann ‚Änderungen steuern' gemäß dem Konfigurationsmanagement angewendet werden soll und wann stattdessen der SUP.10 Change-Management-Prozess genutzt werden muss.

Nach Lea und Bradbey (2020, S. 243, S. 1007), werden die Begriffe ‚modify', ‚modification' und ‚change' wie folgt definiert:

- to modify: Etwas leicht verändern, insbesondere um es für einen bestimmten Zweck geeigneter zu machen oder um es weniger extrem erscheinen zu lassen.
- Modification: Der Vorgang oder Prozess, etwas zu verändern, um es zu verbessern oder akzeptabler zu machen; eine vorgenommene Änderung. Ein Synonym hierfür wäre ‚Anpassung'.
- Change: Die Handlung oder das Ergebnis, dass etwas anders wird; der Prozess, etwas durch etwas Neues oder Anderes zu ersetzen.

Die Definition von ‚modify' liefert vermutlich den besten Hinweis darauf, wie sich eine Modifikation von einer Änderung unterscheiden lässt. Diese Differenzierung könnte genutzt werden, um zu beurteilen, in welchen Fällen A-SPICE® 4.0 SUP.8 BP4 angewendet werden kann und wann stattdessen der SUP.10 Änderungsmanagement-Prozess erforderlich ist.

Auch in der überarbeiteten A-SPICE®-Version findet sich keine klare Unterscheidung zwischen Modifikation und Änderung. So ist es schwierig zu entscheiden, wann ‚Änderungen steuern' gemäß dem Konfigurationsmanagement angewendet werden soll und wann SUP.10 genutzt werden muss.

6.2.2.5 BP5: Steuere Änderungen und Releases/Erzeuge Baselines

(siehe Tab. 6.14).

Tab. 6.14 SUP.8 BP5 Vergleich

A-SPICE® 3.1	A-SPICE® 4.0
Steuere Änderungen und Releases a) Richte Verfahren zur Lenkung der Konfigurationselemente gemäß der Konfigurationsmanagementstrategie ein und b) steuere Änderungen und Releases mithilfe dieser Verfahren (Müller et al. 2016, S. 159)	**Erzeuge Baselines** a) Definiere und, b) erzeuge Baselines für interne Zwecke für alle relevanten Konfigurationselemente c) Definiere und d) erzeuge Baselines aller relevanten Konfigurationselemente für die externe Produktauslieferung

Unterschiede

A-SPICE® 3.1 SUP.8 BP5 ähnelt A-SPICE® 4.0 SUP.8 BP4, allerdings wurden die Verfahren bereits in A-SPICE® 4.0 SUP.8 BP3 definiert. Daher entfällt ihre explizite Festlegung in A-SPICE® 4.0 SUP.8 BP4.

A-SPICE® 4.0 SUP.8 BP5 entspricht weitgehend A-SPICE® 3.1 SUP.8 BP6, wobei nun die Definition der Baselines als Planungsschritt hinzugefügt wurde.

Hinweise/Interpretation

Die Planung von Baselines (Inhalt, Zeitplan) für interne Zwecke und die externe Auslieferung wurde in A-SPICE® 4.0 SUP.8 BP5 im Vergleich zu A-SPICE® 3.1 SUP.8 BP6 hinzugefügt.

6.2.2.6 BP6: Erzeuge Baselines/Fasse den Konfigurationsstatus zusammen und kommuniziere ihn

(siehe Tab. 6.15).

Unterschiede

A-SPICE® 3.1 SUP.8 BP6 ähnelt A-SPICE® 4.0 SUP.8 BP5, wobei in der neuen A-SPICE® Version die Definition von Baselines in SUP.8 BP5 ergänzt wurde.

A-SPICE® 4.0 SUP.8 BP6 entspricht weitgehend A-SPICE® 3.1 SUP.8 BP7, ist jedoch klarer darin, welche Maßnahmen zur Erfüllung dieser Basispraxis erforderlich sind – beispielsweise das Berichten des Status der erzeugten Baselines. In A-SPICE® 3.1 SUP.8 BP7 wurde zwar ebenfalls erwartet, dass der Status der Baselines dokumentiert

Tab. 6.15 SUP.8 BP6 Vergleich

A-SPICE® 3.1	A-SPICE® 4.0
Erzeuge Baselines a) Erzeuge Baselines für interne Zwecke und b) erzeuge Baselines für die externe Auslieferung gemäß der Konfigurationsmanagementstrategie *Anmerkung 4: In Bezug auf Baselines siehe auch den Prozess SPL.2 Releasemanagement* (Müller et al. 2016, S. 160)	**Fasse den Konfigurationsstatus zusammen und kommuniziere ihn** a) Dokumentiere, b) fasse zusammen, und c) kommuniziere den Status der Konfigurationselemente und d) dokumentiere, e) fasse zusammen, und f) kommuniziere den Status der erzeugten Baselines an die betroffenen Parteien, um die Kontrolle von Fortschritt und Status zu unterstützen *Anmerkung 9: Die regelmäßige Kommunikation des Konfigurationsstatus, z. B. basierend auf einem definierten Statusmodell, unterstützt das Projektmanagement, Qualitätsaktivitäten und spezifische Projektphasen wie die Software-Integration*

wird, doch setzte dies das Hintergrundwissen voraus, dass Baselines als Konfigurationselemente gelten.

Zusätzlich enthält A-SPICE® 4.0 SUP.8 BP6 nun die Forderung nach einer Zusammenfassung, die in A-SPICE® 3.1 SUP.8 BP7 noch nicht enthalten war.

Hinweise/Interpretation
N/A.

6.2.2.7 BP7: Berichte den Konfigurationsstatus/Stelle Vollständigkeit und Konsistenz sicher

(siehe Tab. 6.16).

Unterschiede
A-SPICE® 3.1 SUP.8 BP7 entspricht weitgehend A-SPICE® 4.0 SUP.8 BP6. A-SPICE® 4.0 SUP.8 BP6 ist jedoch klarer darin, welche Maßnahmen zur Erfüllung dieser Basispraxis erforderlich sind – beispielsweise das Berichten des Status der erzeugten Baselines. In A-SPICE® 3.1 SUP.8 BP7 wurde zwar ebenfalls erwartet, dass der Status der Baselines dokumentiert wird, doch setzte dies das Hintergrundwissen voraus, dass Baselines als Konfigurationselemente gelten.

Zusätzlich enthält A-SPICE® 4.0 SUP.8 BP6 nun die Forderung nach einer Zusammenfassung, die in A-SPICE® 3.1 SUP.8 BP7 noch nicht enthalten war.

A-SPICE® 4.0 SUP.8 BP7 entspricht weitgehend A-SPICE® 3.1 SUP.8 BP8. Die Sicherstellung der Korrektheit von Informationen war in A-SPICE® 3.1 SUP.8 BP8 noch nicht enthalten.

Tab. 6.16 SUP.6 BP7 Vergleich

A-SPICE® 3.1	A-SPICE® 4.0
Berichte den Konfigurationsstatus a) Dokumentiere und b) berichte den Status der Konfigurationselemente um das Projektmanagement und andere relevante Prozesse zu unterstützen *Anmerkung 5: „Die regelmäßige Berichterstattung über den Konfigurationsstatus (z. B. wie viele Konfigurationselemente derzeit in Bearbeitung, eingecheckt, getestet oder freigegeben sind) unterstützt Projektmanagement-Aktivitäten und spezifische Projektphasen wie die Softwareintegration* (Müller et al. 2016, S. 161)	**Stelle Vollständigkeit und Konsistenz sicher** Stelle sicher, dass die Informationen über die Konfigurationselemente a) richtig sind und b) vollständig sind, einschließlich den Eigenschaften der Konfigurationselemente c) Stelle die Vollständigkeit der Baselines sicher und d) stelle die Konsistenz der Baselines sicher *Anmerkung 10: Die Vollständigkeit und Konsistenz einer Baseline bedeutet, dass alle erforderlichen Konfigurationselemente enthalten, konsistent und im erforderlichen Status sind. Dies kann beispielsweise zur Unterstützung der Projektfreigabe genutzt werden*

Hinweise/Interpretation
Anmerkung 10 in A-SPICE® 4.0 SUP.8 BP7 stellt eine mögliche Verbindung zum Prozess MAN.3 Projektmanagement her.

6.2.2.8 BP8: Verifiziere die Informationen über Konfigurationselemente/Verifiziere die Verfügbarkeit von Datensicherungs- und Wiederherstellungsverfahren

(siehe Tab. 6.17).

Unterschiede
A-SPICE® 3.1 SUP.8 BP8 weist Parallelen zu A-SPICE® 4.0 SUP.8 BP7 auf, wobei die neue Version erstmals die Sicherstellung der Korrektheit von Informationen integriert.

A-SPICE® 4.0 SUP.8 BP8 ähnelt A-SPICE® 3.1 SUP.8 BP9, geht jedoch darüber hinaus: Neben einer genaueren Definition von Maßnahmen zur Verbesserung unzureichender Backup- und Wiederherstellungsmechanismen entfällt die bisherige Anforderung zur Wahrung der Datenintegrität.

Hinweise/Interpretation
N/A.

6.2.2.9 BP9: Verwalte die Speicherung von Konfigurationselementen und Baselines/Es existiert keine BP9 in A-SPICE® 4.0 SUP.8

(siehe Tab. 6.18).

Tab. 6.17 SUP.8 BP8 Vergleich

A-SPICE® 3.1	A-SPICE® 4.0
Verifiziere die Informationen über Konfigurationselemente a) Verifiziere, dass die Informationen über Konfigurationselemente vollständig sind und b) Verifiziere, dass die Informationen über die Baselines der Konfigurationselemente vollständig sind c) Stelle die Konsistenz der Baselines sicher *Anmerkung 6: Eine typische Umsetzung besteht in der Durchführung von Baseline- und Konfigurationsmanagement-Audits* (Müller et al. 2016, S. 162)	**Verifiziere die Verfügbarkeit von Datensicherungs- und Wiederherstellungsverfahren** Verifiziere die Verfügbarkeit angemessener a) Datensicherungs- und b) Wiederherstellungsverfahren für das Konfigurationsmanagement, einschließlich der gelenkten Konfigurationselemente c) Leite Maßnahmen im Falle unzureichender Datensicherungsverfahren ein d) Leite Maßnahmen im Falle unzureichender Wiederherstellungsverfahren ein *Anmerkung 11: Datensicherungs- und Wiederherstellungsverfahren können von Organisationseinheiten außerhalb des Projektteams festgelegt und umgesetzt werden. Dabei können auch Verweise auf relevante Verfahren oder Vorschriften enthalten sein*

Tab. 6.18 SUP.8 BP9 Vergleich

A-SPICE® 3.1	A-SPICE® 4.0
Verwalte die Speicherung von Konfigurationselementen und Baselines Stelle a) die Integrität und b) die Verfügbarkeit von Konfigurationselementen und Baselines durch geeignete • Planung und Bereitstellung von Speicherressourcen, • Archivierung (Langzeitspeicherung) und • Backup der verwendeten Konfigurationsmanagementsysteme sicher *Anmerkung 7: Backup, Speicherung und Archivierung muss möglicherweise über die garantierte Lebensdauer der verfügbaren Speichermedien verfügbar sein. Betroffene Konfigurationselemente können auch die in Anmerkung 2 und Anmerkung 3 referenzierten sein. Verfügbarkeit kann durch Vertragsanforderungen festgelegt werden* (Müller et al. 2016, S. 162)	**N/A** Es existiert keine BP9 in A-SPICE® 4.0 SUP.8

Unterschiede

Wie bereits in BP8 erwähnt, entspricht A-SPICE® 3.1 SUP.8 BP9 weitgehend A-SPICE® 4.0 SUP.8 BP8. In der neuen A-SPICE® Version wird die Basispraxis um Maßnahmen zur Verbesserung unzureichender Backup- und Wiederherstellungsmechanismen erweitert, die in A-SPICE® 3.1 SUP.8 BP9 noch nicht enthalten waren. Gleichzeitig entfällt in A-SPICE® 4.0 die bisherige Anforderung zur Wahrung der Datenintegrität.

Hinweise/Interpretation

N/A.

6.2.2.10 Grafische Zusammenfassung der SUP.8 Basispraxisänderungen

(siehe Abb. 6.2).

6.3 SUP.9 Problem resolution management (Problemmanagement)

Dieses Kapitel und seine Unterabschnitte widmet sich den Differenzen und Ähnlichkeiten der Problemmanagement-Prozesse.

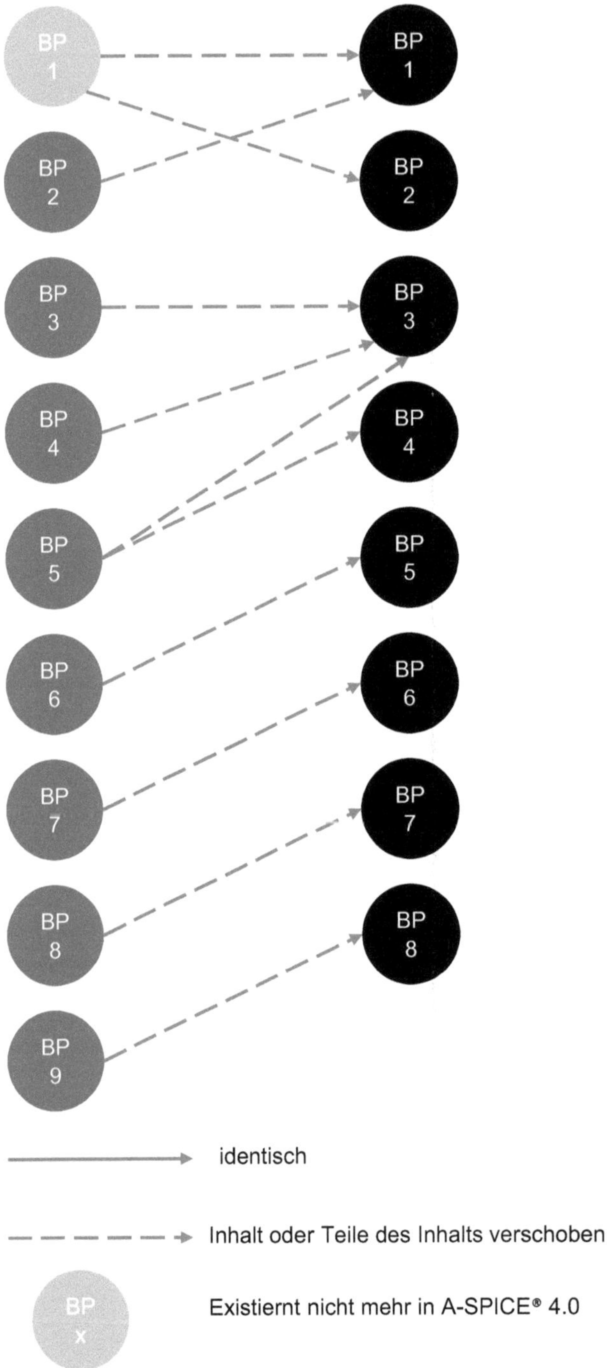

Abb. 6.2 Grafische Zusammenfassung der SUP.8 Basispraxisänderungen

6.3.1 Vergleich der Prozessreferenzmodell-Elemente

(siehe Tab. 6.19).

Unterschiede
Prozessname:
Kein Unterschied.
Prozesszweck:
Das Wort „aufgezeichnet“ wurde dem Prozesszweck von SUP.9 in A-SPICE® 4.0 hinzugefügt. Der Satz macht durch die kleine Umstellung nun deutlicher, dass die Problemlösung gesteuert und überwacht wird.
Prozessergebnisse:
Die Problemmanagementstrategie, die in A-SPICE® 3.1 SUP.9 noch vorgesehen war, wurde entfernt. In A-SPICE® 4.0 ist sie nicht mehr erforderlich, um Level 1 zu erreichen.

Während die übrigen Prozessziele unverändert bleiben, gibt es eine entscheidende Anpassung beim letzten Ziel von SUP.9. In A-SPICE® 3.1 war es ausreichend, den Status der Probleme und ihre Trends zu kennen, doch in A-SPICE® 4.0 wird nun explizit gefordert, dass diese Informationen aktiv an die Stakeholder berichtet werden.

Tab. 6.19 Vergleich der SUP.9 PRM-Elemente

Element	A-SPICE® 3.1	A-SPICE® 4.0
Prozess-ID	SUP.9	SUP.9
Prozessname	Problem resolution management (Problemmanagement)	Problem resolution management (Problemmanagement)
Prozesszweck	Der Zweck besteht darin, sicherzustellen, dass Probleme identifiziert, analysiert und bis zu ihrer Behebung gesteuert und überwacht werden	Der Zweck besteht darin, sicherzustellen, dass Probleme identifiziert, aufgezeichnet, analysiert und ihre Behebung gesteuert und überwacht wird
Prozess-Ergebnisse	1) Eine Problemmanagementstrategie ist entwickelt, 2) Probleme sind aufgezeichnet, eindeutig identifiziert und klassifiziert, 3) Probleme sind analysiert und bewertet, um eine angemessene Lösung zu finden, 4) die Problemlösung ist eingeleitet, 5) Probleme werden bis zu ihrem Abschluss verfolgt und 6) Der Status der Probleme und ihre Trends sind bekannt	1) Probleme sind eindeutig identifiziert, aufgezeichnet und klassifiziert, 2) Probleme sind analysiert und bewertet, um eine angemessene Lösung zu bestimmen, 3) die Problemlösung ist eingeleitet, 4) Probleme werden bis zu ihrem Abschluss verfolgt 5) Der Status der Probleme, einschließlich ihrer erkannten Trends, ist an die Stakeholder berichtet

Hinweise/Interpretation

Prozessname:

N/A.

Prozesszweck:

N/A.

Prozessergebnisse:

Das letzte Prozessziel von A-SPICE® 4.0 SUP.9 verlangt eine aktive Rolle durch die geforderte Berichterstattung an die Stakeholder, während in A-SPICE® 3.1 das bloße Wissen über den Status von Problemen und deren Trends ausreichte. Wissen allein bleibt passiv – es kann ungeteilt bleiben. A-SPICE® 4.0 SUP.9 hingegen fordert explizit die Kommunikation dieser Informationen, wodurch eine konkrete Handlung erforderlich wird.

6.3.2 Vergleich der Basispraktiken

Die nächsten Abschnitte werden sich den Unterschieden und Gemeinsamkeiten der Basispraktiken widmen.

6.3.2.1 BP1: Entwickle eine Problemmanagementstrategie/Identifiziere das Problem und zeichne es auf

(siehe Tab. 6.20).

Unterschiede

A-SPICE® 3.1 SUP.9 BP1 wurde entfernt, da laut der neuesten Version des Standards keine Strategie mehr erforderlich ist, um A-SPICE® Level 1 zu erreichen.

A-SPICE® 4.0 SUP.9 BP1 entspricht inhaltlich A-SPICE® 3.1 SUP.9 BP2 und umfasst zusätzlich die Aspekte von A-SPICE® 3.1 SUP.9 BP3.

Hinweise/Interpretation

A-SPICE® 4.0 SUP.9 BP1 stellt durch die Anmerkung 4 eine direkte Verbindung zum Prozess SUP.10 Change Request Management (Änderungsmanagement) her.

6.3.2.2 BP2: Identifiziere das Problem und zeichne es auf/Bestimme die Ursache und die Auswirkung des Problems

(siehe Tab. 6.21).

Unterschiede

A-SPICE® 3.1 SUP.9 BP2 entspricht A-SPICE® 4.0 SUP.9 BP1.

A-SPICE® 4.0 SUP.9 BP2 weist Parallelen zu A-SPICE® 3.1 SUP.9 BP4 auf, erweitert jedoch den Prozess um die Einbindung relevanter Parteien. Allerdings entfällt dabei die Bestimmung geeigneter Maßnahmen, die zuvor in A-SPICE® 3.1 SUP.9 BP4 enthalten war.

Tab. 6.20 SUP.9 BP1 Vergleich

A-SPICE® 3.1	A-SPICE® 4.0
Entwickle eine Problemmanagement-strategie a) Entwickle eine Problemmanagement-strategie, einschließlich • Problemlösungsaktivitäten, • eines Statusmodells für die Probleme, • Warnmeldungen, • Verantwortlichkeiten für die Durchführung dieser Aktivitäten, • einer Strategie für die beschleunigte Problemlösung b) Schnittstellen zu betroffenen Parteien sind definiert und diese Definitionen werden gepflegt *Anmerkung 1: Problemlösungsaktivitäten können während des Produktlebenszyklus unterschiedlich sein z. B. während der Prototypen – und Serienentwicklung* (in Anlehnung an Müller et al. 2016, S. 168)	**Identifiziere das Problem und zeichne es auf** Jedes Problem ist a) eindeutig identifiziert, b) eindeutig beschrieben und c) eindeutig aufgezeichnet d) Ein Status wird jedem Problem zugewiesen, um die Nachverfolgung zu erleichtern e) Unterstützende Informationen werden zur Verfügung gestellt, um das Problem • zu reproduzieren und • zu diagnostizieren *Anmerkung 1: Probleme können sich beispielsweise auf Produkte, Ressourcen oder Methoden beziehen* *Anmerkung 2: Beispielhafte Werte für den Problemstatus sind „neu“, „gelöst“, „geschlossen“ usw* *Anmerkung 3: Unterstützende Informationen können beispielsweise die Herkunft des Problems, die Art und Weise, wie es reproduziert werden kann, Umweltfaktoren sowie die Person, die es entdeckt hat, umfassen* *Anmerkung 4: Die eindeutige Identifikation unterstützt die Rückverfolgbarkeit zu den Änderungen, die im Rahmen des Änderungsmanagementprozesses (SUP.10) nach Bedarf vorgenommen werden*

Hinweise/Interpretation

Die Einbindung relevanter Parteien könnte auf den 8D-Prozess hinweisen, in dem stets ein funktionsübergreifendes Team Probleme analysiert und löst.

6.3.2.3 BP3: Zeichne den Status der Probleme auf/Genehmige dringende Lösungsmaßnahmen

(siehe Tab. 6.22).

Unterschiede

A-SPICE® 3.1 SUP.9 BP3 wurde in A-SPICE® 4.0 SUP.9 BP1 integriert.

A-SPICE® 4.0 SUP.9 BP3 weist Parallelen zu A-SPICE® 3.1 SUP.9 BP5 („Genehmige dringende Lösungsmaßnahmen“) auf

Hinweise/Interpretation

N/A

Tab. 6.21 SUP.9 BP2 Vergleich

A-SPICE® 3.1	A-SPICE® 4.0
Identifiziere das Problem und zeichne es auf Jedes Problem ist a) eindeutig identifiziert, b) eindeutig beschrieben und c) eindeutig aufgezeichnet d) Unterstützende Informationen sollten zur Verfügung gestellt werden, um das Problem • zu reproduzieren und • zu diagnostizieren *Anmerkung 2: Unterstützende Informationen umfassen typischerweise die Quelle des Problems, wie es reproduziert werden kann, Informationen zur Umgebung, von wem es festgestellt wurde usw* *Anmerkung 3: Eine eindeutige Identifikation unterstützt die Rückverfolgbarkeit zu den durchgeführten Änderungen* (Müller et al. 2016, S. 169–170)	**Bestimme die Ursache und die Auswirkung des Problems** a) Analysiere das Problem, b) bestimme seine Ursache, einschließlich bekannter Ursachen, falls vorhanden, und c) bestimme die Auswirkung des Problems d) Beziehe relevante Parteien mit ein, e) klassifiziere das Problem *Anmerkung 5: Problemklassifizierung (z. B. leicht, mittel, schwer) kann auf Grundlage von Faktoren wie Schweregrad, Kritikalität, Dringlichkeit usw. erfolgen*

Tab. 6.22 SUP.9 BP3 Vergleich

A-SPICE® 3.1	A-SPICE® 4.0
Zeichne den Status der Probleme auf a) Jedem Problem wird gemäß dem Statusmodell ein Status zugewiesen, um die Nachverfolgung zu erleichtern (in Anlehnung an Müller et al. 2016, S. 170)	**Genehmige dringende Lösungsmaßnahmen** a) Erhalte die Genehmigung für Sofortmaßnahmen, falls ein Problem gemäß der Klassifizierung dringend eine Lösung erfordert

6.3.2.4 BP4: Diagnostiziere die Ursache und bestimme die Auswirkung des Problems/Löse Warnmeldungen aus

(siehe Tab. 6.23).

Unterschiede

A-SPICE® 3.1 SUP.9 BP4 weist Parallelen zu A-SPICE® 4.0 SUP.9 BP2 auf. Dabei erweitert A-SPICE® 4.0 SUP.9 BP2 den Prozess um die Einbindung relevanter Parteien, während die Festlegung geeigneter Maßnahmen aus A-SPICE® 3.1 SUP.9 BP4 entfällt.

A-SPICE® 4.0 SUP.9 BP4 zeigt Ähnlichkeiten mit A-SPICE® 3.1 SUP.9 BP6 („Löse Warnmeldungen aus“). In A-SPICE® 4.0 SUP.9 BP4 wurde der Abschnitt „Falls gemäß der Strategie…“ aus A-SPICE® 3.1 SUP.9 BP6 in „Falls gemäß der Kategorisierung…“ geändert.

Tab. 6.23 SUP.9 BP4 Vergleich

A-SPICE® 3.1	A-SPICE® 4.0
Diagnostiziere die Ursache und bestimme die Auswirkung des Problems a) Untersuche das Problem, b) bestimme die Ursache des Problems sowie c) die Auswirkung, um das Problem zu kategorisieren und d) lege geeignete Maßnahmen fest *Anmerkung 4: Eine Problemklassifizierung (z. B. in A, B, C, leicht, mittel, schwer) kann auf Schweregrad, Auswirkung, Kritikalität, Dringlichkeit, Relevanz für den Änderungsprozess etc. beruhen* (Müller et al. 2016, S. 170)	**Löse Warnmeldungen aus** a) Falls gemäß der Kategorisierung das Problem erhebliche Auswirkungen auf andere Systeme oder betroffene Parteien hat, muss entsprechend eine Warnmeldung ausgelöst werden

Hinweise/Interpretation
N/A.

6.3.2.5 BP5: Genehmige dringende Sofortmaßnahmen/Leite die Problemlösung ein

(siehe Tab. 6.24).

Unterschiede
A-SPICE® 3.1 SUP.9 BP5 entspricht inhaltlich A-SPICE® 4.0 SUP.9 BP3.

Ebenso weist A-SPICE® 4.0 SUP.9 BP5 Parallelen zu A-SPICE® 3.1 SUP.9 BP7 auf. Im Vergleich zu A-SPICE® 3.1 SUP.9 BP7 erweitert A-SPICE® 4.0 SUP.9 BP5 den Anwendungsbereich um die Synchronisierung und Konsistenz mit kurzfristigen Sofortmaßnahmen, sofern zutreffend.

Tab. 6.24 SUP.9 BP5 Vergleich

A-SPICE® 3.1	A-SPICE® 4.0
Genehmige dringende Sofortmaßnahmen a) Falls gemäß der Strategie ein Problem eine dringende Sofortmaßnahme erfordert, muss die Genehmigung für sofortige Maßnahmen ebenfalls gemäß der Strategie eingeholt werden (in Anlehnung an Müller et al. 2016, S. 173)	**Initiate problem resolution** a) Leite geeignete Maßnahmen gemäß der Klassifizierung ein, um das Problem langfristig zu lösen, b) einschließlich einem Review dieser Maßnahmen oder c) leite einen Änderungsantrag ein Dies beinhaltet, sofern zutreffend, d) die Synchronisierung mit kurzfristigen Sofortmaßnahmen e) die Konsistenz mit kurzfristigen Sofortmaßnahmen

Hinweise/Interpretation

Die Unterscheidung in kurzfristige Sofortmaßnahmen und langfristige Lösungsmaßnahmen könnte wieder auf den 8D-Prozess hindeuten.

6.3.2.6 BP6: Löse Warnmeldung aus/Verfolge Probleme bis zu ihrem Abschluss

(siehe Tab. 6.25).

Unterschiede

A-SPICE® 3.1 SUP.9 BP6 zeigt Ähnlichkeiten mit A-SPICE® 4.0 SUP.9 BP4 („Löse Warnmeldungen aus"). In A-SPICE® 4.0 SUP.9 BP4 wurde der Abschnitt „Falls gemäß der Strategie…" aus A-SPICE® 3.1 SUP.9 BP6 in „Falls gemäß der Kategorisierung…" geändert.

A-SPICE® 4.0 SUP.9 BP6 entspricht inhaltlich A-SPICE® 3.1 SUP.9 BP8. Dabei wurde die ursprüngliche Anforderung in A-SPICE® 3.1 SUP.9 BP8 – „Eine formale Abnahme muss vor dem Abschluss des Problems autorisiert werden" – überarbeitet und durch die Formulierung „Der Problemabschluss wird von allen relevanten Stakeholdern anerkannt" ersetzt.

Hinweise/Interpretation

Die Formulierung zur „formalen Abnahme" in A-SPICE® 3.1 SUP.9 BP8 wurde in A-SPICE® 4.0 SUP.9 BP6 überarbeitet, um die Absicht klarer und verständlicher auszudrücken.

6.3.2.7 BP7: Leite die Problemlösung ein/Berichte den Status der Problemlösungsaktivitäten

(siehe Tab. 6.26).

Unterschiede

A-SPICE® 3.1 SUP.9 BP7 weist Parallelen zu A-SPICE® 4.0 SUP.9 BP5 auf. In A-SPICE® 4.0 SUP.9 BP5 wurde der Umfang erweitert und eine Synchronisierung sowie Konsistenz mit kurzfristigen dringenden Lösungsmaßnahmen ergänzt, sofern zutreffend.

Tab. 6.25 SUP.9 BP6 Vergleich

A-SPICE® 3.1	A-SPICE® 4.0
Löse Warnmeldungen aus a) Falls gemäß der Strategie das Problem erhebliche Auswirkungen auf andere Systeme oder betroffene Parteien hat, muss eine Warnmeldung ebenfalls gemäß der Strategie ausgelöst werden	**Verfolge Probleme bis zu ihrem Abschluss** a) Verfolge den Status der Probleme bis zu ihrem Abschluss, einschließlich aller zugehörigen Änderungsanträge b) Der Problemabschluss wird von allen relevanten Stakeholdern anerkannt
(in Anlehnung an Müller et al. 2016, S. 174)	

Tab. 6.26 SUP.9 BP7 Vergleich

A-SPICE® 3.1	A-SPICE® 4.0
Leite die Problemlösung ein a) Leite geeignete Maßnahmen gemäß der Strategie ein, um das Problem zu lösen, b) einschließlich eines Reviews dieser Maßnahmen, **oder** c) Leite einen Änderungsantrag ein *Anmerkung 5: Geeignete Maßnahmen können die Einleitung eines Änderungsantrags beinhalten. Siehe SUP.10 für den Umgang mit Änderungsanträgen* *Anmerkung 6: Die Umsetzung von Prozessverbesserungen (um Probleme zu vermeiden) erfolgt im Prozessverbesserungsprozess (PIM.3). Die Umsetzung allgemeiner Projektmanagement-Verbesserungen (z. B. Lessons Learned) ist Teil des Projektmanagementprozesses (MAN.3). Die Umsetzung allgemeiner, arbeitsproduktbezogener Verbesserungen ist Teil des Qualitätssicherungsprozesses (SUP.1)* (in Anlehnung an Müller et al. 2016, S. 174)	**Berichte den Status der Problemlösungsaktivitäten** a) Erfasse Problemmanagement-Daten und b) analysiere sie, c) identifiziere Trends, und d) leite entsprechende Maßnahmen ein e) Berichte regelmäßig • die Ergebnisse der Datenanalyse, • die erkannten Trends und • den Status der Problemlösungsaktivitäten an die relevanten Stakeholder *Anmerkung 6: Gesammelte Daten können Informationen darüber enthalten, wo die Probleme aufgetreten sind, wie und wann sie entdeckt wurden, welche Auswirkungen sie hatten usw*

A-SPICE® 4.0 SUP.9 BP7 ähnelt A-SPICE® 3.1 SUP.9 BP9. Im Vergleich zu A-SPICE® 3.1 SUP.9 BP9 wurde die Berichterstattung über die erfassten Daten aufgenommen.

Hinweise/Interpretation

Mit der Ergänzung der Berichterstattung erhält A-SPICE® 4.0 SUP.9 BP7 im Vergleich zu A-SPICE® 3.1 SUP.9 BP9 einen zusätzlichen aktiven Bestandteil. Auf diese Ergänzung wurde bereits in der Interpretation der Prozessergebnisse eingegangen.

6.3.2.8 BP8: Verfolge Probleme bis zu ihrem Abschluss/Es existiert keine BP8 in A-SPICE® 4.0 SUP.9

(siehe Tab. 6.27).

Tab. 6.27 SUP.9 BP8 Vergleich

A-SPICE® 3.1	A-SPICE® 4.0
Verfolge Probleme bis zu ihrem Abschluss a) Verfolge den Status der Probleme bis zu ihrem Abschluss, einschließlich aller zugehörigen Änderungsanträge b) Eine formale Abnahme muss vor dem Abschluss des Problems autorisiert werden (in Anlehnung an Müller et al. 2016, S. 175)	**N/A** Es existiert keine BP8 in A-SPICE® 4.0 SUP.9

Unterschiede

A-SPICE® 3.1 SUP.8 BP6 entspricht inhaltlich A-SPICE® 4.0 SUP.9 BP6. Dabei wurde die ursprüngliche Anforderung in A-SPICE® 3.1 SUP.9 BP8 – „Eine formale Abnahme muss vor dem Abschluss des Problems autorisiert werden" – überarbeitet und durch die Formulierung „Der Problemabschluss wird von allen relevanten Stakeholdern anerkannt" ersetzt.

Hinweise/Interpretation

Die Formulierung zur „formalen Abnahme" in A-SPICE® 3.1 SUP.9 BP8 wurde in A-SPICE® 4.0 SUP.9 BP6 überarbeitet, um die Absicht klarer und verständlicher auszudrücken.

6.3.2.9 BP9: Analysiere Problemtrends/Es existiert keine BP9 in A-SPICE® 4.0 SUP.9

(siehe Tab. 6.28).

Unterschiede

A-SPICE® 3.1 SUP.9 BP9 weist inhaltliche Parallelen zu A-SPICE® 4.0 SUP.9 BP7 auf. Im Vergleich zu A-SPICE® 3.1 SUP.9 BP9 wurde die Berichterstattung über die erfassten Daten als zusätzlicher Bestandteil integriert.

Hinweise/Interpretation

Wie in BP7 dargelegt, wurde die Berichterstattung ergänzt, wodurch A-SPICE® 4.0 SUP.9 BP7 im Vergleich zu A-SPICE® 3.1 SUP.9 BP9 um einen zusätzlichen aktiven Bestandteil erweitert wurde. Auf diese Anpassung wurde bereits in der Interpretation der Prozessergebnisse eingegangen.

6.3.2.10 Grafische Zusammenfassung der SUP.9 Basispraxisänderungen

(siehe Abb. 6.3).

Tab. 6.28 SUP.9 BP9 Vergleich

A-SPICE® 3.1	A-SPICE® 4.0
Analysiere Problemtrends a) Erfasse Problemmanagement-Daten und b) Analysiere sie, c) Identifiziere Trends, und d) leite projektbezogene Maßnahamen ein, gemäß der Strategie *Anmerkung 7: Gesammelte Daten enthalten typischerweise Informationen darüber, wo das Problem aufgetreten ist, wie und wann Probleme gefunden wurden und welche Auswirkungen sie hatten etc.* (Müller et al. 2016, S. 175–176)	**N/A** Es existiert keine BP9 in A-SPICE® 4.0 SUP.9

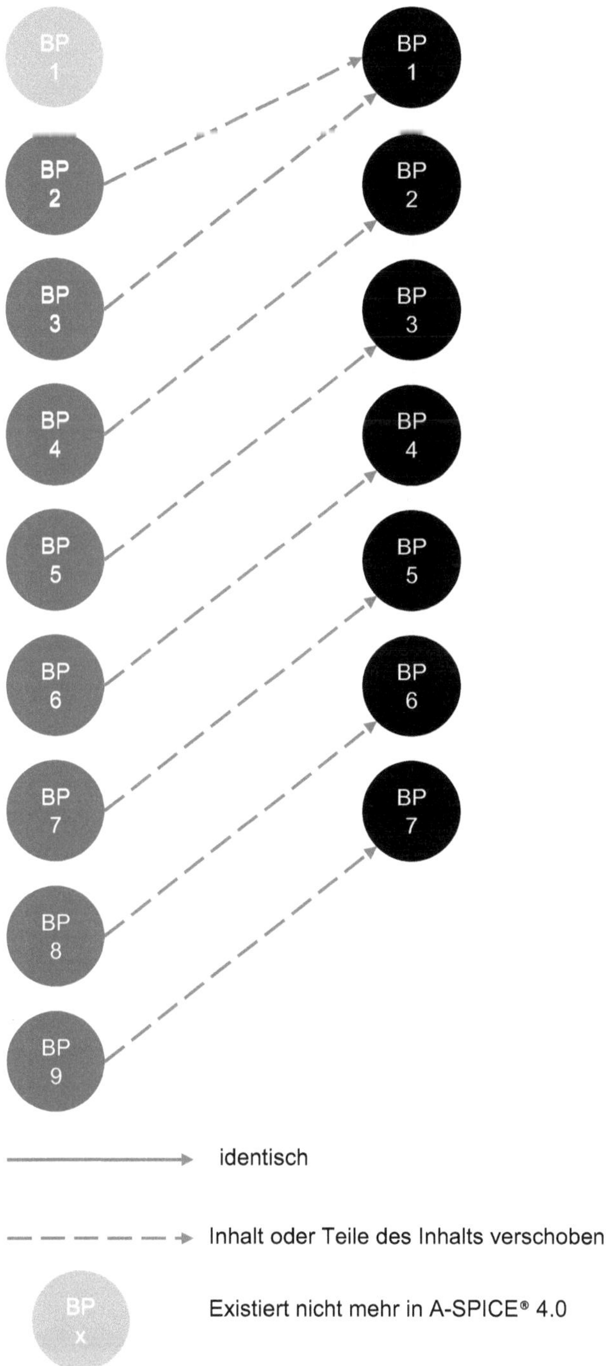

Abb. 6.3 Grafische Zusammenfassung der SUP.9 Basispraxisänderungen

6.4 SUP.10 Change request management (Änderungsmanagement)

Dieser Abschnitt behandelt die Unterschiede und Gemeinsamkeiten zwischen den Prozessen des Änderungsmanagements.

6.4.1 Vergleich der Prozessreferenzmodell-Elemente

(siehe Tab. 6.29).

Tab. 6.29 Vergleich der SUP.10 PRM-Elemente

Element	A-SPICE® 3.1	A-SPICE® 4.0
Prozess-ID	SUP.10	SUP.10
Prozessname	Change request management (Änderungsmanagement)	Change request management (Änderungsmanagement)
Prozesszweck	Der Zweck besteht darin, sicherzustellen, dass Änderungsanträge gesteuert, verfolgt und umgesetzt werden	Der Zweck besteht darin, sicherzustellen, dass Änderungsanträge dokumentiert, analysiert, verfolgt, genehmigt und umgesetzt werden
Prozessergebnisse	1) eine Änderungsmanagementstrategie ist entwickelt, 2) Änderungsanträge sind dokumentiert und eindeutig gekennzeichnet, 3) Abhängigkeiten und Beziehungen zu anderen Änderungsanträgen sind ermittelt, 4) Kriterien zur Umsetzungsbestätigung der Änderungsanträge sind definiert, 5) Änderungsanträge sind analysiert, Ressourcenanforderungen sind abgeschätzt, 6) Änderungen sind genehmigt und basierend auf den Analyseergebnissen sowie der Verfügbarkeit der Ressourcen priorisiert, 7) genehmigte Änderungen werden umgesetzt und bis zu ihrem Abschluss verfolgt, 8) der Status aller Änderungsanträge ist bekannt und 9) bidirektionale Rückverfolgbarkeit zwischen den Änderungsanträgen und den betroffenen Arbeitsergebnissen ist hergestellt	1) Änderungsanträge sind dokumentiert und eindeutig gekennzeichnet, 2) Änderungsanträge sind analysiert, Abhängigkeiten und Beziehungen zu anderen Änderungsanträgen sind ermittelt, und deren Auswirkungen sind abgeschätzt, 3) Änderungsanträge werden vor ihrer Umsetzung genehmigt und entsprechend priorisiert, 4) Bidirektionale Rückverfolgbarkeit zwischen den Änderungsanträgen und den betroffenen Arbeitsergebnissen ist hergestellt, 5) die Umsetzung von Änderungsanträgen ist bestätigt, 6) Änderungsanträge werden bis zu ihrem Abschluss verfolgt und der Status der Änderungsanträge wird an die betroffenen Parteien kommuniziert

Unterschiede

Prozessname:

Kein Unterschied.

Prozesszweck:

In A-SPICE® 4.0 SUP.10 wurde das Wort „gesteuert" aus der Prozessbeschreibung entfernt und durch „erfasst, analysiert und umgesetzt" ersetzt, um die Prozessabsicht verständlicher auszudrücken.

Prozessergebnisse:

In A-SPICE® 4.0 SUP.10 entfällt die Änderungsmanagementstrategie als Prozessergebnis, da Level 1 keine Strategie mehr erfordert.

Die Dokumentation und eindeutige Kennzeichnung von Änderungsanträgen bleibt jedoch erhalten und entspricht dem ersten Prozessergebnis der neuen Version. Ebenso wird die Ermittlung von Abhängigkeiten und Beziehungen nun durch das zweite Prozessergebnis von A-SPICE® 4.0 SUP.10 abgedeckt.

Die Analyse und Abschätzung der Ressourcenanforderungen aus A-SPICE® 3.1 SUP.10 zeigt inhaltliche Parallelen zum zweiten A-SPICE® 4.0 SUP.10 Prozessergebnis, die jedoch den Fokus der Abschätzungen auf die Auswirkungen verschiebt.

Das vierte Prozessergebnis zur Definition von Kriterien für die Umsetzungsbestätigung wurde nicht übernommen.

Die Analyse und Priorisierung von Änderungsanträgen bleibt erhalten, doch A-SPICE® 4.0 SUP.10 fordert keine Priorisierung auf Basis von Analyseergebnissen und Ressourcenverfügbarkeit, sondern lediglich eine „entsprechende" Priorisierung.

Die Umsetzung und Nachverfolgung wird durch das dritte und fünfte Prozessergebnis der neuen Version abgedeckt.

Zudem genügt es nicht mehr, den Status von Änderungsanträgen nur zu kennen – A-SPICE® 4.0 verlangt eine aktive Kommunikation an die betroffenen Parteien.

Das letzte Prozessergebnis aus A-SPICE® 3.1 SUP.10 entspricht schließlich exakt dem vierten Prozessergebnis der neuen Version.

Hinweise/Interpretation

Prozessname:

N/A.

Prozesszweck:

N/A.

Prozessergebnisse:

In A-SPICE® 4.0 wurde die Anzahl der Prozessergebnisse reduziert, ohne jedoch wesentliche inhaltliche Veränderungen vorzunehmen. Abgesehen vom Wegfall der Kriterien zur Umsetzungsbestätigung und der Verschiebung des Abschätzungsfokus von Ressourcenanforderungen zu Auswirkungen bleiben die Inhalte weitgehend erhalten – lediglich ihre Verteilung auf die einzelnen Prozessergebnisse wurde angepasst.

6.4.2 Vergleich der Basispraktiken

Die folgenden Abschnitte werden sich mit den Gemeinsamkeiten und Unterschieden zwischen den Änderungsmanagement-Basispraktiken befassen.

6.4.2.1 BP1: Entwickle eine Änderungsmanagementstrategie/ Kennzeichne und dokumentiere die Änderungsanträge

(siehe Tab. 6.30).

Tab. 6.30 SUP.10 BP1 Vergleich

A-SPICE® 3.1	A-SPICE® 4.0
Entwickle eine Änderungsmanagement-strategie a) Entwickle eine Änderungsmanagement-strategie, einschließlich • Änderungsaktivitäten, • einem Statusmodell für Änderungsanträge, • Analysekriterien, und • Verantwortlichkeiten für die Durchführung dieser Aktivitäten b) Schnittstellen zu den betroffenen Parteien sind definiert und werden gepflegt *Anmerkung 1: Ein Statusmodell für Änderungs-anträge kann beinhalten: offen, in Bewertung, genehmigt zur Umsetzung, zugewiesen, um-gesetzt, behoben, geschlossen usw* *Anmerkung 2: Typische Analysekriterien sind: Ressourcenanforderungen, Zeitprobleme, Risi-ken, Nutzen etc.* *Anmerkung 3: Änderungsaktivitäten stellen sicher, dass Änderungsanträge systematisch ge-kennzeichnet[2], beschrieben, dokumentiert, ana-lysiert, umgesetzt und gesteuert werden* *Anmerkung 4: Die Änderungsmanagement-strategie kann verschiedene Vorgehensweisen entlang des Produktlebenszyklus abdecken, z. B. während der Prototypenphase oder Serienent-wicklung* (Müller et al. 2016, S. 180)	**Kennzeichne und dokumentiere die Änderungsanträge** a) Der Anwendungsbereich für Änderungs-anträge wird bestimmt Jeder Änderungsantrag wird eindeutig b) gekennzeichnet, c) beschrieben, und d) dokumentiert, einschließlich • dem Antragsteller und • dem Änderungsgrund e) Ein Status wird jedem Änderungsantrag zugewiesen, um die Nachverfolgung zu er-leichtern *Anmerkung 1: Änderungsanträge können für Änderungen genutzt werden, die zum Beispiel das Produkt, den Prozess oder Methoden be-treffen* *Anmerkung 2: Beispielwerte für den Status eines Änderungsantrags sind "offen,", "in Be-wertung", "umgesetzt", usw* *Anmerkung 3: Die Vorgehensweise im Um-gang mit Änderungsanträgen kann sich über die verschiedenen Phasen des Produktlebens-zyklus unterscheiden, zum Beispiel während der Prototypenphase*

[2] Gekennzeichnet meint in diesem Zusammenhang zum Beispiel mit einer ID oder eindeutigen Nummer versehen.

Unterschiede

Für das Erreichen von A-SPICE® Level 1 in A-SPICE® 4.0 ist keine Strategie mehr erforderlich. Daher ist A-SPICE® 3.1 SUP.10 BP1 in A-SPICE® 4.0 SUP.10 nicht mehr enthalten.

A-SPICE® 4.0 SUP.10 BP1 umfasst die Inhalte von A-SPICE® 3.1 SUP.10 BP2 und BP3 und erweitert sie um die Bestimmung des Anwendungsbereichs für Änderungsanträge.

Hinweise/Interpretation

N/A.

6.4.2.2 BP2: Kennzeichne und dokumentiere Änderungsanträge/ Analysiere und bewerte Änderungsanträge

(siehe Tab. 6.31).

Unterschiede

A-SPICE® 3.1 SUP.10 BP2 ist in A-SPICE® 4.0 SUP.1 BP1 enthalten.

A-SPICE® 4.0 SUP.10 BP2 entspricht weitgehend A-SPICE® 3.1 SUP.10 BP4, jedoch erfolgt die Analyse durch die relevanten Parteien und nicht gemäß einer vorgegebenen Strategie, wie es in A-SPICE® 3.1 SUP.10 BP4 der Fall war. Die Kriterien zur Bestätigung der Umsetzung sind im Vergleich zu A-SPICE® 3.1 SUP.10 BP4 nicht Bestandteil von A-SPICE® 4.0 SUP.10 BP2.

Hinweise/Interpretation

Analysekriterien müssen festgelegt werden, bevor sie verwendet werden können. Während dies in A-SPICE® 3.1 SUP.10 BP1 explizit Teil der Strategie war, wird es in A-SPICE® 4.0 SUP.10 BP2 lediglich implizit vorausgesetzt. Dies könnte erneut als ein Bruch in der logischen Abfolge von A-SPICE® 4.0 betrachtet werden.

Tab. 6.31 SUP.10 BP2 Vergleich

A-SPICE® 3.1	A-SPICE® 4.0
Kennzeichne und dokumentiere Änderungsanträge Jeder Änderungsantrag ist gemäß der Strategie eindeutig a) gekennzeichnet, b) beschrieben und c) dokumentiert einschließlich d) dem Antragsteller und e) dem Änderungsgrund (Müller et al. 2016, S. 180)	**Analysiere und bewerte Änderungsanträge** a) Änderungsanträge werden von den relevanten Parteien anhand der Analysekriterien analysiert b) Arbeitsergebnisse, die von dem Änderungsantrag betroffen sind, werden bestimmt und c) Abhängigkeiten zu anderen Änderungsanträgen werden ermittelt d) Die Auswirkungen der Änderungsanträge werden bewertet *Anmerkung 4: Beispiele für Analysekriterien sind: Ressourcenanforderungen, Zeitprobleme, Risiken, Nutzen, etc.*

6.4.2.3 BP3: Zeichne den Status von Änderungsanträgen auf/ Genehmige Änderungsanträge vor ihrer Umsetzung

(siehe Tab. 6.32).

Unterschiede

A-SPICE® 3.1 SUP.10 BP3 ist in A-SPICE® 4.0 SUP.10 BP1 enthalten.

A-SPICE® 4.0 SUP.10 BP3 entspricht weitgehend A-SPICE® 3.1 SUP.10 BP5. Anders als dort basiert die Genehmigung zur Umsetzung gemäß A-SPICE® 4.0 SUP.10 BP3 auf Analyseergebnissen und der Verfügbarkeit von Ressourcen – statt auf einer Änderungsmanagementstrategie, da eine solche gemäß A-SPICE® 4.0 nicht mehr erforderlich ist, um Level 1 zu erreichen.

Hinweise/Interpretation

N/A.

6.4.2.4 BP4: Analysiere und bewerte Änderungsanträge/Stelle bidirektionale Rückverfolgbarkeit her

(siehe Tab. 6.33).

Unterschiede

A-SPICE® 3.1 SUP.10 BP4 weist Parallelen zu A-SPICE® 4.0 SUP.10 BP2 auf.

Ebenso ähnelt A-SPICE® 4.0 SUP.10 BP4 inhaltlich A-SPICE® 3.1 SUP.10 BP8.

Hinweise/Interpretation

Eine Verbindung zum Prozess SUP.9 „Problem resolution management“ (Problemmanagement) ist in A-SPICE® 4.0 SUP.10 BP4 angedeutet.

Tab. 6.32 SUP.10 BP3 Vergleich

A-SPICE® 3.1	A-SPICE® 4.0
Zeichne den Status von Änderungsanträgen auf a) Ein Status gemäß dem Statusmodell wird jedem Änderungsantrag zugewiesen, um die Nachverfolgung zu erleichtern (In Anlehnung an Müller et al. 2016, S. 181)	**Genehmige Änderungsanträge vor ihrer Umsetzung** a) Änderungsanträge werden basierend auf den Analyseergebnissen priorisiert und zur Umsetzung genehmigt b) Änderungsanträge werden basierend auf der Verfügbarkeit der Ressourcen priorisiert und zur Umsetzung genehmigt *Anmerkung 5: Ein „Change Control Board" (CCB) ist ein beispielhaftes Instrument zur Genehmigung von Änderungsanträgen* *Anmerkung 6: Die Priorisierung von Änderungsanträgen kann durch ihre Zuweisung zu Releases erfolgen*

Tab. 6.33 SUP.10 BP4 Vergleich

A-SPICE® 3.1	A-SPICE® 4.0
Analysiere und bewerte Änderungsanträge a) Änderungsanträge werden gemäß der Strategie analysiert, einschließlich • Ihrer Abhängigkeiten zu betroffenen Arbeitsergebnissen und • anderen Änderungsanträgen b) Die Auswirkungen der Änderungsanträge werden bewertet, c) Umsetzungskriterien werden festgelegt[3] (in Anlehnung an Müller et al. 2016, S. 181)	**Stelle bidirektionale Rückverfolgbarkeit her** a) Stelle eine bidirektionale Rückverfolgbarkeit zwischen den Änderungsanträgen und den davon betroffenen Arbeitsergebnissen her b) Falls ein Änderungsantrag durch ein Problem ausgelöst wurde, stelle eine bidirektionale Rückverfolgbarkeit zwischen den Änderungsanträgen und den zugehörigen Problemaufzeichnungen[4] her

Tab. 6.34 SUP.10 BP5 Vergleich

A-SPICE® 3.1	A-SPICE® 4.0
Genehmige Änderungsanträge vor ihrer Umsetzung a) Änderungsanträge werden basierend auf den Analyseergebnissen priorisiert und b) Änderungsanträge werden basierend auf der Verfügbarkeit der Ressourcen vor ihrer Umsetzung priorisiert sowie c) gemäß der Strategie genehmigt *Anmerkung 5: Ein "Change Control Board" (CCB) ist ein übliches Instrument zur Genehmigung von Änderungsanträgen* *Anmerkung 6: Priorisierung von Änderungsanträgen kann durch ihre Zuweisung zu Releases erfolgen* (in Anlehnung an Müller et al. 2016, S. 183)	**Bestätige die Umsetzung von Änderungsanträgen** a) Die Umsetzung der Änderungsanträge wird vor ihrem Abschluss durch die relevanten Stakeholder bestätigt

6.4.2.5 BP5: Genehmige Änderungsanträge vor ihrer Umsetzung/ Bestätige die Umsetzung von Änderungsanträgen

(siehe Tab. 6.34).

[3] Das englische Original „Establish criteria for confirming implementation." wurde hier bewusst vereinfacht übersetzt.

[4] Das englische „problem report" könnte auch durch Problembericht oder Fehlermeldung übersetzt werden.

Unterschiede

A-SPICE® 3.1 SUP.10 BP5 weist Parallelen zu A-SPICE® 4.0 SUP.10 BP3 auf. Gemäß A-SPICE® 4.0 SUP.10 BP3 erfolgt die Genehmigung der Umsetzung auf Basis von Analyseergebnissen und der Verfügbarkeit von Ressourcen, anstelle einer Änderungsmanagementstrategie. Eine solche Strategie ist laut A-SPICE® 4.0 nicht mehr erforderlich, um Level 1 zu erreichen.

A-SPICE® 4.0 SUP.10 BP5 ähnelt weitgehend A-SPICE® 3.1 SUP.10 BP6. Ein abschließendes Review – also die Bestätigung der Kriterienerfüllung und die Sicherstellung der Anwendung aller relevanten Prozesse – ist nicht mehr vorgesehen, wenn man den Wortlaut strikt auslegt. Stattdessen übernehmen die relevanten Stakeholder die Bestätigung.

Hinweise/Interpretation

Das Review durch die Stakeholder vor der Umsetzungsbestätigung könnte weiterhin implizit erforderlich sein, wird jedoch in A-SPICE® 4.0 SUP.10 BP5 (sowie den anderen SUP.10 BPs in A-SPICE® 4.0) nicht ausdrücklich genannt.

6.4.2.6 BP6: Reviewe die Umsetzung der Änderungsanträge/Verfolge Änderungsanträge bis zu ihrem Abschluss

(siehe Tab. 6.35).

Tab. 6.35 SUP.10 BP6 Vergleich

A-SPICE® 3.1	A-SPICE® 4.0
Reviewe die Umsetzung der Änderungsanträge a) Die Umsetzung von Änderungsanträgen wird vor ihrem Abschluss einem Review unterzogen, um sicherzustellen, dass ihre Umsetzungskriterien erfüllt sind[5] und, b) dass alle relevanten Prozess angewendet wurden (in Anlehnung an Müller et al. 2016, S. 183)	**Verfolge Änderungsanträge bis zu ihrem Abschluss** a) Änderungsanträge werden bis zu ihrem Abschluss verfolgt b) Der Status der Änderungsanträge wird an alle betroffenen Parteien kommuniziert *Anmerkung 7: Beispiele für die Kommunikation an betroffenen Parteien können tägliche Stand-up-Besprechungen[6] oder toolgestützte Arbeitsabläufe sein*

[5] Das englische Original „The implementation of change requests is reviewed before closure to ensure that their criteria for confirming implementation are satisfied" wurde hier bewusst vereinfacht übersetzt. Ich habe den Verdacht das „conforming" gemeint war und nicht „confirming".

[6] Stand-up-Besprechungen stammen aus der Scrum-Methodik. Sie finden täglich zur gleichen Zeit am selben Ort statt und dauern in der Regel nicht länger als 15 min. Ziel dieser kurzen Meetings ist es, die wichtigsten Punkte effizient zu besprechen. Das Format ermutigt die Teilnehmer, während der Besprechung zu stehen.

Stand-up-Besprechungen dienen dazu, das Team auf dem gleichen Stand zu halten, über den Fortschritt laufender Aufgaben zu informieren, Hindernisse zu identifizieren und zu beseitigen sowie Verantwortlichkeit und Teamarbeit zu fördern (Dräther et al. 2023, S. 207).

Unterschiede

A-SPICE® 3.1 SUP.10 BP6 weist Parallelen zu A-SPICE® 4.0 SUP.10 BP5 auf. In A-SPICE® 4.0 ist ein abschließendes Review – also die Bestätigung der Kriterienerfüllung und die Sicherstellung der Anwendung aller relevanten Prozesse ist nicht mehr vorgesehen, wenn man den Wortlaut strikt auslegt. Stattdessen übernehmen die relevanten Stakeholder die Bestätigung.

A-SPICE® 4.0 SUP.10 BP6 ähnelt weitgehend A-SPICE® 3.1 SUP.10 BP7. Ein wesentlicher Unterschied besteht darin, dass der Status von Änderungsanträgen nun allen betroffenen Parteien mitgeteilt wird. Eine reine Abschlussrückmeldung an den Antragsteller reicht nicht mehr aus.

Hinweise/Interpretation

Das Review durch die Stakeholder vor der Bestätigung könnte weiterhin implizit gefordert sein, wird jedoch in A-SPICE® 4.0 SUP.10 BP5 sowie den anderen SUP.10 BPs in A-SPICE® 4.0 nicht ausdrücklich erwähnt. Ich gehe davon aus, dass mit dem Begriff ‚Status‘ sämtliche Zustände gemeint sind – offen, in Prüfung, genehmigt, abgelehnt etc. – und nicht ausschließlich „abgeschlossen“.

6.4.2.7 BP7: Verfolge Änderungsanträge bis zu ihrem Abschluss/Es existiert keine BP7 in A-SPICE® 4.0 SUP.10

(siehe Tab. 6.36).

Unterschiede

A-SPICE® 3.1 SUP.10 BP7 weist Parallelen zu A-SPICE® 4.0 SUP.10 BP6 auf.

Wie bereits im BP6-Vergleich erwähnt, besteht der wesentliche Unterschied darin, dass der Status von Änderungsanträgen nun allen betroffenen Parteien kommuniziert wird. Eine bloße Rückmeldung an den Antragsteller genügt nicht mehr.

Hinweise/Interpretation

N/A.

Tab. 6.36 SUP.10 BP7 Vergleich

A-SPICE® 3.1	A-SPICE® 4.0
Verfolge Änderungsanträge bis zu ihrem Abschluss a) Änderungsanträge werden bis zu ihrem Abschluss verfolgt b) Der Antragsteller erhält eine Rückmeldung (Müller et al. 2016, S. 183)	**N/A** Es existiert keine BP7 in A-SPICE® 4.0 SUP.10

Tab. 6.37 SUP.10 BP8 Vergleich

A-SPICE® 3.1	A-SPICE® 4.0
Stelle bidirektionale Rückverfolgbarkeit her a) Stelle bidirektionale Rückverfolgbarkeit zwischen den Änderungsanträgen und den davon betroffenen Arbeitsergebnissen her b) Falls ein Änderungsantrag durch ein Problem ausgelöst wurde, stelle eine bidirektionale Rückverfolgbarkeit zwischen den Änderungsanträgen und den zugehörigen Problemaufzeichnungen her *Anmerkung 7: Bidirektionale Rückverfolgbarkeit unterstützt Konsistenz, Vollständigkeit und Auswirkungsanalysen* (in Anlehnung an Müller et al. 2016, S. 184)	**N/A** Es existiert keine BP8 in A-SPICE® 4.0 SUP.10

6.4.2.8 BP8: Stelle bidirektionale Rückverfolgbarkeit her/Es existiert keine BP8 in A-SPICE® 4.0 SUP.10

(siehe Tab. 6.37).

Unterschiede

A-SPICE® 3.1 SUP.10 BP8 stimmt exakt mit A-SPICE® 4.0 SUP.10 BP4 überein.

Hinweise/Interpretation

N/A.

6.4.2.9 Grafische Zusammenfassung der SUP.10 Basispraxisänderungen

(siehe Abb. 6.4)

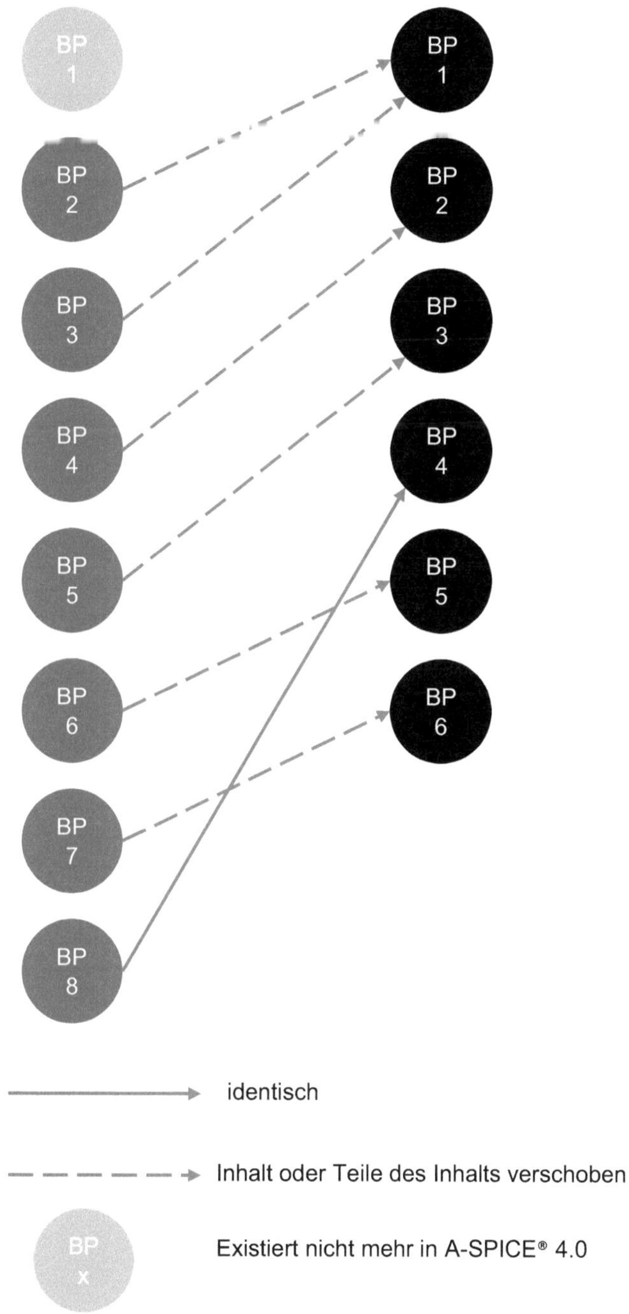

Abb. 6.4 Grafische Zusammenfassung der SUP.10 Basispraxisänderungen

Literatur

Dräther R, Koschek H, Sahling C (2023) Scrum kurz & gut, O'Reillys Taschenbibliothek, O'Reilly Media, Inc., Copyright dPunkt.verlag GmbH, ISBN: 978-3-96009-221-6

Geisreiter M (Hrsg.), Augustin M, Dorsch T, Rambo J, Zuccaro C et al. (2019) Systems Engineering {Die Klammer in der technischen Entwicklung}, GfSE Verlag, ISBN: 978-3-9818805-6-4

GfSE (2016) INCOSE Systems Engineering Handbuch: Ein Leitfaden für Systemlebenszyklus-Prozesse und -Aktivitäten. Titel des englischen Originals: INCOSE Systems Engineering Handbook: A Guide for System Life Cycle Processes and Activities (4. Aufl.). D.D. Walden, G.J. Roedler, K.J. Forsberg, R.D. Hamelin and T.M. Shortell (Hrsg.). San Diego, CA: International Council on Systems Engineering. Erschienen im GfSE Verlag. ISBN 978-3-9818805-0-2

INCOSE (2023), Walden D. (Hrsg.), INCOSE Systems Engineering Handbook, A Guide To System Life Cycle Processes And Activities, Fifth Edition, Wiley, ISBN 978-1-11-981429-0

Lea D, Bradbey J (2020) Oxford Advanced Learner's Dictionary, (10. Aufl.) Oxford University Press, ISBN: 978-0-19-479859-4

Müller M, Dr. Hörmann K, Dittmann L, Zimmer J (2016) Automotive SPICE® in der Praxis, Interpretationshilfe für Anwender und Assessoren, 2. Aktualisierte und erweiterte Auflage, dPunkt. Verlag, ISBN 978-3-8649-326-7

VDA QMC Working Group 13 (2017) Automotive SIG. Automotive SPICE® Process Assessment/ Reference Model, Version 3.1

VDA Working Group 13 (2023) Automotive SPICE® Process Assessment/Reference Model, Version 4.0. https://vda-qmc.de/wp-content/uploads/2023/12/Automotive-SPICE-PAM-v40.pdf

Vergleich der organisatorischen Lebenszyklusprozessen zwischen A-SPICE® 3.1 und A-SPICE® 4.0

7

Die organisatorischen Lebenszyklusprozesse umfassen:

- MAN.3 Project Management (Projektmanagement)
- MAN.5 Risk Management (Risikomanagement)
- MAN.6 Measurement (Messen)
- PIM.3 Process Improvement (Prozessverbesserung)
- REU.2 Management of Products for Reuse (Wiederverwendungsmanagement)

In den folgenden Kapiteln werden die Inhalte dieser Prozesse mit ihren Pendants aus A-SPICE® 3.1 verglichen. Wie bereits in den vorherigen Kapiteln werden sich die Angaben aus A-SPICE® 3.1 (VDA QMC Working Group 13, 2017) auf der linken und die Anforderungen aus A-SPICE® 4.0 (VDA QMC Working Group 13, 2023) auf der rechten Seite der Tabellen finden. Ein Hinweis vorab: Der Vergleich von REU.2 könnte sich als schwierig erweisen, da sich die beiden Prozesse in den jeweiligen A-SPICE®-Versionen grundlegend unterscheiden und lediglich die Prozess-ID gemeinsam haben. Dennoch werde ich diesen Vergleich aus Gründen der Vollständigkeit durchführen – so präzise, wie es mein Kenntnisstand und meine Möglichkeiten erlauben.

7.1 MAN.3 Project Management (Projektmanagement)

In diesem Abschnitt werden die Projektmanagement-Prozesse aus beiden A-SPICE® Versionen miteinander verglichen.

S. Gülbas, *Automotive SPICE® 3.1 und Automotive SPICE® 4.0*,
https://doi.org/10.1007/978-3-662-72591-7_7

7.1.1 Vergleich der Prozessreferenzmodell-Elemente

(Siehe Tab. 7.1).

Unterschiede

Prozessname:

Kein Unterschied.

Prozesszweck:

In A-SPICE® 4.0 wurde die Formulierung des Prozesszwecks vereinfacht, sodass sie nun leichter verständlich ist. Zudem macht die neue Satzstruktur klar, dass die Bereitstellung der Ressourcen erforderlich ist, während deren Steuerung nicht mehr vorgesehen ist.

Tab. 7.1 Vergleich der MAN.3 PRM-Elemente

Element	A-SPICE® 3.1	A-SPICE® 4.0
Prozess-ID	MAN.3	MAN.3
Prozessname	Project management (Projektmanagement)	Project management (Projektmanagement)
Prozesszweck	Der Zweck besteht darin, die Aktivitäten und Ressourcen zu ermitteln, aufzustellen und zu steuern, die für ein Projekt erforderlich sind, um ein Produkt zu erzeugen – im Rahmen der Projektanforderungen und -rahmenbedingungen	Der Zweck besteht darin, die Aktivitäten zu identifizieren und zu steuern sowie die erforderlichen Ressourcen für ein Projekt bereitzustellen, um ein Produkt zu entwickeln – im Rahmen der Projektanforderungen und -rahmenbedingungen
Prozessergebnisse	1) Der Umfang der Projektarbeit ist festgelegt, 2) die Machbarkeit, die Ziele des Projektes mit den verfügbaren Ressourcen und herrschenden Rahmenbedingungen zu erreichen, ist untersucht, 3) die notwendigen Aktivitäten und Ressourcen zur Fertigstellung der Projektarbeit sind hinsichtlich ihres Umfangs festgelegt und abgeschätzt, 4) Schnittstellen innerhalb des Projekts und zu anderen Projekten sowie Organisationseinheiten sind identifiziert und werden überwacht, 5) Pläne zur Projektdurchführung sind entwickelt, umgesetzt und werden gepflegt, 6) der Projektfortschritt ist überwacht und wird berichtet, und 7) Korrekturmaßnahmen werden ergriffen, falls das Projekt seine Ziele nicht erreicht und ein Wiederauftreten der erkannten Probleme wird vermieden	1) Der Umfang der Projektarbeit ist festgelegt, 2) die Machbarkeit, die Ziele des Projektes mit den verfügbaren Ressourcen und herrschenden Rahmenbedingungen zu erreichen, ist untersucht, 3) die notwendigen Aktivitäten und Ressourcen zur Fertigstellung der Projektarbeit sind hinsichtlich ihres Umfangs festgelegt und abgeschätzt, 4) Schnittstellen innerhalb des Projekts und zu anderen Projekten sowie Organisationseinheiten sind identifiziert und werden überwacht, 5) Pläne zur Projektdurchführung sind entwickelt, umgesetzt und werden gepflegt, 6) der Projektfortschritt ist überwacht und wird berichtet, 7) Anpassungen werden vorgenommen, wenn die Projektziele nicht erreicht werden

Prozessergebnisse:
Die Prozessergebnisse sind, abgesehen vom siebten, vollständig identisch. Im siebten Prozessergebnis wurde die Formulierung von „Korrekturmaßnahmen werden ergriffen, falls das Projekt seine Ziele nicht erreicht und ein Wiederauftreten der erkannten Probleme wird vermieden.“ in „Anpassungen werden vorgenommen, wenn die Projektziele nicht erreicht werden.“ geändert.

Hinweise/Interpretation
Prozessname:
N/A.
Prozesszweck:
N/A.
Prozessergebnisse:
Das Vermeiden des Wiederauftretens von Problemen kann weiterhin implizit gefordert sein, auch wenn es im Prozesszweck nicht mehr ausdrücklich erwähnt wird.

Ein kleiner Exkurs in die englische Sprache: Mein persönlicher Eindruck ist, dass A-SPICE® 4.0 das Wort „when“ gelegentlich in Kontexten verwendet, in denen die Norm eigentlich „if“ benutzen sollte. Während „when“ einen zeitlichen Bezug herstellt – etwa: „Wenn die Uhr zwölf schlägt, mache ich Mittagspause.“ –, drückt „if“ eine Unsicherheit aus. Dies kann eine wahrscheinliche, unwahrscheinliche oder sogar unmögliche Bedingung betreffen, etwa: „Wenn das Wetter heute schön ist, gehe ich spazieren.“ oder „Falls Person X, die die besten Chancen hat, Projektleiter wird, trete ich dem Projekt bei.“

Werfen wir nun einen genaueren Blick auf das letzte Prozessergebnis von A-SPICE® 4.0 MAN.3 im englischen Original:

„Adjustment is performed when project goals are not achieved.“

Übersetzt: „Anpassungen werden vorgenommen, wenn die Projektziele nicht erreicht werden.“

Diese Formulierung suggeriert, dass das Nichterreichen der Projektziele zu einem bestimmten Zeitpunkt unvermeidlich und Anpassungen daher zwingend erforderlich sind. Solange dies tatsächlich die beabsichtigte Bedeutung des Prozessergebnisses ist, besteht kein Problem.

Sollte jedoch die Aussage lauten, dass die Projektziele möglicherweise erreicht werden oder nicht – und Anpassungen nur dann erfolgen, wenn sie nicht erreicht werden –, wäre die Verwendung von „if“ statt „when“ sprachlich und logisch korrekter gewesen.

7.1.2 Vergleich der Basispraktiken

In diesem Unterkapitel werden die Basispraktiken der Projektmanagement-Prozesse näher betrachtet.

7.1.2.1 BP1: Bestimme den Umfang der Projektarbeit/Bestimme den Umfang der Projektarbeit

(Siehe Tab. 7.2).

Unterschiede

Die Basispraktiken sind absolut identisch.

Hinweise/Interpretation

N/A.

7.1.2.2 BP2: Definiere den Projektlebenszyklus/Definiere den Projektlebenszyklus

(Siehe Tab. 7.3).

Unterschiede

Im Vergleich zu A-SPICE® 3.1 MAN.3 BP2 wurde in A-SPICE® 4.0 MAN.3 BP2 die Definition eines Release-Umfangs für relevante Meilensteine ergänzt. Abgesehen davon bleibt die Basispraxis unverändert.

Tab. 7.2 MAN.3 BP1 Vergleich

A-SPICE® 3.1	A-SPICE® 4.0
Bestimme den Umfang der Projektarbeit a) Bestimme die Projektziele, b) bestimme die Motivation des Projekts und c) bestimme die Projektgrenzen (Müller et al. 2106, S. 186)	**Bestimme den Umfang der Projektarbeit** a) Bestimme die Projektziele, b) bestimme die Motivation des Projekts und c) bestimme die Projektgrenzen

Tab. 7.3 MAN.3 BP2 Vergleich

A-SPICE® 3.1	A-SPICE® 4.0
Definiere den Projektlebenszyklus a) Definiere den Projektlebenszyklus, der – dem Umfang, – dem Kontext, – der Größe und – der Komplexität des Projekts angemessen ist *Anmerkung 1: Das bedeutet typischerweise, dass der Projektlebenszyklus und der Entwicklungsprozess des Kunden konsistent zueinander sind* (in Anlehnung an Müller et al. 2016, S. 189)	**Definiere den Projektlebenszyklus** a) Definiere den Projektlebenszyklus, der – dem Umfang, – dem Kontext, und – Komplexität des Projekts angemessen ist b) Definiere einen Release-Umfang für relevante Meilensteine Anmerkung 1: Dies kann die Abstimmung des Projektlebenszyklus mit dem Entwicklungsprozess des Kunden umfassen

Hinweise/Interpretation

Die Definition eines Release-Umfangs für relevante Meilensteine könnte eine mögliche Verbindung zum Prozess SPL.2 – „Product Release" darstellen.

7.1.2.3 BP3: Untersuche die Machbarkeit des Projekts/Untersuche die Machbarkeit des Projekts

(Siehe Tab. 7.4).

Unterschiede

In A-SPICE® 4.0 MAN.3 BP3 wurde die Satzstruktur vereinfacht, indem die Formulierung ‚im Hinblick auf die technische Umsetzbarkeit innerhalb der Rahmenbedingungen' entfernt wurde. Der Inhalt der Basispraxis bleibt gegenüber A-SPICE® 3.1 MAN.3 BP3 unverändert.

Zusätzlich wurde in A-SPICE® 4.0 MAN.3 BP3 die Anmerkung 2 ergänzt.

Hinweise/Interpretation

Die Anforderung der Basispraxis bleibt weitestgehend unverändert. Allerdings wurde sie in A-SPICE® 4.0 MAN.3 BP3 deutlich verständlicher formuliert, während die Ausdrucksweise in A-SPICE® 3.1 MAN.3 BP3 unnötig kompliziert war.

7.1.2.4 BP4: Definiere, überwache und passe Projektaktivitäten an/Definiere und überwache Arbeitspakete

(Siehe Tab. 7.5).

Unterschiede

Die ersten beiden Anforderungen (a und b) aus A-SPICE® 3.1 MAN.3 BP4 bleiben in A-SPICE® 4.0 MAN.3 BP4 weitgehend erhalten, abgesehen von der Umformulierung von „Projektaktivitäten" zu „Arbeitspakete".

Tab. 7.4 MAN.3 BP3 Vergleich

A-SPICE® 3.1	A-SPICE® 4.0
Untersuche die Machbarkeit des Projekts a) Untersuche die Machbarkeit die Projektziele im Hinblick auf die technische Umsetzbarkeit innerhalb der Rahmenbedingungen unter Berücksichtigung von – Zeit, – Projektabschätzungen, und – verfügbarer Ressourcen zu erreichen (in Anlehnung an Müller et al. 2016, S. 191)	**Untersuche die Machbarkeit des Projekts** a) Untersuche die Machbarkeit die Projektziele unter Berücksichtigung von – Zeit, – Projektabschätzungen und – Verfügbarer Ressourcen zu erreichen *Anmerkung 2: Die Machbarkeitsuntersuchung kann technische Rahmenbedingungen des Projekts berücksichtigen*

Tab. 7.5 MAN3. BP4 Vergleich

A-SPICE® 3.1	A-SPICE® 4.0
Definiere, überwache und passe Projektaktivitäten an a) Definiere, b) überwache, und c) passe Projektaktivitäten und deren Abhängigkeiten gemäß dem festgelegten Projektlebenszyklus sowie den Projektabschätzungen an d) Passe die Aktivitäten und deren Abhängigkeiten wie erforderlich an *Anmerkung 2: Struktur und handhabbare Größe der Aktivitäten und der zugehörigen Arbeitspakete unterstützen eine angemessene Fortschrittsüberwachung* *Anmerkung 3: Projektaktivitäten umfassen typischerweise Entwicklungs-, Management-, und Unterstützungsprozesse* (in Anlehnung an Müller et al. 2016, S. 192)	**Definiere und überwache Arbeitspakete** a) Definiere und b) überwache Arbeitspakete und ihre Abhängigkeiten gemäß dem festgelegten Projektlebenszyklus sowie den Projektabschätzungen *Anmerkung 3: Die Struktur und Größe der Arbeitspakete unterstützen eine angemessene Fortschrittsüberwachung* *Anmerkung 4: Arbeitspakete können in einem Projektstrukturplan organisiert werden*

Die Anforderungen zur Anpassung von Projektaktivitäten (c und d aus der Tabelle) wurden in A-SPICE® 4.0 MAN.3 BP4 nicht übernommen und stattdessen zu A-SPICE® 4.0 MAN.3 BP9 verschoben.

Hinweise/Interpretation

In A-SPICE® 3.1 MAN.3 BP4 wurde die Anpassung von Projektaktivitäten und deren Abhängigkeiten scheinbar doppelt erwähnt.

In A-SPICE® 4.0 MAN.3 BP4 bleibt die Anpassung zwar unerwähnt, ist jedoch nun in A-SPICE® 4.0 BP9 verankert. Ich hätte es bevorzugt, sie in der betroffenen Basispraxis zu belassen, um eine kohärente Struktur zu wahren. Stattdessen wurde der gesamte Anpassungsprozess in die Basispraxis MAN.3 BP9 zur Sicherstellung der Konsistenz verlagert.

7.1.2.5 BP5: Definiere, überwache und passe Projektressourcen und -abschätzungen an/Definiere und überwache Projektressourcen und -abschätzungen

(Siehe Tab. 7.6).

Unterschiede

Mit Ausnahme des Anpassungsteils, der in A-SPICE® 4.0 MAN.3 BP5 entfernt wurde, sind die Basispraktiken weitgehend unverändert. Die Anmerkung 4 aus A-SPICE® 3.1 MAN.3 BP5 wurde in A-SPICE® 4.0 MAN.3 BP5 gestrichen.

Tab. 7.6 MAN.3 BP5 Vergleich

A-SPICE® 3.1	A-SPICE® 4.0
Definiere, überwache und passe Projektressourcen und -abschätzungen an a) Definiere die Abschätzungen für den Projektaufwand und den Ressourcenbedarf basierend auf – den Projektzielen, – den Projektrisiken, – der Projektmotivation und – den Grenzen b) Überwache die Abschätzungen für den Projektaufwand und den Ressourcenbedarf basierend auf – den Projektzielen, – den Projektrisiken, – der Projektmotivation und – den Grenzen c) Passe die Abschätzungen für den Projektaufwand und den Ressourcenbedarf basierend auf – den Projektzielen, – den Projektrisiken, – der Projektmotivation und – Grenzen, an *Anmerkung 4: Geeignete Schätzmethoden sollten angewendet werden* *Anmerkung 5: Beispiele für benötigte Ressourcen sind Personal, Infrastruktur (wie Werkzeuge, Prüfmittel, Kommunikationsmechanismen etc.) und Hardware/Materialien* *Anmerkung 6: Projektrisiken (mittels MAN.5) und Qualitätskriterien (mittels SUP.1) können berücksichtigt werden* *Anmerkung 7: Abschätzungen und Ressourcen umfassen typischerweise Entwicklungs-, Management- und Unterstützungsprozesse* (in Anlehnung an Müller et al. 2016, S. 192)	**Definiere und überwache Projektressourcen und -abschätzungen** a) Definiere die Abschätzungen für den Projektaufwand und den Ressourcenbedarf basierend auf – den Projektzielen, – den Projektrisiken, – der Projektmotivation und – den Grenzen b) Überwache die Abschätzungen für den Projektaufwand und den Ressourcenbedarf basierend auf – den Projektzielen, – den Projektrisiken, – der Projektmotivation und – den Grenzen *Anmerkung 5: Beispiele für benötigte Ressourcen sind Budget, Personal, Musterteile oder Infrastruktur* *Anmerkung 6: Projektrisiken (mittels MAN.5) können berücksichtigt werden* *Anmerkung 7: Abschätzungen und Ressourcen können Entwicklungs-, Management- und Unterstützungsprozesse umfassen*

Hinweise/Interpretation

Die Anmerkung 6 in A-SPICE® 4.0 BP5 stellt eine direkte Verbindung zum Prozess MAN.5 „Risk Management" (Risikomanagement) her.

In A-SPICE® 4.0 MAN.3 BP5 bleibt die Anpassung zwar unerwähnt, ist jedoch nun in A-SPICE® 4.0 BP9 verankert. Eine kohärente Struktur der Basispraxis wäre erhalten geblieben, wenn die Anpassung in der betroffenen Basispraxis beibehalten worden wäre.

Stattdessen wurde der Anpassungsteil in A-SPICE® 4.0 MAN.3 vollständig in BP9 „Stelle Konsistenz sicher“ verlagert.

7.1.2.6 BP6: Stelle die erforderlichen Fähigkeiten, Kenntnisse und Erfahrungen sicher/Bestimme und überwache die erforderlichen Fähigkeiten, Erkenntnisse und Erfahrungen

(Siehe Tab. 7.7).

Unterschiede

Die Formulierung wurde leicht angepasst, um mit der Wortwahl „von Arbeitspaketen“ in A-SPICE® 4.0 MAN.3 BP6 übereinzustimmen. Abgesehen davon bleibt die erste inhaltliche Anforderung in beiden A-SPICE®-Versionen unverändert.

In A-SPICE® 4.0 MAN.3 BP6 wurde die Überwachung ergänzt, die in A-SPICE® 3.1 MAN.3 BP6 noch nicht enthalten war. Gleichzeitig wurde der Abschnitt gestrichen, der sicherstellt, dass die Teams entweder über die erforderlichen Fähigkeiten und Kenntnisse verfügen oder diese erwerben.

Anmerkung 8 wurde in A-SPICE® 4.0 MAN.3 BP6 anders formuliert, bleibt inhaltlich jedoch weitgehend gleich.

Hinweise/Interpretation

Gemäß der Basispraxis obliegt es dem Projektmanagement nicht mehr, sicherzustellen, dass die Projektmitglieder rechtzeitig über die erforderlichen Fähigkeiten verfügen oder diese erwerben.

„Überwachen“ bedeutet, einen Prozess über einen Zeitraum hinweg zu beobachten und dessen Entwicklung zu verfolgen, um bei Bedarf Anpassungen vorzunehmen. In

Tab. 7.7 MAN.3 BP6 Vergleich

A-SPICE® 3.1	A-SPICE® 4.0
Stelle die erforderlichen Fähigkeiten, Kenntnisse und Erfahrungen sicher a) Bestimme die erforderlichen Fähigkeiten, Kenntnisse und Erfahrungen für das Projekt im Einklang mit den Projektabschätzungen und b) stelle sicher, dass die ausgewählten Personen und Teams – diese besitzen oder – rechtzeitig erwerben	**Bestimme und überwache die erforderlichen Fähigkeiten, Erkenntnisse und Erfahrungen** a) Bestimme die erforderlichen Fähigkeiten, Kenntnisse und Erfahrungen für das Projekt im Einklang mit den Projektabschätzungen und Arbeitspaketen b) Überwache die erforderlichen Fähigkeiten, Kenntnisse und Erfahrungen für das Projekt im Einklang mit den Projektabschätzungen und Arbeitspaketen
Anmerkung 8: Typischerweise werden Schulungen durchgeführt, falls es Abweichungen gegenüber den erforderlichen Fähigkeiten und Kenntnissen gibt (in Anlehnung an Müller et al. 2016, S. 195)	*Anmerkung 8: Schulungen, Mentoring oder Coaching von Einzelpersonen können angewendet werden, um Abweichungen von den erforderlichen Fähigkeiten und Kenntnissen zu beheben*

A-SPICE® 4.0 MAN.3 BP6 wirkt dieser Ansatz eher reaktiv: Maßnahmen wie Schulungen werden erst dann ergriffen, wenn sich die Entwicklung ungünstig auf die Projektabschätzungen auswirkt.

In A-SPICE® 3.1 MAN.3 BP6 hingegen schien der Ansatz präventiver zu sein. Das Projektmanagement hatte die Aufgabe, sicherzustellen, dass Einzelpersonen und Teams ihre Fähigkeiten frühzeitig besitzen oder erwerben, sodass sich die Projektentwicklung nicht negativ auf die Abschätzungen auswirkt.

7.1.2.7 BP7: Ermittle, überwache und passe die Schnittstellen und vereinbarten Verpflichtungen des Projekts an/Bestimme und überwache die Schnittstellen und die vereinbarten Verpflichtungen des Projekts

(Siehe Tab. 7.8).

Unterschiede

In A-SPICE® 4.0 MAN.3 BP7 wurde die Formulierung der ersten beiden Anforderungen im Vergleich zu A-SPICE® 3.1 MAN.3 BP7 vereinfacht, indem lediglich die Stakeholder genannt werden – der Inhalt bleibt unverändert.

Die dritte Anforderung („Überwachung vereinbarter Verpflichtungen") aus A-SPICE® 3.1 MAN.3 BP7 wurde in A-SPICE® 4.0 MAN.3 BP7 beibehalten.

Zusätzlich führt A-SPICE® 4.0 MAN.3 BP7 die Definition eines Eskalationsmechanismus für nicht eingehaltene Verpflichtungen ein.

Hinweise/Interpretation

N/A.

Tab. 7.8 MAN.3 BP7 Vergleich

A-SPICE® 3.1	A-SPICE® 4.0
Ermittle, überwache und passe die Schnittstellen und vereinbarten Verpflichtungen des Projekts an a) Ermittle die Schnittstellen des Projekts zu anderen (Unter-)Projekten, Organisationseinheiten und anderen betroffenen Stakeholdern b) Vereinbare die Schnittstellen des Projekts mit anderen (Unter-)Projekten, Organisationseinheiten und anderen betroffenen Stakeholdern c) Überwache die vereinbarten Verpflichtungen *Anmerkung 9: Projektschnittstellen betreffen Entwicklungs-, Management- und Unterstützungsprozesse* (in Anlehnung an Müller et al. 2016, S. 196)	**Bestimme und überwache die Schnittstellen und die vereinbarten Verpflichtungen des Projekts** a) Bestimme die Schnittstellen des Projekts zu den betroffenen Stakeholdern, b) Vereinbare die Schnittstellen des Projekts mit den betroffenen Stakeholdern c) Überwache die vereinbarten Verpflichtungen d) Lege einen Eskalationsmechanismus für Verpflichtungen, die nicht eingehalten werden, fest *Anmerkung 9: Betroffene Stakeholder können andere Projekte, Organisationseinheiten, Unterauftragnehmer und Dienstleister umfassen*

7.1.2.8 BP8: Definiere, überwache und passe den Terminplan des Projekts an/Definiere und überwache den Terminplan des Projekts

(Siehe Tab. 7.9).

Unterschiede
Die Begrifflichkeit wurde von „Aktivitäten“ zu „Arbeitspaketen“ geändert. Der wesentliche Unterschied besteht darin, dass A-SPICE® 4.0 MAN.3 BP8 nun die Überwachung der Ausführung von Aktivitäten im Vergleich zum Zeitplan betont (Termintreue), während zuvor in A-SPICE® 3.1 MAN.3 BP8 der Fokus darauf lag, den Zeitplan kontinuierlich während der gesamten Projektlaufzeit zu aktualisieren.

Hinweise/Interpretation
Das Aktualisieren des Zeitplans wurde in A-SPICE® 4.0 MAN.3 in die BP9 „Stelle Konsistenz sicher“ verlagert.

7.1.2.9 BP9: Stelle Konsistenz sicher/Stelle Konsistenz sicher

(Siehe Tab. 7.10).

Unterschiede
Die Basispraxis trägt in beiden A-SPICE®-Versionen die Überschrift „Stelle Konsistenz sicher.“ In A-SPICE® 4.0 MAN.3 BP9 wird gemäß den wörtlichen Anforderungen jedoch ausschließlich eine Anpassung der aufgeführten Elemente verlangt. Anders als in A-SPICE® 3.1 MAN.3 BP9 beinhaltet A-SPICE® 4.0 MAN.3 BP9 zusätzlich die Anpassung der Ressourcen.

Hinweise/Interpretationen
Der gesamte Aspekt der „Anpassung“ innerhalb der A-SPICE® 3.1 MAN.3 BPs wurde in A-SPICE® 4.0 MAN.3 in den Prozessschritt „Stelle Konsistenz sicher“ überführt.

Tab. 7.9 MAN.3 BP8 Vergleich

A-SPICE® 3.1	A-SPICE® 4.0
Definiere, überwache und passe den Terminplan des Projekts an a) Weise den Aktivitäten Ressourcen zu, und b) plane jede Aktivität des gesamten Projekts c) Aktualisiere den Zeitplan des Projektes während der gesamten Lebensdauer des Projekts *Anmerkung 10: Dies gilt für sämtliche Entwicklungs-, Management- und Unterstützungsprozesse* (in Anlehnung an Müller et al. 2016, S. 196)	**Definiere und überwache den Terminplan des Projekts** a) Weise den Arbeitspaketen Ressourcen zu und b) plane jede Aktivität des Projekts c) Überwache die Ausführung der Aktivitäten im Vergleich zum Zeitplan

Tab. 7.10 MAN.3 BP9 Vergleich

A-SPICE® 3.1	A-SPICE® 4.0
Stelle Konsistenz sicher Stelle die Konsistenz a) der Projektabschätzungen, b) der Fähigkeiten, c) der Projektaktivitäten, d) der Zeitpläne, e) der Pläne, f) der Schnittstellen und g) der Verpflichtungen im Projekt zwischen allen betroffenen Parteien sicher (in Anlehnung an Müller et al. 2016, S. 198)	**Stelle Konsistenz sicher** Passe regelmäßig a) die Projektabschätzungen, b) die Ressourcen, c) die Fähigkeiten, d) die Arbeitspakete und ihre Abhängigkeiten, e) die Zeitpläne, f) die Pläne, g) die Schnittstellen, und h) die Verpflichtungen, an, um die Konsistenz für das Projekt innerhalb des Arbeitsumfangs sicherzustellen *Anmerkung 10: Dies kann die Berücksichtigung kritischer Abhängigkeiten umfassen, die eine Eingangsgröße für das Risikomanagement darstellen*

Es ließe sich argumentieren, dass regelmäßige Anpassungen nicht zwangsläufig zur Konsistenzsicherung beitragen. Diese erfordert im Rahmen der Anpassungen nämlich nicht nur eine Überprüfung, sondern auch gezielte Korrekturmaßnahmen, falls Abweichungen festgestellt oder Widersprüche – zum Beispiel in den Projektabschätzungen und den Ressourcen – entdeckt werden.

7.1.2.10 BP10: Reviewe und berichte den Projektfortschritt/Reviewe und berichte den Projektfortschritt

(Siehe Tab. 7.11).

Unterschiede

Abgesehen von einer leicht angepassten Terminologie – Arbeitspakete statt Aktivitäten – bleibt der Inhalt der Basispraxis in A-SPICE® 4.0 MAN.3 BP10 unverändert.

Hinweise/Interpretation

A-SPICE® 4.0 MAN.3 BP10 schafft eine direkte Verbindung zum Prozess SUP.9 „Problem Resolution Management“ (Problemmanagement).

Es wirkt etwas widersprüchlich, dass A-SPICE® 4.0 MAN.3 die Vermeidung des Wiederauftretens erkannter Probleme aus seinen Prozessergebnissen entfernt, gleichzeitig aber einen Teil von MAN.3 BP10 genau diesem Thema widmet. Damit trägt die BP zu einem Prozessergebnis bei, dass in A-SPICE® 4.0 MAN.3 nicht ausdrücklich existiert.

Aus meiner Sicht wäre es konsequent gewesen, den letzten Abschnitt der Basispraxis in A-SPICE® 4.0 vollständig zu streichen.

Tab. 7.11 MAN.3 BP10 Vergleich

A-SPICE® 3.1	A-SPICE® 4.0
Reviewe und berichte den Projektfortschritt a) *Reviewe* regelmäßig den Status des Projekts und die Bearbeitung der Aktivitäten hinsichtlich geschätzten Aufwands und geschätzter Dauer b) *Berichte* regelmäßig den Status des Projekts und die Bearbeitung der Aktivitäten hinsichtlich geschätzten Aufwands und geschätzter Dauer c) Vermeide das erneute Auftreten der erkannten Probleme	**Reviewe und berichte den Projektfortschritt** a) Reviewe regelmäßig den Status des Projekts und die Bearbeitung der Arbeitspakete hinsichtlich geschätzten Aufwands und geschätzter Dauer b) Berichte regelmäßig den Status des Projekts und die Bearbeitung der Arbeitspakete hinsichtlich geschätzten Aufwands und der geschätzten Dauer c) Vermeide das erneute Auftreten der erkannten Probleme
Anmerkung 11: Projektreviews können in regelmäßigen Abständen durch das Management erfolgen. Ein Projektreview am Ende des Projekts trägt dazu bei, Best Practices und Lessons Learned zu ermitteln (Müller et al. 2016, S. 199)	*Anmerkung 11: Projektreviews können in regelmäßigen Abständen durch das Management erfolgen. Projektreviews können dazu beitragen, Best Practices und Lessons Learned zu ermitteln* *Anmerkung 12: Siehe SUP.9 zur Lösung von Problemen*

7.1.2.11 Grafische Zusammenfassung der MAN.3 Basispraxisänderungen

(Siehe Abb. 7.1).

7.2 MAN.5 Risk Management (Risikomanagement)

Dieses Kapitel beleuchtet die Unterschiede und Gemeinsamkeiten der Risikomanagement-Prozesse zwischen beiden A-SPICE® Ausgaben.

7.2.1 Vergleich der Prozessreferenzmodell-Elemente

(Siehe Tab. 7.12).

Unterschiede

Prozessname:

Kein Unterschied.

Prozesszweck:

In A-SPICE® 4.0 wurde „kontinuierlich“ durch „regelmäßig“ ersetzt. Zudem wird ausdrücklich darauf hingewiesen, dass sowohl prozess- als auch produktbezogene Risiken berücksichtigt werden müssen.

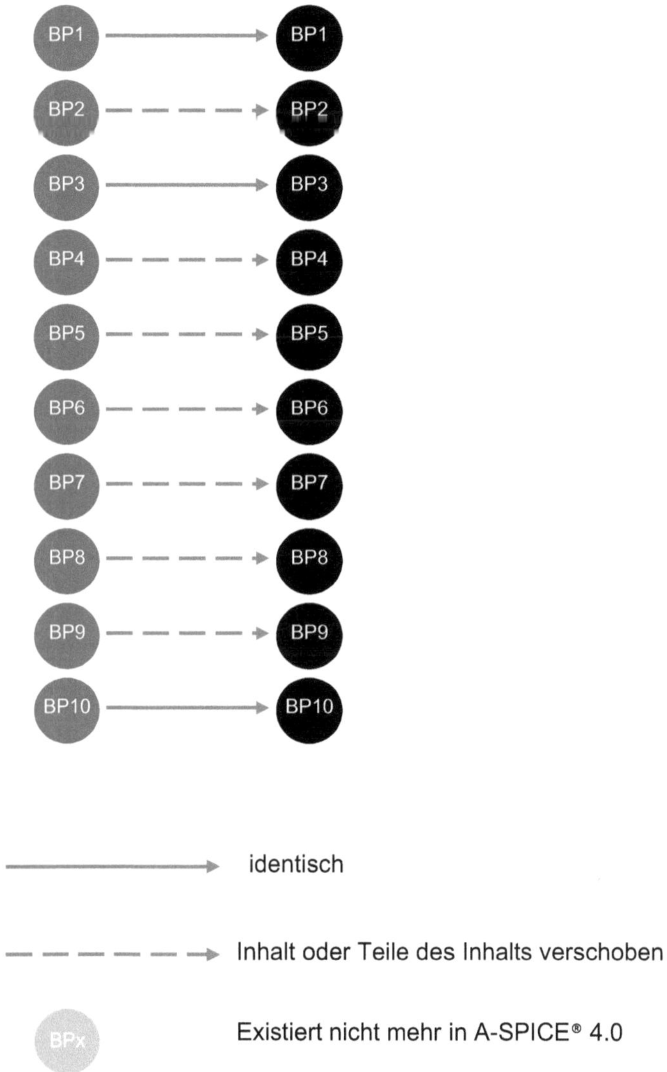

Abb. 7.1 Grafische Zusammenfassung der MAN.3 Basispraxisänderungen

Prozessergebnisse:
In A-SPICE® 4.0 MAN.5 wurden die ersten beiden Prozessergebnisse – die Festlegung des Risikomanagementumfangs sowie die Definition geeigneter Risikomanagementstrategien – gestrichen. Neu hinzugekommen ist stattdessen die Ermittlung und regelmäßige Aktualisierung der Risikoquellen als erstes Prozessergebnis.

Das dritte Prozessergebnis aus A-SPICE® 3.1 MAN.5, die Erkennung von Risiken während ihrer Entstehung im Projektverlauf, bleibt inhaltlich erhalten, wird in der neuen

Tab. 7.12 Vergleich der MAN.5 PRM-Elemente

Element	A-SPICE® 3.1	A-SPICE® 4.0
Prozess-ID	MAN.5	MAN.5
Prozessname	Risk management (Risikomanagement)	Risk management (Risikomanagement)
Prozesszweck	Der Zweck besteht darin, Risiken kontinuierlich zu ermitteln, zu analysieren, zu behandeln und zu überwachen	Der Zweck besteht darin prozess- und produktbezogene Risiken regelmäßig zu ermitteln, zu analysieren, zu behandeln und zu überwachen
Prozessergebnisse	1) Der Umfang des durzuführenden Risikomanagements ist festgelegt, 2) Geeignete Risikomanagement-Strategien sind definiert und umgesetzt, 3) Risiken werden während ihrer Entstehung im Verlauf der Projektdurchführung erkannt, 4) Risiken sind analysiert und die Priorität für den Ressourceneinsatz zur Behandlung dieser Risiken ist festgelegt, 5) Risikomaßnahmen sind definiert, umgesetzt und bewertet, um Änderungen im Risikostatus und den Fortschritt der Behandlungsmaßnahmen zu bestimmen, und 6) geeignete Maßnahmen werden ergriffen, um die Folgen eines Risikos basierend auf dessen Priorität, Wahrscheinlichkeit, Auswirkung oder einer anderen definierten Risikoschwelle zu korrigieren oder zu vermeiden	1) Die Quellen von Risiken sind ermittelt und werden regelmäßig aktualisiert, 2) Potenzielle unerwünschte Ereignisse werden während ihrer Entwicklung im Verlauf der Projektdurchführung erkannt, 3) Risiken sind analysiert und die Priorität für den Ressourceneinsatz zur Behandlung dieser Risiken ist festgelegt 4) Risikomaßnahmen sind definiert, umgesetzt und bewertet, um Änderungen im Risikostatus und den Fortschritt der Behandlungsmaßnahmen zu bestimmen, und 5) geeignete Maßnahmen werden ergriffen, um die Folgen eines Risikos basierend auf dessen Priorität, Wahrscheinlichkeit, Auswirkung oder einer anderen definierten Risikoschwelle zu korrigieren oder zu vermeiden

Version jedoch sprachlich angepasst: Statt von „Risiken" ist nun von „potentiell unerwünschten Ereignissen" die Rede.

Alle weiteren Prozessergebnisse – von der Analyse der Risiken und Priorisierung des Ressourceneinsatzes über die Definition, Umsetzung und Bewertung von Risikomaßnahmen bis hin zur Ergreifung geeigneter Maßnahmen – bleiben unverändert und stimmen in beiden Versionen überein.

Hinweise/Interpretation

Prozessname:

N/A.

Prozesszweck:
Der Prozesszweck in A-SPICE® MAN.5 unterstreicht die zweigleisige Natur von Risiken, indem sowohl prozess- als auch produktbezogene Risiken berücksichtigt werden.

Prozessergebnisse:
Die Streichung der Risikomanagementstrategien aus den Prozessergebnissen erscheint nachvollziehbar – vorausgesetzt, man kennt die vier grundlegenden Risikomanagementstrategien im Systems Engineering: Akzeptieren, Transferieren, Vermeiden sowie Reduzieren der Eintrittswahrscheinlichkeit oder der Auswirkungen. Eine detailliertere Betrachtung dieser Strategien erfolgt später bei der Analyse der Basispraktiken.

Weniger glücklich bin ich mit der Formulierung des zweiten Prozessergebnisses in A-SPICE® 4.0 MAN.5: „Potenzielle unerwünschte Ereignisse werden während ihrer Entwicklung im Verlauf der Projektdurchführung erkannt." Diese Formulierung ist sehr weit gefasst und könnte – übertrieben ausgedrückt – auch auf Ereignisse zutreffen, die für das Projekt völlig irrelevant sind, etwa die Schließung eines nahegelegenen Supermarktes während der Projektdauer. Solche Entwicklungen lassen sich möglicherweise über lokale Nachrichten vorhersehen, fallen jedoch sicher nicht in den eigentlichen Anwendungsbereich von A-SPICE®.

Durch diese Formulierung werden solche externen Ereignisse nicht zwingend ausgeschlossen, was zu einer gewissen Interpretationsunschärfe führt. Eine präzisere Definition von Risiko, etwa als „potentielles Ereignis mit negativen Auswirkungen oder Folgen", hätte eine klarere Abgrenzung geschaffen und die eigentliche Bedeutung des Begriffs besser eingefangen.

7.2.2 Vergleich der Basispraktiken

In den folgenden Abschnitten werden die Basispraktiken der Risikomanagementprozesse hinsichtlich ihrer Unterschiede und Gemeinsamkeiten analysiert.

7.2.2.1 BP1: Lege den Umfang des Risikomanagements fest/Ermittle Risikoquellen

(Siehe Tab. 7.13).

Unterschiede
A-SPICE® 3.1 MAN.5 BP1 ist in A-SPICE® 4.0 MAN.5 nicht mehr enthalten.

A-SPICE® 4.0 MAN.5 BP1 könnte jedoch Elemente von A-SPICE® 3.1 BP3 integrieren – wie im Kapitel zu BP3 erläutert.

Hinweise/Interpretation
Gemäß Systems Engineering gibt es technische, kostenbezogene und terminliche Risiken sowie außenbestimmte Risiken, die durch Ereignisse außerhalb der Kontrolle des Projektmanagements bzw. des Projektleiters entstehen.

Tab. 7.13 MAN.5 BP1 Vergleich

A-SPICE® 3.1	A-SPICE® 4.0
Lege den Umfang des Risikomanagements fest a) Bestimme den Umfang des Risikomanagements für das Projekt im Einklang mit den Risikomanagementrichtlinien des Unternehmens *Note 1: Risiken können technische, wirtschaftliche und zeitliche Risiken umfassen* (in Anlehnung an Müller et al. 2016, S. 207)	**Ermittle Risikoquellen** a) Ermittle die Risikoquellen mit den betroffenen Parteien b) Aktualisiere regelmäßig die Risikoquellen mit den betroffenen Parteien *Anmerkung 1: Risiken können technische, wirtschaftliche und terminliche Risiken umfassen* *Anmerkung 2: Risiken können die Lieferungen und Dienstleistungen der Lieferanten umfassen* *Anmerkung 3: Die Risikoquellen können sich über den gesamten Projektlebenszyklus hinweg verändern*

7.2.2.2 BP2: Definiere Risikomanagementstrategien/Ermittle potenzielle unerwünschte Ereignisse

(Siehe Tab. 7.14).

Unterschiede

A-SPICE® 3.1 MAN.5 BP2 entspricht weitgehend A-SPICE® 4.0 MAN.5 BP4. Letzteres nennt bereits die vier möglichen Strategien, während A-SPICE® 3.1 MAN.5 BP2 mehr Spielraum für Kreativität und Interpretation bietet.

A-SPICE® 4.0 MAN.5 BP2 weist Ähnlichkeiten mit A-SPICE® 3.1 MAN.5 BP3 auf, ist jedoch allgemeiner gehalten. Der letzte Aspekt aus A-SPICE® 3.1 MAN.5 BP3 (siehe nächstes BP, insbesondere das fortlaufende Ausschau-Halten nach Risikofaktoren) fehlen in A-SPICE® 4.0 MAN.5 BP2 vollständig.

Tab. 7.14 MAN.5 BP2 Vergleich

A-SPICE® 3.1	A-SPICE® 4.0
Definiere Risikomanagementstrategien a) Definiere geeignete Strategien um Risiken zu ermitteln, b) Definiere geeignete Strategien um Risiken abzuschwächen und c) Setze Akzeptanzgrenzen für jedes Risiko oder jede Risikogruppe fest, sowohl auf Projekt- als auch auf Organisationsebene (Müller et al. 2016, S. 207)	**Ermittle potenzielle unerwünschte Ereignisse** a) Ermittle potenzielle unerwünschte Ereignisse im Umfang des Risikomanagements für das Projekt

Hinweise/Interpretation

A-SPICE® 3.1 MAN.5 BP2:

Im Systems Engineering sind die Strategien des Risikomanagements begrenzt: Risiken können akzeptiert, vermieden oder übertragen werden (z. B. durch eine Versicherung). Alternativ lässt sich entweder die Eintrittswahrscheinlichkeit oder die negative Auswirkung des Risikos reduzieren (siehe auch GfSE 2016, S. 181). Die Festlegung von Akzeptanzgrenzen könnte beispielsweise über einen Schwellenwert der Risikoprioritätszahl (RPN) in einer FMEA erfolgen.

A-SPICE® 4.0 MAN.5 BP2:

In A-SPICE® 4.0 MAN.5 BP2 wird der Umfang des Risikomanagements erneut erwähnt, jedoch – anders als in A-SPICE® 3.1 MAN.5 BP1 – nicht mehr im Prozess explizit festgelegt. Möglicherweise könnte der Umfang des Risikomanagements mit dem Projektumfang gleichgesetzt werden, was eine Verbindung zu MAN.3 BP1 nahelegen würde. Andernfalls entsteht erneut eine logische Lücke in A-SPICE® 4.0.

7.2.2.3 BP3: Ermittle Risiken/Bestimme Risiken

(Siehe Tab. 7.15).

Unterschiede

A-SPICE® 3.1 MAN.5 BP3 weist Parallelen zu A-SPICE® 4.0 MAN.5 BP2 auf, wobei Letzteres allgemeiner formuliert ist. Die letzte Anforderung aus A-SPICE® 3.1 MAN.5

Tab. 7.15 MAN.5 BP3 Vergleich

A-SPICE® 3.1	A-SPICE® 4.0
Ermittle Risiken a) Ermittle Projektrisiken sowohl zu Beginn innerhalb der Projektstrategie als auch neu entstehende Risiken während des Projektverlaufs b) Halte fortlaufend Ausschau nach Risikofaktoren bei – jeder technischen oder – Management-Entscheidung *Anmerkung 2: Beispiele für Risikobereiche, die typischerweise auf potenzielle Risikoursachen oder Risikofaktoren untersucht werden sollten, sind: Kosten, Terminplan, Aufwand, Ressourcen und Technik* *Anmerkung 3: Beispiele für Risikofaktoren können folgendes umfassen: ungelöste und gelöste Zielkonflikte, Entscheidungen gegen die Implementierung einer Projektfunktion, Designänderungen sowie ein Mangel an erwarteten Ressourcen* (in Anlehnung an Müller et al. 2016, S. 209)	**Bestimme Risiken** a) Bestimme die Eintrittswahrscheinlichkeit und den Schweregrad unerwünschter Ereignisse, um die Priorisierung der Risikominderungsmaßnahmen zu unterstützen *Anmerkung 4: Zur Analyse der technischen Risiken eines Systems können verschiedene Verfahren angewendet werden, wie beispielsweise die Funktionsanalyse, Simulation, FMEA oder die Fehlerbaumanalyse etc.*

BP3 – das fortlaufende Ausschau-Halten nach Risikofaktoren – könnte durch A-SPICE® 4.0 MAN.5 BP1 abgedeckt sein.

A-SPICE® 4.0 MAN.5 BP3 entspricht weitgehend A-SPICE® 3.1 MAN.5 BP4. Die Risikoanalyse wird präziser beschrieben, indem sowohl der Schweregrad als auch die Eintrittswahrscheinlichkeit eines Risikos bestimmt werden. Zudem wurde der Begriff „Risiko" in A-SPICE® 4.0 MAN.5 BP3 durch „unerwünschtes Ereignis" ersetzt, was eine terminologische Anpassung gegenüber A-SPICE® 3.1 MAN.5 BP4 darstellt.

Hinweise/Interpretation

N/A.

7.2.2.4 BP4: Analysiere Risiken/Definiere die Risikobehandlungsoptionen

(Siehe Tab. 7.16).

Unterschiede

A-SPICE® 3.1 MAN.5 BP4 entspricht inhaltlich weitgehend A-SPICE® 4.0 MAN.5 BP3.

Die Risikoanalyse wird nun präziser formuliert, indem sowohl die Schwere als auch die Wahrscheinlichkeit eines unerwünschten Ereignisses bestimmt werden. Zudem wurde die Bezeichnung „Risiko" durch „unerwünschtes Ereignis" ersetzt.

Wie bereits in BP2 hervorgehoben:

A-SPICE® 4.0 MAN.5 BP4 weist Parallelen zu A-SPICE® 3.1 MAN.5 BP2 auf. Während A-SPICE® 4.0 MAN.5 BP4 die vier möglichen Strategien zur Risikobehandlung klar benennt (siehe auch GfSE 2016, S. 181), lässt A-SPICE® 3.1 MAN.5 BP2 mehr Raum für kreative Ansätze und Interpretationen.

Tab. 7.16 MAN.5 BP4 Vergleich

A-SPICE® 3.1	A-SPICE® 4.0
Analysiere Risiken a) Analysiere Risiken, um die Priorität zu ermitteln, mit der Ressourcen zur Risikominderung eingesetzt werden *Anmerkung 4: Risiken werden normalerweise analysiert, um ihre Eintrittswahrscheinlichkeit, ihre Auswirkung und ihren Schweregrad zu bestimmen* *Anmerkung 5: Unterschiedliche Verfahren zur Risikoanalyse eines Systems können angewendet werden, um potenzielle Risiken zu identifizieren, zum Beispiel Funktionsanalyse, Simulation, FMEA, Fehlerbaumanalyse etc.* (in Anlehnung an Müller et al. 2016, S. 210)	**Definiere die Risikobehandlungsoptionen** a) Wähle für jedes Risiko eine Maßnahme aus, um das Risiko – zu akzeptieren – zu mildern, – zu vermeiden, oder – zu teilen (übertragen)

Hinweise/Interpretation

Die vier Risikomanagementstrategien aus dem Systems Engineering, die in BP2 erläutert werden, finden sich auch in A-SPICE® 4.0 MAN.5 BP4 wieder. Mit dieser Anpassung hat sich A-SPICE® 4.0 stärker an den Risikomanagementprozess des Systems Engineering angenähert.

Ein kurzes Beispiel zu jeder dieser vier Strategien:

- Akzeptieren: Ein Risiko bewusst in Kauf nehmen – ähnlich wie ein Unternehmen das unternehmerische Risiko trägt. Die Auswirkungen sind entweder tragbar oder Gegenmaßnahmen unverhältnismäßig teuer. Diese Strategie wird häufig gewählt, wenn das Risiko als gering eingestuft wird.
- Mindern: Die Eintrittswahrscheinlichkeit oder die Auswirkungen eines Risikos reduzieren – beispielsweise durch technische Lösungen, Prozessoptimierungen oder zusätzliche Sicherheitsvorkehrungen. Ein mögliches Beispiel ist die Beschichtung einer Leiterplatte, um Kurzschlüsse durch Partikel zu vermeiden. Oder die Einführung einer 100 %-Kameraprüfung nach manuellen Montageprozessen von Steckern, um fehlerhafte Teile von der Auslieferung auszuschließen.
- Vermeiden: Ein Risiko vollständig ausschließen, indem entweder die Ursache beseitigt oder die riskante Aktion vermieden wird – etwa durch Designänderungen oder eine Anpassung der Vorgehensweise. Beispielsweise kann die Verletzungsgefahr durch scharfkantige Kanten reduziert werden, indem diese abgerundet werden.
- Teilen/Übertragen: Ein Risiko ganz oder teilweise an Dritte weitergeben – etwa durch den Abschluss einer Versicherung, die potenzielle Schäden abdeckt.

7.2.2.5 BP5: Bestimme Risikogegenmaßnahmen/Bestimme Risikogegenmaßnahmen und setze sie um

(Siehe Tab. 7.17).

Unterschiede

Die beiden Basispraktiken sind in den A-SPICE®-Versionen weitgehend vergleichbar. Der abschließende Schritt von A-SPICE® 3.1 MAN.5 BP5 – die Nachverfolgung der

Tab. 7.17 MAN.5 BP5 Vergleich

A-SPICE® 3.1	A-SPICE® 4.0
Bestimme Risikogegenmaßnahmen Für jedes Risiko (oder Gruppe von Risiken) a) definiere die ausgewählten Maßnahmen, b) setze die ausgewählten Maßnahmen um und c) verfolge die ausgewählten Maßnahmen, um das Risiko auf einem akzeptablen Niveau zu halten oder es darauf zu reduzieren (in Anlehnung an Müller et al. 2016, S. 212)	**Bestimme Risikogegenmaßnahmen und setze sie um** a) Definiere Risikomaßnahmen für die Risikobehandlungsoptionen b) Setze Risikomaßnahmen für die Risikobehandlungsoptionen um

ausgewählten Maßnahmen – ist in A-SPICE® 4.0 MAN.5 BP5 nicht enthalten. Teile dieser Anforderung könnten jedoch durch A-SPICE® 4.0 MAN.5 BP6 abgedeckt werden.

Hinweise/Interpretation

In A-SPICE® 4.0 BP4 werden die Strategien zur Risikobehandlung (Akzeptieren, Mindern, Vermeiden, Teilen/Übertragen) konkretisiert und angewendet, um Risiken auf ein akzeptables Niveau zu bringen. BP5 hingegen legt den Fokus auf die praktische Umsetzung dieser Maßnahmen und stellt sicher, dass sie tatsächlich durchgeführt werden. Während BP4 die strategische Auswahl der Behandlungsoptionen betont, stellt BP5 deren Umsetzung sicher.

Die Formulierung in A-SPICE® 4.0 macht die Abgrenzung zwischen diesen Basispraktiken jedoch nicht eindeutig genug. Insbesondere in MAN.5 BP4 wird die grundsätzliche Auswahl einer oder mehrerer Behandlungsoptionen – Akzeptieren, Reduzieren, Vermeiden, Übertragen – nicht klar genug herausgestellt.

Vielleicht macht folgendes *Beispiel* das Ganze etwas klarer:

BP4:

Risiko der nicht montierten Stecker durch manuelle Montageprozesse:

- Behandlungsstrategie: Reduzieren
- Mögliche Maßnahme: Prozessoptimierung → zusätzliche Prüfung

BP5 für dieses Risiko:

- 100 % Kameraprüfung
- Oder Höhenmessung, falls Kameraprüfung zu unsicher.
- Umsetzung: Einbau der Kameraprüfung oder der Höhenmessung in die Fertigungslinie.

Zumindest fasse ich den Unterschied der beiden Basispraktiken so auf.

7.2.2.6 Verfolge Risiken/Verfolge Risiken

(Siehe Tab. 7.18).

Unterschiede

A-SPICE® 3.1 MAN.5 BP6 ist weitgehend mit A-SPICE® 4.0 MAN.5 BP6 vergleichbar. Die Formulierung wurde von „Risiko (oder Gruppe von Risiken)“ zu „das Risiko in Bezug auf die identifizierten, potenziellen unerwünschten Ereignisse“ geändert. Die Anwendung und Bewertung der Risikomessungen wurde in A-SPICE® 4.0 MAN.5 BP6 nicht übernommen.

Hinweise/Interpretation

A-SPICE® 4.0 scheint verstärkt auf den Einsatz einer FMEA oder einer Risikomatrix zu setzen, in der potenzielle Ereignisse anhand von Wirkung, Schweregrad, Eintrittswahr-

Tab. 7.18 MAN.5 BP6 Vergleich

A-SPICE® 3.1	A-SPICE® 4.0
Verfolge Risiken a) Für jedes Risiko (oder Gruppe von Risiken), definiere Maße (zum Beispiel Kennzahlen), um – Änderungen im Risikostatus zu bestimmen und – den Fortschritt der Risikominderungsmaßnahmen zu beurteilen b) Wende diese Risikomaße an und bewerte sie *Anmerkung 6: Größere Risiken sollten an höhere Managementebenen kommuniziert und durch diese verfolgt werden* (in Anlehnung an Müller et al. 2016, S. 213)	**Verfolge Risiken** a) Bewerte das Risiko in Bezug auf die identifizierten, potenziellen unerwünschten Ereignisse regelmäßig neu, um – Änderungen im Risikostatus zu bestimmen und – den Fortschritt der Risikobehandlungsmaßnahmen zu beurteilen *Anmerkung 5: Risiken hoher Priorität sollten an höhere Managementebenen kommuniziert und durch diese verfolgt werden*

scheinlichkeit und Nichtentdeckungswahrscheinlichkeit oder ähnlichen Kriterien bewertet werden.

Der Abschnitt zur Anwendung und Bewertung aus A-SPICE® 3.1 MAN.5 BP6 könnte in A-SPICE® 4.0 BP7 integriert sein, um Redundanzen zu vermeiden.

7.2.2.7 BP7: Ergreife Korrekturmaßnahmen/Ergreife Korrekturmaßnahmen

(Siehe Tab. 7.19).

Unterschiede

A-SPICE® 3.1 MAN.5 BP7 und A-SPICE® 4.0 MAN.5 BP7 sind inhaltlich vergleichbar. Allerdings wird in A-SPICE® 4.0 MAN.5 BP7 die Reduzierung oder Vermeidung der Risikoauswirkung nicht mehr explizit erwähnt.

Tab. 7.19 MAN.5 BP7 Vergleich

A-SPICE® 3.1	A-SPICE® 4.0
Ergreife Korrekturmaßnahmen a) Wenn der erwartete Fortschritt der Risikominderung nicht erreicht wird, ergreife geeignete Korrekturmaßnahmen, um Auswirkung der Risiken – zu reduzieren oder – zu vermeiden *Anmerkung 7: Korrekturmaßnahmen können die Entwicklung und Umsetzung neuer Risikominderungsstrategien oder die Anpassung bestehender Strategien umfassen* (in Anlehnung an Müller et al. 2016, S. 213)	**Ergreife Korrekturmaßnahmen** a) Wenn Risikogegenmaßnahmen nicht effektiv sind, ergreife geeignete Korrekturmaßnahmen *Anmerkung 6: Korrekturmaßnahmen können die Neubewertung der Risiken, die Entwicklung und Umsetzung neuer Risikominderungskonzepte oder die Anpassung bestehender Konzepte umfassen*

Hinweise/Interpretation

Die Formulierung in A-SPICE® 4.0 MAN.5 BP7 ist bewusst allgemeiner gehalten.

Es stellt sich die Frage, ob diese Basispraxis überhaupt notwendig ist, da ihre Inhalte bereits durch BP3 bis BP5 in A-SPICE® 4.0 MAN.5 abgedeckt sein dürften – wie auch in Anmerkung 6 erläutert.

Durch die fortlaufende Überwachung des Risikos (BP5) sollte erkennbar sein, ob eine Risikominderungsmaßnahme wirkungslos geblieben ist und das Risiko unverändert fortbesteht. In diesem Fall müssen neue Risikobehandlungsoptionen definiert und umgesetzt werden, einschließlich der Möglichkeit, das Risiko bewusst zu akzeptieren. Anschließend beginnt der Überwachungsprozess erneut. Sollte die Risikominderung durch die neuen Maßnahmen erfolgreich sein, wäre eine Reduzierung des Risikos die Folge.

Diese Logik gilt jedoch nicht für außenbestimmte Risiken, die außerhalb des Einflussbereichs des Projektteams liegen. In solchen Fällen besteht die beste Strategie darin, diese frühzeitig zu antizipieren und ihre potenziell negativen Auswirkungen zu minimieren – oder sich auf die Folgen vorzubereiten, was allerdings die weniger vorteilhafte Alternative wäre.

7.2.2.8 Grafische Zusammenfassung der MAN.5 Basispraxisänderungen

(Siehe Abb. 7.2).

7.3 MAN.6 Measurement (Messen)

In diesem Abschnitt werden die Unterschiede und Gemeinsamkeiten der Messprozesse beschrieben.

7.3.1 Vergleich der Prozessreferenzmodell-Elemente

(Siehe Tab. 7.20).

Unterschiede

Prozessname:

Kein Unterschied.

Prozesszweck:

In A-SPICE® 4.0 MAN.6 wurde „entwickelte Produkte“ durch „Entwicklungsergebnisse“ ersetzt. Zudem wurde die Formulierung „objektiv die Qualität der Produkte nachweisen“ entfernt.

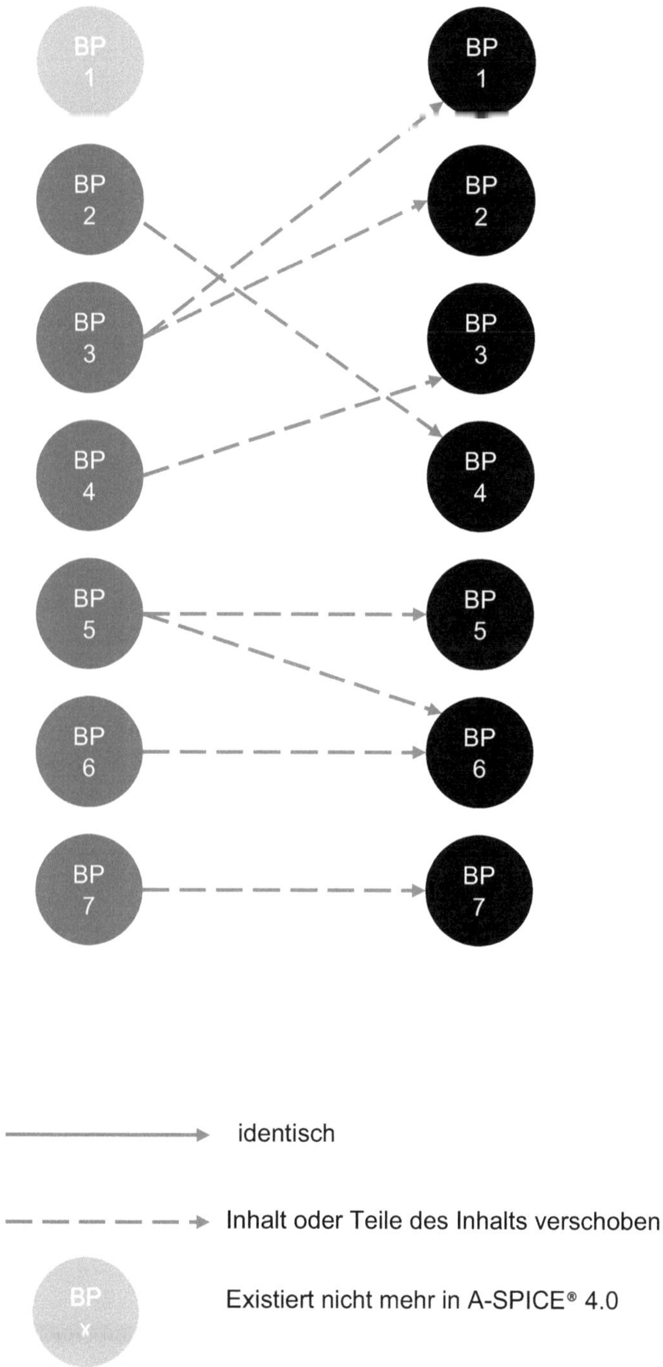

Abb. 7.2 Grafische Zusammenfassung der MAN.5 Basispraxisänderungen

Tab. 7.20 Vergleich der MAN.6 PRM-Elemente

Element	A-SPICE® 3.1	A-SPICE® 4.0
Prozess-ID	MAN.6	MAN.6
Prozessname	Measurement (Messen)	Measurement (Messen)
Prozesszweck	Der Zweck besteht darin, Daten bezüglich der entwickelten Produkte und der implementierten Prozesse in der Organisation und ihren Projekten zu sammeln und zu analysieren. Dies dient der Unterstützung eines effektiven Prozessmanagements sowie dem objektiven Nachweis der Produktqualität	Der Zweck besteht darin, Daten bezüglich der Entwicklungsergebnisse und -prozesse in der Organisation und ihren Projekten zu sammeln und zu analysieren. Die dient der Unterstützung eines effektiven Prozessmanagements
Prozessergebnisse	1) Die organisatorische Verpflichtung ist etabliert und wird gepflegt, um den Messprozess umzusetzen, 2) der Bedarf an Messinformationen für organisatorische und Managementprozesse ist ermittelt, 3) ein geeigneter Satz von Messungen, basierend auf den Informationsbedarfen, ist identifiziert und/oder entwickelt, 4) Messaktivitäten sind identifiziert und werden durchgeführt, 5) die erforderlichen Daten werden erfasst, gespeichert, analysiert und die Ergebnisse interpretiert, 6) Messauswertungen werden genutzt, um Entscheidungen zu unterstützen und eine objektive Grundlage für die Kommunikation zu schaffen und 7) der Messprozess und die Messungen sind bewertet und an den Prozessverantwortlichen kommuniziert	1) Der Bedarf an Messinformationen, der benötigt wird, um das Erreichen der Prozessziele und der gewünschten Arbeitsergebnisse zu beurteilen, ist identifiziert, 2) ein geeigneter Satz von Messungen, basierend auf den Informationsbedarfen ist identifiziert und/oder entwickelt, 3) Messaktivitäten sind identifiziert und werden durchgeführt, 4) die erforderlichen Messgrößen werden erfasst, gespeichert, analysiert und die Ergebnisse interpretiert, 5) Messgrößen werden genutzt, um Entscheidungen zu unterstützen und eine objektive Grundlage für die Kommunikation zu schaffen

Prozessergebnisse:
Das erste Prozessergebnis von A-SPICE® 3.1 MAN.6 – die organisatorische Verpflichtung zur Umsetzung des Messprozesses – wurde in A-SPICE® 4.0 MAN.6 gestrichen.

Das zweite Prozessergebnis von A-SPICE® 3.1 MAN.6 – die Ermittlung des Bedarfs an Messinformationen – ähnelt dem ersten Prozessergebnis von A-SPICE® 4.0 MAN.6. Allerdings bezieht sich dieses nicht mehr ausdrücklich auf organisatorische und Managementprozesse, sondern auf das Erreichen von Projektzielen und gewünschten Arbeitsergebnissen.

Das dritte Prozessergebnis von A-SPICE® 3.1 MAN.6 – die Definition eines geeigneten Satzes an Messungen – entspricht vollständig dem zweiten Prozessergebnis von A-SPICE® 4.0 MAN.6.

Das vierte Prozessergebnis von A-SPICE® 3.1 MAN.6 – die Identifikation und Durchführung der Messaktivitäten – deckt sich mit dem dritten Prozessergebnis von MAN.6 in A-SPICE® 4.0.

Das fünfte Prozessergebnis von A-SPICE® 3.1 MAN.6 – das Erfassen, Speichern, Analysieren und Interpretieren der erforderlichen Daten – weist Parallelen zum vierten Prozessergebnis von A-SPICE® 4.0 MAN.6 auf. Allerdings wurde in A-SPICE® 4.0 MAN.5 der Begriff „Daten" durch „Messgrößen" ersetzt.

Das sechste Prozessergebnis von A-SPICE® 3.1 MAN.6 – die Nutzung der Messergebnisse zur Unterstützung von Entscheidungen und als Grundlage für die Kommunikation – ähnelt dem fünften Prozessergebnis von A-SPICE® 4.0 MAN.6. Hierbei wurde die Formulierung „die aus den Messungen gewonnenen Informationen" vereinfacht und durch „Messgrößen" ersetzt.

Das siebte und letzte Prozessergebnis von A-SPICE® 3.1 MAN.6 ist in A-SPICE® 4.0 MAN.6 nicht mehr enthalten.

Hinweise/Interpretation

Prozessname:

N/A.

Prozesszweck:

Die Streichung des Abschnitts zum objektiven Nachweis der Produktqualität aus dem Prozesszweck dürfte darauf hinweisen, dass sich A-SPICE® 4.0 entweder primär auf die Qualität der Entwicklungsprozesse konzentriert oder dass die Bewertung der Produktqualität bzw. der Qualität der Arbeitsergebnisse in anderen Prozessen – beispielsweise in SUP.1 Qualitätssicherung – vorangig erfolgt.

Prozessergebnisse:

Es hat sich bis auf die Streichung von zwei Prozessergebnissen und eine leichte Anpassung der Begrifflichkeiten nicht viel getan.

7.3.2 Vergleich der Basispraktiken

In den folgenden Unterabschnitten werden die Unterschiede und Gemeinsamkeiten der Basispraktiken innerhalb der MAN.6-Prozesse miteinander verglichen.

7.3.2.1 BP1: Richte eine organisatorische Verpflichtung für das Messen ein/Ermittle Informationsbedarfe

(Siehe Tab. 7.21).

Tab. 7.21 MAN.6 BP1 Vergleich

A-SPICE® 3.1	A-SPICE® 4.0
Richte eine organisatorische Verpflichtung für das Messen ein Eine Verpflichtung des Managements und der Belegschaft für das Messen wird a) eingerichtet und b) an die Organisationseinheit kommuniziert (in Anlehnung an Müller et al. 2016, S. 218)	**Ermittle Informationsbedarfe** Ermittle den Bedarf an erforderlichen Messinformationen, um zu beurteilen ob a) die Prozessziele und b) die Arbeitsergebnisse erreicht werden *Anmerkung 1: Die Informationsbedarfe können sich im Laufe der Zeit ändern. Deswegen kann der Messprozess iterativ genutzt werden*

Unterschiede

In A-SPICE® 4.0 MAN.6 existiert BP1 nicht mehr.

Stattdessen weist A-SPICE® 4.0 MAN.6 BP1 Ähnlichkeiten mit A-SPICE® 3.1 MAN.6 BP3 auf, jedoch wurde in A-SPICE® 4.0 MAN.6 BP1 die Formulierung von „organisatorische Prozesse" zu „Prozesse" vereinfacht und die Messung von Arbeitsergebnissen ergänzt.

Hinweise/Interpretation

Die überarbeitete Formulierung bezieht sich nun auf sämtliche Prozesse und nicht mehr ausschließlich auf Management- und Organisationsprozesse, wie es in A-SPICE® 3.1 MAN.6 BP3 der Fall war.

7.3.2.2 BP2: Entwickle eine Messstrategie/Spezifiziere Kennzahlen

(Siehe Tab. 7.22).

Unterschiede

BP2 aus A-SPICE® 3.1 MAN.6 wurde in A-SPICE® 4.0 MAN.6 nicht übernommen. Die neue Version übernimmt wesentliche Elemente von A-SPICE® 3.1 MAN.6 BP4, allerdings wurde die Begrifflichkeit von „Metriken" zu „Kennzahlen" geändert.

Tab. 7.22 MAN.6 BP2 Vergleich

A-SPICE® 3.1	A-SPICE® 4.0
Entwickle eine Messstrategie a) Definiere basierend auf den Organisations- und Projektbedarfen eine geeignete Messstrategie, um Messaktivitäten und -ergebnisse zu – ermitteln, – durchzuführen und – auszuwerten (in Anlehnung an Müller et al. 2016, S. 218)	**Spezifiziere Kennzahlen** a) Ermittle und b) entwickle einen geeigneten Satz an Kennzahlen basierend auf dem Bedarf an Messinformationen *Anmerkung 2: Kennzahlen können sich auf Prozesse oder Entwicklungsergebnisse beziehen*

Hinweise/Interpretation

Ein kleiner Hinweis: Die Änderung der Begrifflichkeit von „Metriken“ zu „Kennzahlen“ kann an Unzulänglichkeiten meiner eigenen Übersetzung liegen. Im englischen Original wurde von „measures“ zu „metrics“ umformuliert.

7.3.2.3 BP3: Ermittle den Bedarf an Messinformationen/Erfasse und speichere Kennzahlen

(Siehe Tab. 7.23).

Unterschiede

A-SPICE® 3.1 MAN.6 BP3 entspricht weitgehend A-SPICE® 4.0 MAN.6 BP1, allerdings wurde die Formulierung von „für organisatorische Prozesse“ zu „Prozessziele“ und von „Managementprozesse“ zu „Arbeitsergebnisse“ angepasst.

A-SPICE® 4.0 MAN.6 BP3 weist Parallelen zu A-SPICE® 3.1 MAN.6 BP6 auf. Dabei wurde „Metriken“ durch „Kennzahlen“ ersetzt, und der Abschnitt zur Bewertung entfällt in A-SPICE® 4.0 MAN.6 BP3.

Hinweise/Interpretation

N/A.

7.3.2.4 BP4: Spezifiziere Metriken/Analysiere die erfassten Kennzahlen

(Siehe Tab. 7.24).

Unterschiede

A-SPICE® 3.1 MAN.6 BP4 entspricht weitgehend A-SPICE® 3.1 MAN.6 BP2, wobei „Metriken“ durch „Kennzahlen“ ersetzt wurde.

Tab. 7.23 MAN.6 BP3 Vergleich

A-SPICE® 3.1	A-SPICE® 4.0
Ermittle den Bedarf an Messinformationen Ermittle den Bedarf an Messinformationen für a) organisatorische Prozesse und b) Managementprozesse (in Anlehnung an Müller et al. 2016, S. 219)	**Erfasse und speichere Kennzahlen** a) Erfasse und b) speichere sowohl Basis- als auch abgeleitete Kennzahlen, einschließlich aller Kontextinformationen, die notwendig sind, um die Kennzahlen – zu verifizieren und – zu verstehen *Anmerkung 3: Basiskennzahlen im Kontext dieses Prozesses sind direkt erhobene Kennzahlen wie „Anzahl der gefundenen Fehler“ oder „Anzahl der Codezeilen“. Abgeleitete Metriken hingegen setzen zwei oder mehr Kennzahlen in Relation zueinander wie beispielsweise „Anzahl der gefundenen Fehler pro Codezeile“*

Tab. 7.24 MAN.6 BP4 Vergleich

A-SPICE® 3.1	A-SPICE® 4.0
Spezifiziere Metriken a) Ermittle und b) entwickle basierend auf dem Bedarf an Messinformationen einen geeigneten Satz an Metriken (in Anlehnung an Müller et al. 2016, S. 220)	**Analysiere die erfassten Kennzahlen** a) Analysiere, b) interpretiere und c) reviewe die die gemessenen Werte, um die Entscheidungsfindung zu unterstützen

A-SPICE® 4.0 MAN.6 BP4 weist Parallelen zu A-SPICE® 3.1 MAN.6 BP7 auf. Dabei wurde „Messdaten" durch „gemessene Werte" ersetzt und die Formulierung „um die Entscheidungsfindung zu unterstützen" ergänzt. Zudem entfällt die Anforderung „erstelle Auswertungen" aus BP7 in der neuen Version.

Neu hinzugekommen in A-SPICE® 4.0 MAN.6 BP4 ist die Anforderung „reviewe gemessene Werte, um die Entscheidungsfindung zu unterstützen".

Hinweise/Interpretation

N/A.

7.3.2.5 BP5: Führe Messaktivitäten durch/Kommuniziere die Analyseergebnisse

(Siehe Tab. 7.25).

Unterschiede

A-SPICE® 3.1 MAN.6 BP5 ist in A-SPICE® 4.0 MAN.6 nicht mehr in dieser Form enthalten. A-SPICE® 4.0 MAN.6 BP5 entspricht weitgehend A-SPICE® 3.1 MAN.6 BP9.

Hinweise/Interpretation

N/A.

7.3.2.6 BP6: Erhebe Messdaten/Nutze die Kennzahlen zur Entscheidungsfindung

(Siehe Tab. 7.26).

Tab. 7.25 MAN.6 BP5 Vergleich

A-SPICE® 3.1	A-SPICE® 4.0
Führe Messaktivitäten durch a) Definiere Messaktivitäten b) Führe Messaktivitäten durch (Müller et al. 2016, S. 220)	**Kommuniziere die Analyseergebnisse** a) Kommuniziere die Analyseergebnisse an alle betroffenen Parteien

Tab. 7.26 MAN.6 BP6 Vergleich

A-SPICE® 3.1	A-SPICE® 4.0
Erhebe Messdaten a) Erfasse und b) Speichere sowohl Basis- als auch abgeleitete Kennzahlen, einschließlich aller Kontextinformationen, die notwendig sind, um die Kennzahlen – zu verifizieren und – zu verstehen oder – zu bewerten (in Anlehnung an Müller et al. 2016, S. 220)	**Nutze die Kennzahlen zur Entscheidungsfindung** a) Mache Informationen aus erfassten Kennzahlen und Analyseergebnissen für jeden Entscheidungsprozess zugänglich, für den sie relevant sind b) Nutze Informationen aus erfassten Kennzahlen und Analyseergebnissen für jeden Entscheidungsprozess, für den sie relevant sind

Unterschiede

Wie in BP3 erwähnt, entspricht A-SPICE® 3.1 MAN.6 BP6 weitgehend A-SPICE® 4.0 MAN.6 BP3, jedoch wurde „Metriken“ durch „Kennzahlen“ ersetzt, und der Abschnitt zur Bewertung entfiel in A-SPICE® 4.0 MAN.6 BP3.

A-SPICE® 4.0 MAN.6 BP6 zeigt Parallelen zu A-SPICE® 3.1 MAN.6 BP8, wobei die Analyseergebnisse ergänzt wurden.

Neu hinzugekommen ist die Anforderung: „Nutze Informationen aus erfassten Kennzahlen und Analyseergebnissen für jeden relevanten Entscheidungsprozess“.

Hinweise/Interpretation

In A-SPICE® 4.0 MAN.6 BP6 wurde ein kleiner Fehler aus A-SPICE® 3.1 MAN.6 BP8 korrigiert. Zwar wurde in BP8 die Bereitstellung der Informationen erwähnt, doch der explizite Hinweis darauf, diese gezielt für die Entscheidungsfindung zu nutzen, fehlte im Inhalt der Basispraxis – obwohl die Überschrift „Nutze die Messinformationen für die Entscheidungsfindung“ dies nahelegte.

7.3.2.7 BP7: Analysiere die Messdaten/Es existiert keine BP7 in A-SPICE® 4.0 MAN.6

(Siehe Tab. 7.27).

Tab. 7.27 MAN.6 BP7 Vergleich

A-SPICE® 3.1	A-SPICE® 4.0
Analysiere die Messdaten a) Analysiere die Messdaten b) Interpretiere die Messdaten und c) erstelle Auswertungen (Müller et al. 2016, S. 221)	**N/A** Es existiert keine BP7 in A-SPICE® 4.0 MAN.6

Unterschiede

Wie bereits in BP4 erwähnt, entspricht A-SPICE® 3.1 MAN.6 BP7 weitgehend A-SPICE® 4.0 MAN.6 BP4. Dabei wurde „Messdaten" durch „gemessene Werte" ersetzt und die Formulierung „um die Entscheidungsfindung zu unterstützen" ergänzt.

Die Anforderung „erstelle Auswertungen" aus BP7 wurde in der neuen Version gestrichen.

Neu hinzugekommen ist in A-SPICE® 4.0 MAN.6 BP4 die Vorgabe, gemessene Werte einem Review zu unterziehen, um die Entscheidungsfindung zu unterstützen.

Hinweise/Interpretation

N/A.

7.3.2.8 BP8: Nutze die Messinformationen für die Entscheidungsfindung/Es existiert keine BP8 in A-SPICE® 4.0 MAN.6

(Siehe Tab. 7.28).

Unterschiede

A-SPICE® 3.1 MAN.6 BP8 entspricht weitgehend A-SPICE® 4.0 MAN.6 BP6, wobei die Analyseergebnisse in der aktualisierten Version hinzugefügt wurden.

Hinweise/Interpretation

Wie bereits in BP6 erwähnt:

A-SPICE® 4.0 MAN.6 BP6 korrigierte einen kleinen Fehler in A-SPICE® 3.1 MAN.6 BP8, da BP8 zwar die Zugänglichkeit der Informationen sicherstellte, jedoch nicht ausdrücklich darauf hinwies, diese gezielt für die Entscheidungsfindung zu nutzen.

7.3.2.9 BP9: Kommuniziere die Messinformationen/Es existiert keine BP9 in A-SPICE® 4.0 MAN.6

(Siehe Tab. 7.29).

Unterschiede

A-SPICE® 3.1 MAN.6 BP9 weist inhaltliche Parallelen zu A-SPICE® 4.0 MAN.6 BP5 auf.

Tab. 7.28 MAN.6 BP8 Vergleich

A-SPICE® 3.1	A-SPICE® 4.0
Nutze die Messinformationen für die Entscheidungsfindung a) Stelle exakte und aktuelle Messinformationen für alle relevanten Entscheidungsfindungsprozesse bereit, bei denen sie eine Rolle spielen (Müller et al. 2016, S. 222)	**N/A** Es existiert keine BP8 in A-SPICE® 4.0 MAN.6

Tab. 7.29 MAN.6 BP9 Vergleich

A-SPICE® 3.1	A-SPICE® 4.0
Kommuniziere die Messinformationen a) Verteile die Messinformationen an alle betroffenen Parteien, die diese nutzen und b) sammle Feedback, um die Eignung für die vorgesehene Verwendung zu bewerten (in Anlehnung an Müller et al. 2016, S. 223)	**N/A** Es existiert keine BP9 in A-SPICE® 4.0 MAN.6

Hinweise/Interpretation

N/A.

7.3.2.10 BP10: Beurteile die Messauswertungen und Messaktivitäten/Es existiert keine BP10 in A-SPICE® 4.0 MAN.6

(Siehe Tab. 7.30).

Unterschiede

A-SPICE® 3.1 MAN.6 BP10 wurde in A-SPICE® 4.0 MAN.6 ersatzlos gestrichen.

Hinweise/Interpretation

N/A.

7.3.2.11 BP11: Kommuniziere mögliche Verbesserungen/Es existiert keine BP11 in A-SPICE® 4.0 MAN.6

(Siehe Tab. 7.31).

Tab. 7.30 MAN.6 BP10 Vergleich

A-SPICE® 3.1	A-SPICE® 4.0
Beurteile die Messauswertungen und Messaktivitäten a) Bewerte *Messauswertungen* anhand der identifizierten Informationsbedarfe und der Messstrategie b) Bewerte die *Messaktivitäten* anhand der identifizierten Informationsbedarfe und der Messstrategie c) Identifiziere mögliche Verbesserungen *Anmerkung 1: Messauswertungen entstehen als ein Ergebnis von Datenanalysen, um die Informationen zusammenzufassen und zu kommunizieren* (Müller et al. 2016, S. 224)	**N/A** Es existiert keine BP10 in A-SPICE® 4.0 MAN.6

Tab. 7.31 MAN.6 BP11 Vergleich

A-SPICE® 3.1	A-SPICE® 4.0
Kommuniziere mögliche Verbesserungen a) Kommuniziere die ermittelten, möglichen Verbesserungen an die betroffenen Mitarbeiter, die an den jeweiligen Prozessen beteiligt sind (Müller et al. 2016, S. 224)	**N/A** Es existiert keine BP11 in A-SPICE® 4.0 MAN.6

Unterschiede

A-SPICE® 3.1 MAN.6 BP11 wurde in A-SPICE® 4.0 MAN.6 nicht übernommen.

Hinweise/Interpretation

N/A.

7.3.2.12 Grafische Zusammenfassung der MAN.6 Basispraxisänderungen

(Siehe Abb. 7.3).

7.4 PIM.3 Process Improvement (Prozessverbesserung)

Dieses Kapitel widmet sich den Gemeinsamkeiten und Unterschieden der Prozesse zur Prozessverbesserung.

7.4.1 Vergleich der Prozessreferenzmodell-Elemente

(Siehe Tab. 7.32).

Unterschiede

Prozessname:

Kein Unterschied.

Prozesszweck:

Die Formulierung wurde in A-SPICE® 4.0 PIM.3 leicht angepasst: Während es in A-SPICE® 3.1 PIM.3 noch hieß „... und an den betrieblichen Bedarfen ausgerichtet werden", lautet die neue Version „... und die Ausrichtung der Prozesse an den betrieblichen Bedarfen sichergestellt wird."

Prozessergebnisse:

In beiden A-SPICE® Versionen bleibt das erste PIM.3-Prozessergebnis unverändert: Die Verpflichtung, Ressourcen bereitzustellen und Verbesserungsmaßnahmen nachhaltig zu unterstützen. Ebenso identisch ist das zweite PIM.3 Prozessergebnis, bei dem Probleme

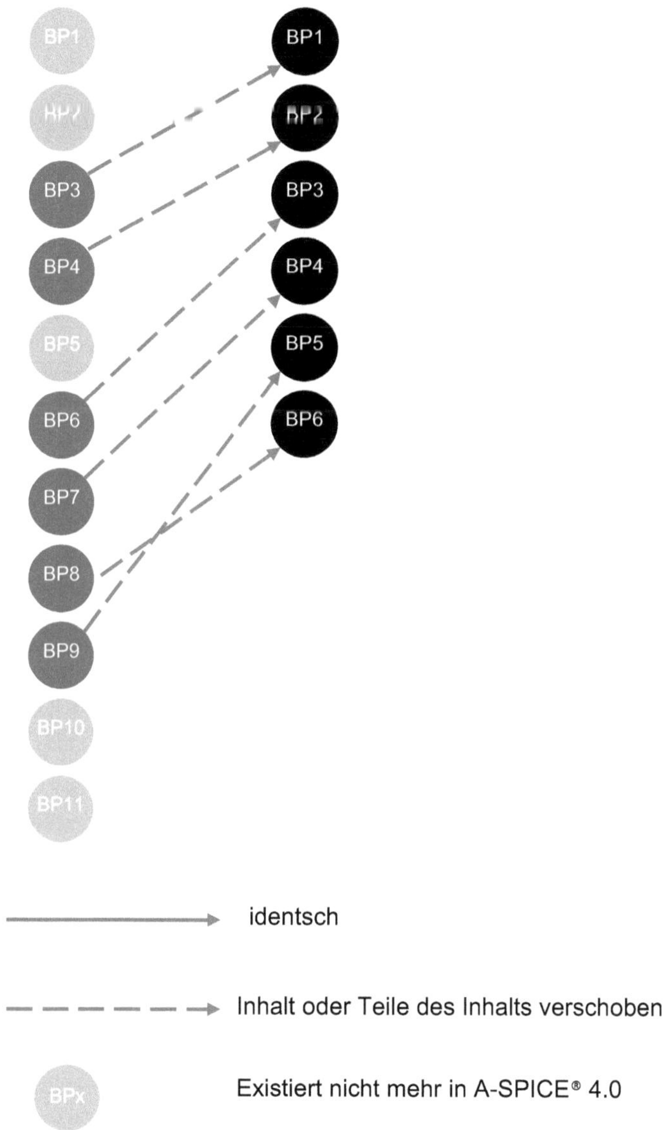

Abb. 7.3 Grafische Zusammenfassung der MAN.6 Basispraxisänderungen

aus dem internen oder externen Umfeld als Verbesserungspotenziale erkannt und als stichhaltige Begründungen für Veränderungen herangezogen werden.

Das dritte Prozessergebnis aus A-SPICE® 3.1 PIM.3 – die Analyse des aktuellen Status des bestehenden Prozesses – zeigt inhaltliche Parallelen zur entsprechenden Formulierung in A-SPICE® 4.0. Allerdings wurde der Zusatz „..., wobei der Fokus auf jenen Prozessen liegt, aus denen Impulse für Verbesserungen entstehen" in der neuen Version gestrichen.

Tab. 7.32 Vergleich der PIM.3 PRM-Elemente

Element	A-SPICE® 3.1	A-SPICE® 4.0
Prozess-ID	PIM.3	PIM.3
Prozessname	Process improvement (Prozessverbesserung)	Process improvement (Prozessverbesserung)
Prozesszweck	Der Zweck besteht darin, die Effektivität und Effizienz der Organisation kontinuierlich zu verbessern, indem die verwendeten Prozesse optimiert und an den betrieblichen Bedarfen ausgerichtet werden	Der Zweck besteht darin, die Effektivität und Effizienz der Organisation kontinuierlich zu verbessern, indem die verwendeten Prozesse optimiert und deren Ausrichtung an den betrieblichen Bedarfen sichergestellt wird
Prozessergebnisse	1) Eine Verpflichtung ist eingegangen, um Ressourcen bereitzustellen und Verbesserungsmaßnahmen nachhaltig zu unterstützen, 2) Probleme, die aus dem internen/externen Umfeld der Organisation entstehen, werden als Verbesserungspotenziale identifiziert und als stichhaltige Begründungen für Veränderungen herangezogen, 3) eine Analyse des aktuellen Status des bestehenden Prozesses wird durchgeführt, wobei der Fokus auf jenen Prozessen liegt, aus denen Impulse zur Verbesserung entstehen, 4) Verbesserungsziele sind festgelegt und priorisiert, und die daraus resultierenden Änderungen am Prozess werden definiert, geplant und umgesetzt, 5) die Auswirkungen der umgesetzten Änderungen am Prozess werden überwacht, gemessen und das Erreichen der definierten Verbesserungsziele beurteilt, 6) dass aus der Verbesserung gewonnene Wissen wird innerhalb der Organisation kommuniziert, und 7) die vorgenommenen Verbesserungen werden bewertet und es wird in Betracht gezogen, die Lösung an anderen Stellen innerhalb der Organisation zu nutzen	1) Eine Verpflichtung ist eingegangen, um Ressourcen bereitzustellen und Verbesserungsmaßnahmen nachhaltig zu unterstützen, 2) Probleme, die aus dem internen oder externen Umfeld der Organisation entstehen, werden als Verbesserungspotenziale identifiziert und als stichhaltige Begründungen für Veränderungen herangezogen, 3) eine Analyse des aktuellen Status des bestehenden Prozesses wird durchgeführt, 4) Verbesserungsziele sind festgelegt und priorisiert, und die daraus resultierenden Änderungen am Prozess werden definiert, dokumentiert und umgesetzt, 5) die Auswirkungen der umgesetzten Änderungen am Prozess werden überwacht, gemessen und das Erreichen der definierten Verbesserungsziele beurteilt, 6) dass aus der Verbesserung gewonnene Wissen wird innerhalb der Organisation kommuniziert

Eine ähnliche Anpassung erfolgte beim vierten PIM.3-Prozessergebnis: Während es inhaltlich weitgehend mit der früheren Fassung übereinstimmt, wurde in A-SPICE® 4.0 das Wort „geplant“ durch „dokumentiert“ ersetzt.

Unverändert bleiben hingegen das fünfte Prozessergebnis – die Messung und Überwachung der Auswirkungen von Änderungen sowie die Beurteilung des Erreichens der festgelegten Verbesserungsziele – und das sechste Prozessergebnis, das die Kommunikation der gewonnenen Erkenntnisse innerhalb der Organisation umfasst.

Das siebte Prozessergebnis aus A-SPICE® 3.1 PIM.3 wurde in A-SPICE® 4.0 ersatzlos gestrichen.

Hinweise/Interpretation
Prozessname:
N/A.
Prozesszweck:
N/A.
Prozessergebnisse:
Laut dem vierten PIM.3-Prozessergebnis in A-SPICE® 4.0 scheinen Prozessverbesserungen nicht mehr explizit geplant zu werden. Dies wirkt wie eine Abkehr vom PDCA-Zyklus.

7.4.2 Vergleich der Basispraktiken

Die nächsten Abschnitte werden sich eingehend mit den Unterschieden und Ähnlichkeiten der Basispraktiken befassen.

7.4.2.1 BP1: Gehe eine Verpflichtung ein/Gehe eine Verpflichtung ein
(Siehe Tab. 7.33).

Unterschiede
A-SPICE® 3.1 PIM.3 BP1 und A-SPICE® 4.0 PIM.3 BP1 weisen eine große inhaltliche Übereinstimmung auf. Lediglich die Formulierung wurde leicht angepasst – aus ‚Unterstützung der Prozessgruppe' wurde ‚Unterstützung des Prozessverbesserungsteams'.

Der Abschnitt zur Durchsetzung des Management-Auftrags durch die Festlegung persönlicher Ziele für die entsprechenden Führungskräfte wurde in A-SPICE® 4.0 PIM.3 BP1 aus Anmerkung 2 entfernt. Gleichzeitig wurde die Erläuterung zu den ermöglichenden Elementen, die zuvor in der Basispraxis von A-SPICE® 3.1 PIM.3 enthalten war, in A-SPICE® 4.0 in Anmerkung 3 überführt.

Hinweise/Interpretation
Die Anpassung der Formulierung der Basispraxis erfolgte vermutlich, um Missverständnisse zu vermeiden. In A-SPICE® 3.1 konnte ‚Zur Unterstützung der Prozessgruppe' so interpretiert werden, dass sich die Unterstützung auf die Prozessgruppe bezieht, die durch den PIM.3-Prozess verbessert werden soll – oder auf das Team, das für diesen spezifischen Prozess verantwortlich ist. Dadurch wäre nicht eindeutig erkennbar,

Tab. 7.33 PIM.3 BP1 Vergleich

A-SPICE® 3.1	A-SPICE® 4.0
Gehe eine Verpflichtung ein a) Gehe eine Verpflichtung ein – die Prozessgruppe zu unterstützen, – Ressourcen und andere ermöglichende Elemente (Schulungen, Methoden, Infrastruktur etc.) bereitzustellen, um die Verbesserungsaktivitäten aufrechtzuerhalten	**Gehe eine Verpflichtung ein** a) Gehe eine Verpflichtung ein – das Prozessverbesserungsteam zu unterstützen, – Ressourcen und andere ermöglichende Elemente bereitzustellen, um die Verbesserungsaktivitäten aufrechtzuerhalten
Anmerkung 1: Der Prozessverbesserungsprozess ist ein generischer Prozess, der auf allen Ebenen (zum Beispiel auf Organisationsebene, Prozessebene, Projektebene etc.) und zur Verbesserung aller anderen Prozesse angewendet werden kann *Anmerkung 2: Verpflichtung auf allen Managementebenen kann die Prozessverbesserung unterstützen. Um den Management-Auftrag (zur Prozessverbesserung) durchzusetzen, können für die entsprechenden Führungskräfte persönliche Ziele festgelegt werden* (in Anlehnung an Müller et al. 2016, S. 230)	*Anmerkung 1: Der Prozessverbesserungsprozess ist ein generischer Prozess, der auf allen Ebenen (zum Beispiel auf Organisationsebene, Prozessebene, Projektebene, etc.) und zur Verbesserung aller anderen Prozesse angewendet werden kann* *Anmerkung 2: Verpflichtung auf allen Managementebenen kann die Prozessverbesserung unterstützen* *Anmerkung 3: Ermöglichende Elemente für die Verbesserungsmaßnahmen können Schulungen, Methoden, Infrastruktur etc. umfassen*

dass die Unterstützung eigentlich den Mitarbeitenden gilt, die aktiv an der Prozessverbesserung arbeiten.

7.4.2.2 BP2: Identifiziere Probleme/Identifiziere Verbesserungsmaßnahmen

(Siehe Tab. 7.34).

Unterschiede

A-SPICE® 3.1 PIM.3 BP2 ähnelt A-SPICE® 4.0 PIM.3 BP2, wobei die Formulierungen in der neueren Version klarer und verständlicher sind. Der zusätzliche Fokus auf Schnittstellen wurde in A-SPICE® 4.0 PIM.3 BP2 entfernt. Der letzte Abschnitt von A-SPICE® 3.1 PIM.3 BP2 wurde in die Anmerkung 5 der aktuellen Version verschoben. Die übrigen Anmerkungen blieben inhaltlich unverändert, lediglich die Nummerierung wurde angepasst.

Hinweise/Interpretation

Anmerkung 4 von A-SPICE® 4.0 PIM.3 BP2 stellt eine direkte Verbindung zu SUP.1 Qualitätsmanagement und SUP.9 Problemlösungsmanagement her.

Tab. 7.34 PIM.3 BP2 Vergleich

A-SPICE® 3.1	A-SPICE® 4.0
Identifiziere Probleme a) Prozesse werden fortlaufend analysiert, um Probleme aus dem internen und externen Umfeld der Organisation als Verbesserungsmöglichkeiten zu identifizieren und als stichhaltige Begründung für Änderungen heranzuziehen b) Schnittstellen werden fortlaufend analysiert, um Probleme aus dem internen und externen Umfeld der Organisation als Verbesserungsmöglichkeiten zu identifizieren und als stichhaltige Begründung für Änderungen heranzuziehen c) Dies umfasst Probleme und Verbesserungsvorschläge, die vom Kunden angesprochen werden *Anmerkung 3: Die kontinuierliche Analyse kann die Problemtrendanalyse (siehe SUP.9), Analysen der Ergebnisse und Aufzeichnungen aus Qualitätssicherung und Verifikation (siehe SUP.1 – SUP.2), Validierungsergebnisse und -aufzeichnungen sowie Produktqualitätskennzahlen wie ppm und Rückrufe umfassen* *Anmerkung 4: Informationsquellen, die einen Beitrag zu Veränderungen leisten, können Folgendes umfassen: Ergebnisse von Prozessassessments, Audits, Kundenzufriedenheitsberichte, organisatorische Effektivität/Effizienz sowie Qualitätskosten* (in Anlehnung an Müller et al. 2016, S. 231)	**Identifiziere Verbesserungsmaßnahmen** a) Identifiziere Probleme auf Grundlage der Analyse der Prozessleistung und b) leite Verbesserungsmöglichkeiten mit stichhaltigen Begründungen für Änderungen ab *Anmerkung 4: Die Analyse kann die Problemtrendanalyse (siehe SUP.9), Analysen der Ergebnisse und Aufzeichnungen aus Qualitätssicherung und Verifikation (siehe SUP.1), Validierungsergebnisse und -aufzeichnungen sowie Produktqualitätskennzahlen wie die Fehlerquote umfassen* *Anmerkung 5: Probleme und Verbesserungsvorschläge können vom Kunden angesprochen werden* *Anmerkung 6: Informationsquellen, die einen Beitrag zu Veränderungen leisten, können Folgendes umfassen: Ergebnisse von Prozessassessments, Audits, Kundenzufriedenheitsberichte, organisatorische Effektivität/Effizienz sowie Qualitätskosten*

Der zusätzliche Fokus auf Schnittstellen wurde möglicherweise entfernt, da A-SPICE® 4.0 sie als integralen Bestandteil der Prozesse betrachtet. Unklar bleibt jedoch, was genau als stichhaltige Begründung für Veränderungen gilt, da es hierzu keine weiterführenden Erläuterungen gibt.

7.4.2.3 BP3: Lege Prozessverbesserungsziele fest/Lege Prozessverbesserungsziele fest

(Siehe Tab. 7.35).

Unterschiede

Die Basispraxis bleibt in beiden A-SPICE®-Versionen weitgehend unverändert. In A-SPICE® 4.0 PIM.3 BP3 wurde die Formulierung vereinfacht, indem der Abschnitt „…, mit besonderem Fokus auf jene Prozesse, aus denen Impulse zur Verbesserung hervorgehen“

Tab. 7.35 PIM.3 BP3 Vergleich

A-SPICE® 3.1	A-SPICE® 4.0
Lege Prozessverbesserungsziele fest a) Die Analyse des aktuellen Zustands der bestehenden Prozesse wird durchgeführt, mit besonderem Fokus auf jene Prozesse, bei denen Impulse zur Verbesserung hervorgehen b) Die daraus resultierenden Verbesserungsziele für die Prozesse werden festgelegt *Anmerkung 4: Der aktuelle Zustand der Prozesse kann durch Prozessassessments ermittelt werden* (in Anlehnung an Müller et al. 2016, S. 232)	**Lege Prozessverbesserungsziele fest** a) Analysiere den aktuellen Zustand der bestehenden Prozesse und b) lege Prozessverbesserungsziele fest *Anmerkung 7: Der aktuelle Zustand der Prozesse kann durch Prozessassessments ermittelt werden*

weggelassen wurde, wodurch sie klarer und leichter verständlich ist. Anmerkung 4 in A-SPICE® 3.1 PIM.3 BP3 entspricht Anmerkung 7 in A-SPICE® 4.0 PIM.3 BP3.

Hinweise/Interpretation

Die Formulierung ‚Prozesse, aus denen Impulse zur Verbesserung hervorgehen' in A-SPICE® 3.1 PIM.3 BP3 könnte als beschönigende Umschreibung für Prozesse verstanden werden, deren Leistung hinter den Erwartungen bleibt.

7.4.2.4 BP4: Priorisiere Verbesserungen/Priorisiere Verbesserungen

(Siehe Tab. 7.36).

Unterschiede

A-SPICE® 3.1 PIM.3 BP4 entspricht im Wesentlichen A-SPICE® 4.0 PIM.3 BP4, wobei sich lediglich die Formulierung leicht unterscheidet.

Hinweise/Interpretation

N/A.

7.4.2.5 BP5: Plane Prozessänderungen/Definiere Prozessverbesserungsmaßnahmen

(Siehe Tab. 7.37).

Tab. 7.36 PIM.3 BP4 Vergleich

A-SPICE® 3.1	A-SPICE® 4.0
Priorisiere Verbesserungen a) Die Verbesserungsziele und b) die Verbesserungsaktivitäten werden priorisiert (Müller et al. 2016, S. 233)	**Priorisiere Verbesserungen** a) Priorisiere die Verbesserungsziele und b) priorisiere die Verbesserungsmaßnahmen

Tab. 7.37 PIM.3 BP5 Vergleich

A-SPICE® 3.1	A-SPICE® 4.0
Plane Prozessänderungen Resultierende Änderungen an den Prozessen werden a) definiert und b) geplant *Anmerkung 6: Prozessänderungen sind unter Umständen nur möglich, wenn sich die gesamte Lieferkette verbessert (alle relevanten Parteien)* *Anmerkung 7: Traditionell werden Prozessänderungen überwiegend auf neue Projekte angewendet. In der Automobilindustrie könnten Änderungen jedoch pro Projektphase (z. B. Musterphasen A, B, C) umgesetzt werden, was eine höhere Verbesserungsrate ermöglicht. Zudem kann bei der Planung von Prozessänderungen das Prinzip der „low hanging fruits" berücksichtigt werden – also die Priorisierung leicht umsetzbarer Verbesserungen* *Anmerkung 8: Verbesserungen können in kleinen, kontinuierlichen und inkrementellen Schritten geplant werden. Zudem werden sie üblicherweise zunächst pilotiert, bevor sie in der Organisation flächendeckend eingeführt werden* (in Anlehnung an Müller et al. 2016, S. 233)	**Definiere Prozessverbesserungsmaßnahmen** a) Prozessverbesserungsmaßnahmen werden definiert *Anmerkung 8: Verbesserungen können in inkrementellen Schritten verzeichnet werden*

Unterschiede

A-SPICE® 3.1 PIM.3 BP5 weist starke Ähnlichkeiten mit A-SPICE® 4.0 PIM.3 BP5 auf. Der Planungsteil wurde in A-SPICE® 4.0 PIM.3 BP5 gestrichen. Die Anmerkungen 6 und 7 sind dort auch nicht mehr Bestandteil von BP5. Anmerkung 8 wurde aus A-SPICE® 3.1 PIM.3 BP5 übernommen und angepasst: Verbesserungen werden nicht mehr „in kleinen, kontinuierlichen und inkrementellen Schritten geplant", sondern können „in inkrementellen Schritten verzeichnet werden".

Hinweise/Interpretation

Anmerkung 8 in A-SPICE® 4.0 PIM.3 BP5 fordert, Verbesserungen schrittweise und inkrementell zu verzeichnen. Dabei könnten die inkrementellen Schritte auf Konzepte wie KAIZEN, kontinuierliche Verbesserungsprogramme und ähnliche Ansätze hinweisen.

7.4.2.6 BP6: Setze Prozessänderungen um/Setze Prozessverbesserungsmaßnahmen um

(Siehe Tab. 7.38).

Unterschiede

A-SPICE® 3.1 PIM.3 BP6 entspricht weitgehend A-SPICE® 4.0 PIM.3 BP6. Die Formulierung wurde lediglich geringfügig angepasst, ohne die inhaltliche Intention zu ver-

Tab. 7.38 PIM.3 BP6 Vergleich

A-SPICE® 3.1	A-SPICE® 4.0
Setze Prozessänderungen um a) Die Prozessverbesserungen werden umgesetzt b) Die Prozessdokumentation wird aktualisiert c) Die Mitarbeiter werden geschult	**Setze Prozessverbesserungsmaßnahmen um** a) Setze die Prozessverbesserungen um und bringe sie zur Anwendung b) Aktualisiere die Prozessdokumentation und c) schule die Mitarbeiter bedarfsgerecht
Anmerkung 9: Diese Praxis umfasst die Definition der Prozesse sowie die Sicherstellung ihrer Anwendung. Die Prozessanwendung kann durch die Einführung von Richtlinien, eine geeignete Prozessinfrastruktur (Werkzeuge, Vorlagen, Beispielergebnisse, etc.), Prozessschulungen, Prozess-Coaching sowie die Anpassung an lokale Gegebenheiten unterstützt werden (in Anlehnung an Müller et al. 2016, S. 235)	*Anmerkung 9: Die Prozessanwendung kann durch die Einführung von Richtlinien, eine geeignete Prozessinfrastruktur, Prozessschulungen, Prozess-Coaching und die Anpassung an lokale Gegebenheiten unterstütz werden* *Anmerkung 10: Verbesserungen können vor der flächendeckenden Einführung in der Organisation pilotiert werden*

ändern. Allerdings wird in A-SPICE® 4.0 PIM.3 BP6 die Umsetzung der Verbesserungen explizit gefordert.

Anmerkung 9 wurde überarbeitet: Im Vergleich zur Anmerkung 9 in A-SPICE® 3.1 PIM.3 BP6 wurde der erste Satz in A-SPICE® 4.0 PIM.3 BP6 entfernt.

Anmerkung 10 wurde in A-SPICE® 4.0 PIM.3 BP6 neu hinzugefügt und war zuvor Bestandteil von Anmerkung 8 in A-SPICE® 3.1 PIM.3 BP5.

Hinweise/Interpretation

N/A.

7.4.2.7 BP7: Bestätige die Prozessverbesserung/Bestätige die Prozessverbesserung

(Siehe Tab. 7.39).

Unterschiede

A-SPICE® 3.1 PIM.3 BP7 entspricht weitgehend A-SPICE® 4.0 PIM.3 BP7. Die Formulierung wurde in A-SPICE® 4.0 PIM.3 BP7 gegenüber der vorherigen Version klarer und prägnanter gestaltet.

Hinweise/Interpretation

N/A.

7.4.2.8 BP8: Kommuniziere die Verbesserungsergebnisse/Kommuniziere die Verbesserungsergebnisse

(Siehe Tab. 7.40).

Tab. 7.39 PIM.3 BP7 Vergleich

A-SPICE® 3.1	A-SPICE® 4.0
Bestätige die Prozessverbesserung Die Auswirkungen der Prozessverbesserung werden im Hinblick auf die festgelegten Prozessverbesserungsziele a) überwacht b) gemessen und c) bestätigt *Anmerkung 10: Beispiele für Messungen können Metriken zur Zielerreichung, zur Prozessdefinition und zur Prozesseinhaltung sein* (in Anlehnung an Müller et al. 2016, S. 236)	**Bestätige die Prozessverbesserung** Die Auswirkungen der Prozessverbesserung werden a) überwacht und b) gemessen c) Das Erreichen der festgelegten Verbesserungsziele wird bestätigt

Tab. 7.40 PIM.3 BP8 Vergleich

A-SPICE® 3.1	A-SPICE® 4.0
Kommuniziere die Verbesserungsergebnisse a) Das aus den Verbesserungen gewonnene Wissen wird außerhalb des Verbesserungsprojekts an relevante Teile der Organisation und an den Kunden (soweit erforderlich) kommuniziert b) Der Fortschritt der Verbesserungsumsetzung wird außerhalb des Verbesserungsprojekts an relevante Teile der Organisation sowie an den Kunden (soweit erforderlich) kommuniziert (Müller et al. 2016, S. 236)	**Kommuniziere die Verbesserungsergebnisse** a) Das gewonnene Wissen aus den Verbesserungen wird an alle betroffenen Parteien kommuniziert b) Der Fortschritt der Verbesserungsumsetzung wird an alle betroffenen Parteien kommuniziert

Unterschiede

A-SPICE® 3.1 PIM.3 BP8 entspricht weitgehend A-SPICE® 4.0 PIM.3 BP8. Anstelle von ‚…wird außerhalb des Verbesserungsprojekts an relevante Teile der Organisation sowie an den Kunden (soweit erforderlich) kommuniziert' heißt es nun kompakt ‚…wird an alle betroffenen Parteien kommuniziert'.

Hinweise/Interpretation

N/A.

7.4.2.9 BP9: Bewerte die Ergebnisse des Verbesserungsprojekts/Es existiert keine BP9 in A-SPICE® 4.0 PIM.3

(Siehe Tab. 7.41).

Tab. 7.41 PIM.3 BP9 Vergleich

A-SPICE® 3.1	A-SPICE® 4.0
Bewerte die Ergebnisse des Verbesserungsprojekts a) Bewerte die Ergebnisse des Verbesserungsprojekts, um zu prüfen, ob das gewünschte Ziel erfolgreich erreicht wurde b) Bewerte die Ergebnisse des Verbesserungsprojekts, um zu prüfen, ob die Verbesserung auf weitere Bereiche der Organisation übertragen werden kann (in Anlehnung an Müller et al. 2016, S. 237)	**N/A** Es existiert keine BP9 in A-SPICE® 4.0 PIM.3

Unterschiede

A-SPICE® 3.1 PIM.3 BP9 wurde in der überarbeiteten A-SPICE® Version nicht in den PIM.3-Prozess übernommen.

Hinweise/Interpretation

Vermutlich wurde diese Basispraxis in A-SPICE® 4.0 PIM.3 nicht übernommen, da sie in gewisser Weise denselben inhaltlichen Schwerpunkt wie PIM.3 BP7 hat. Zwei Basispraxen für ein einziges Thema wären ohnehin übertrieben. Allerdings führte die Streichung dazu, dass der zweite, interessante Teil von A-SPICE® 3.1 PIM.3 BP9 verloren ging. Die Bewertung, ob die Verbesserung auf andere Bereiche der Organisation übertragen werden kann, wäre ein wertvolles Thema gewesen, das im neuen Standard erhalten bleiben sollte. Möglicherweise ist dieser Aspekt dennoch indirekt berücksichtigt.

7.4.2.10 Grafische Zusammenfassung der PIM.3 Basispraxisänderungen

(Siehe Abb. 7.4).

7.5 REU.2 Management of products for reuse (Umgang mit Produkten zur Wiederverwendung)

Dieses Kapitel beleuchtet die Unterschiede und Gemeinsamkeiten der Wiederverwendungsprozesse. Aufgrund der erheblichen Unterschiede erscheint ein direkter Vergleich kaum sinnvoll. Dennoch wird der Vollständigkeit halber eine Gegenüberstellung vorgenommen.

7.5.1 Vergleich der Prozessreferenzmodell-Elemente

(Siehe Tab. 7.42).

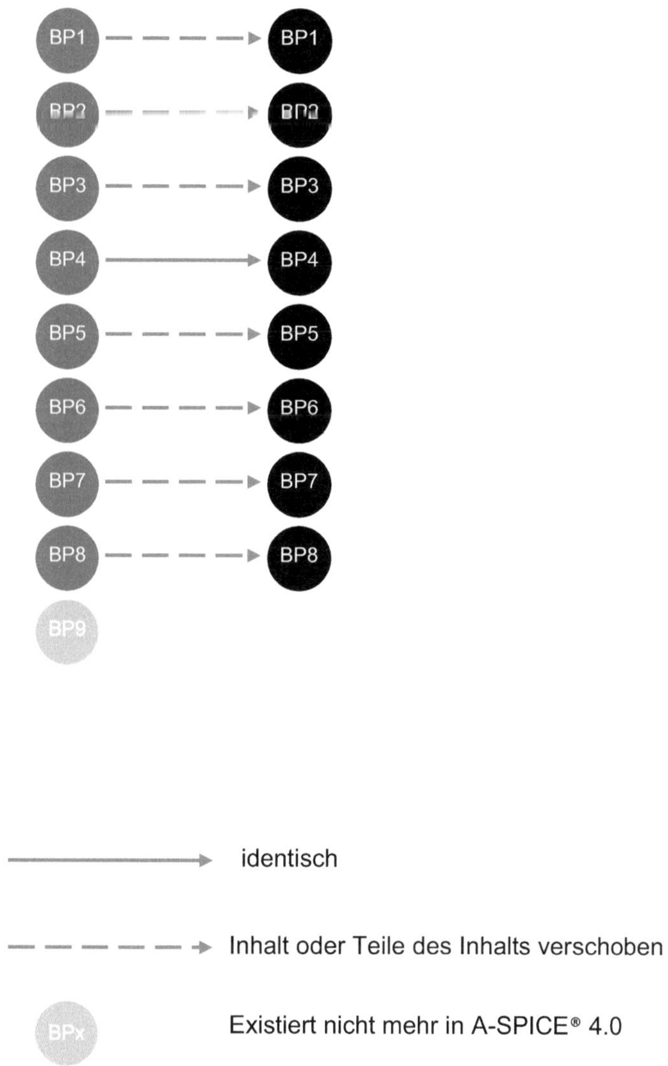

Abb. 7.4 Grafische Zusammenfassung der PIM.3 Basispraxisänderungen

Unterschiede

Prozessname:

Der Prozessname wurde von „Wiederverwendungsmanagement" in „Umgang mit Produkten zur Wiederverwendung" geändert.

Prozesszweck:

Der Prozesszweck unterscheidet sich vollkommen zwischen beiden A-SPICE® Versionen.

Tab. 7.42 Vergleich der REU.2 PRM-Elemente

Element	A-SPICE® 3.1	A-SPICE® 4.0
Prozess-ID	REU.2	REU.2
Prozessname	Reuse program management (Wiederverwendungsmanagement)	Management of products for reuse (Umgang mit Produkten zur Wiederverwendung)
Prozesszweck	Der Zweck besteht darin, das Wiederverwendungsprogramm einer Organisation zu planen, einzurichten, zu steuern, zu kontrollieren und zu überwachen sowie systematisch Wiederverwendungsmöglichkeiten zu nutzen	Der Zweck besteht darin, sicherzustellen, dass wiederverwendete Arbeitsergebnisse/-produkte analysiert, verifiziert und für ihren Zielkontext freigegeben werden
Prozessergebnisse	1) Die Wiederverwendungsstrategie, einschließlich ihres Zwecks, Umfangs, ihrer Ziele und Vorgaben, ist definiert, 2) jeder Bereich ist bewertet, um sein Wiederverwendungspotenzial zu bestimmen, 3) die Bereiche, in denen Wiederverwendungsmöglichkeiten untersucht oder in denen Wiederverwendung vorgesehen ist, sind identifiziert, 4) die systematische Wiederverwendungsfähigkeit der Organisation ist bewertet 5) Wiederverwendungsvorschläge sind bewertet, um sicherzustellen, dass das Wiederverwendungsprodukt für die vorgesehene Anwendung geeignet ist 6) Die Wiederverwendung ist gemäß der Wiederverwendungsstrategie umgesetzt 7) Mechanismen für Rückmeldungen, Kommunikation und Benachrichtigungen sind eingerichtet, um einen Austausch zwischen den betroffenen Parteien zu gewährleisten, und 8) das Wiederverwendungsprogramm ist überwacht und bewertet	1) Produkte zur Wiederverwendung werden anhand definierter Kriterien ausgewählt 2) Produkte zur Wiederverwendung sind hinsichtlich Übertragbarkeit und Kompatibilität analysiert 3) Einschränkungen für die Wiederverwendung sind festgelegt und kommuniziert 4) Produkte zur Wiederverwendung sind verifiziert 5) Produkte zur Wiederverwendung sind den betroffenen Parteien zur Verfügung gestellt 6) Ein Kommunikationsmechanismus mit dem Bereitsteller des Wiederverwendungsprodukts wird eingerichtet

Prozessergebnisse:
Die Prozessergebnisse von A-SPICE® 3.1 REU.2 und A-SPICE® 4.0 REU.2 unterscheiden sich so grundlegend, dass ein Vergleich kaum sinnvoll erscheint. Lediglich die Formulierung „Mechanismen für Rückmeldungen, Kommunikation und Benachrichtigung sind ein-

gerichtet …“ im siebten Prozessergebnis von A-SPICE® 3.1 REU.2 weist Ähnlichkeiten zum sechsten Prozessergebnis „Kommunikationsmechanismus… wird eingerichtet“ in A-SPICE® 4.0 REU.2 auf. Allerdings umfasst A-SPICE® 4.0 REU.2 den Rückmelde- und Benachrichtigungsmechanismus nicht in seinem Prozessergebnis.

Hinweise/Interpretation

Prozessname:

Die Anpassung des Prozessnamens verdeutlicht die Neuausrichtung – weg von einem Managementsystem hin zu einem direkten Umgang mit den Arbeitsprodukten für die Wiederverwendung.

Prozesszweck:

Da sich die Prozesszwecke so stark unterscheiden, lässt es darauf schließen, dass der gesamte Prozess überarbeitet wurde. A-SPICE® 3.1 REU.2 war ein Managementprogramm („wie man ein Wiederverwendungsprogramm aufbaut und aufrechterhält“), während sich A-SPICE® 4.0 REU.2 mit Produkten zur Wiederverwendung befasst.

Prozessergebnisse:

Die Prozesse unterscheiden sich so stark zwischen A-SPICE® 3.1 REU.2 und A-SPICE® 4.0 REU.2, dass ein Vergleich der Prozessergebnisse nicht wirklich sinnvoll erscheint.

7.5.2 Vergleich der Basispraktiken

In den nächsten Abschnitten werden die Gemeinsamkeiten und Differenzen zwischen den REU.2 Basispraktiken betrachtet. Sofern das aufgrund der extrem abweichenden Prozesse möglich ist.

7.5.2.1 BP1: Definiere die Wiederverwendungsstrategie der Organisation/Wähle Produkte für die Wiederverwendung aus

(Siehe Tab. 7.43).

Tab. 7.43 REU.2 BP1 Vergleich

A-SPICE® 3.1	A-SPICE® 4.0
Definiere die Wiederverwendungsstrategie der Organisation Definiere a) das Wiederverwendungsprogramm und b) die benötigte, unterstützende Infrastruktur der Organisation (Müller et al. 2016, S. 239)	**Wähle Produkte für die Wiederverwendung aus** a) Wähle die Produkte zur Wiederverwendung anhand definierter Kriterien aus *Anmerkung 1: Produkte zur Wiederverwendung können Systeme, Hardware, Softwarekomponenten, Komponenten von Drittanbietern oder Altsysteme sein*

Unterschiede

A-SPICE® 3.1 REU.2 BP1 ist in A-SPICE® 4.0 REU.2 nicht enthalten. A-SPICE® 4.0 REU.2 BP1 umfasst teilweise A-SPICE® 3.1 REU.2 BP2, jedoch mit einem entscheidenden Unterschied: In A-SPICE® 4.0 REU.2 BP1 werden gezielt bestimmte Produkte für die Wiederverwendung ausgewählt, während A-SPICE® 3.1 REU.2 BP2 lediglich die Identifikation potenziell wiederverwendbarer Produkte oder Komponenten erforderte.

Hinweise/Interpretation

A-SPICE® 4.0 REU.2 BP1 erwähnt zwar Kriterien, doch bleibt unklar, wo und wann diese definiert werden – und von wem. Logischer wäre es, die Kriterien zunächst innerhalb von A-SPICE® 4.0 REU.2 BP1 festzulegen und erst danach die Produkte zur Wiederverwendung anhand dieser Vorgaben auszuwählen. Genau diesem Ansatz folgte A-SPICE® 3.1, was deutlich nachvollziehbarer war.

7.5.2.2 BP2: Definiere Bereiche für die potenzielle Wiederverwendung/ Analyse die Wiederverwendungsfähigkeit des Produkts

(Siehe Tab. 7.44).

Unterschiede

A-SPICE® 3.1 REU.2 BP2 ist in gewisser Weise in A-SPICE® 4.0 REU.2 BP2 integriert, das zudem leichter verständlich ist. Teilweise wird A-SPICE® 3.1 REU.2 BP2 auch von A-SPICE® 4.0 REU.2 BP1 abgedeckt. Der zentrale Unterschied liegt darin, dass in A-SPICE® 4.0 REU.2 BP1 gezielt ein bestimmtes Produkt zur Wiederverwendung ausgewählt wird, während A-SPICE® 3.1 REU.2 BP2 lediglich die Identifikation potenziell wiederverwendbarer Produkte oder Komponenten vorsah.

Tab. 7.44 REU.2 BP2 Vergleich

A-SPICE® 3.1	A-SPICE® 4.0
Definiere Bereiche für die potenzielle Wiederverwendung a) Identifiziere eine oder mehrere Gruppen von Systemen und deren Komponenten anhand gemeinsamer Eigenschaften, sodass sie zu einer Sammlung wiederverwendbarer Elemente oder Ressourcen zusammengeführt werden können b) Diese sollen zur Konstruktion von Systemen innerhalb des jeweiligen, zusammengeführten Bereichs genutzt werden (in Anlehnung an Müller et al. 2016, S. 240)	**Analyse die Wiederverwendungsfähigkeit des Produkts** a) Analysiere die ausgewählte Zielarchitektur sowie das zur Wiederverwendung vorgesehene Produkt, um dessen Anwendbarkeit innerhalb dieser Zielarchitektur anhand relevanter Kriterien zu bestimmen *Anmerkung 2: Beispiele für Kriterien können die Einhaltung von Anforderungen, die Überprüfbarkeit des zur Wiederverwendung vorgesehenen Produkts in der Zielarchitektur oder dessen Übertragbarkeit/Kompatibilität sein*

Hinweise/Interpretation

Da die Anforderungen in A-SPICE® 3.1 REU.2 im Vergleich zu A-SPICE® 4.0 REU.2 sehr allgemein und teils unspezifisch gehalten waren, gestaltet sich ein direkter Vergleich schwierig.

7.5.2.3 BP3: Bewerte die Bereiche für die potenzielle Wiederverwendung/Lege Einschränkungen für die Wiederverwendung fest

(Siehe Tab. 7.45).

Unterschiede

A-SPICE® 3.1 REU.2 BP3 ist teilweise in A-SPICE® 4.0 REU.2 BP2 enthalten, jedoch nicht vollständig. Während A-SPICE® 4.0 REU.2 BP2 die Zielarchitektur und das wiederzuverwendende Produkt analysiert, bleibt die Betrachtung aller potenziellen Bereiche für die Wiederverwendung unberücksichtigt.

A-SPICE® 4.0 REU.2 BP3 stellt hingegen eine neue Basispraxis dar.

Hinweise/Interpretation

Ein direkter Vergleich erweist sich als kompliziert, da die Anforderungen in A-SPICE® 3.1 REU.2 im Vergleich zu A-SPICE® 4.0 REU.2 sehr allgemein und teils unspezifisch gehalten waren.

7.5.2.4 BP4: Bewerte den Wiederverwendungsreifegrad/Stelle die Eignung der Produkte zur Wiederverwendung sicher

(Siehe Tab. 7.46).

Unterschiede

In A-SPICE® 4.0 REU.2 ist A-SPICE® 3.1 REU.2 BP4 nicht mehr enthalten.

Tab. 7.45 REU.2 BP3 Vergleich

A-SPICE® 3.1	A-SPICE® 4.0
Bewerte die Bereiche für die potenzielle Wiederverwendung Bewerte jeden Bereich, um potenzielle Einsatzmöglichkeiten und Anwendungen der wiederverwendbaren a) Komponenten und b) Produkte zu identifizieren (in Anlehnung Müller et al. 2016, S. 241)	**Lege Einschränkungen für die Wiederverwendung fest** a) Lege Einschränkungen für die wiederzuverwendenden Produkte fest b) Kommuniziere die Einschränkungen für die wiederzuverwendenden Produkte *Anmerkung 3: Einschränkungen können sich auf Parameter der Betriebsumgebung beziehen*

Tab. 7.46 REU.2 BP4 Vergleich

A-SPICE® 3.1	A-SPICE® 4.0
Bewerte den Wiederverwendungsreifegrad Erlange ein Verständnis über die a) Wiederverwendungsbereitschaft und b) die Wiederverwendungsreife der Organisation, um eine – Ausgangsgrundlage und – Erfolgskriterien für das Management des Wiederverwendungsprogramms bereitzustellen (Müller et al. 2016, S. 241)	**Stelle die Eignung der Produkte zur Wiederverwendung sicher** a) Weise nach, dass das wiederzuverwendende Produkt für den vorgesehenen Einsatz des Liefergegenstands geeignet ist *Anmerkung 4: Die Eignung kann durch Verifikationsnachweise belegt werden* *Anmerkung 5: Die Verifikation kann die Angemessenheit der vorhandenen Dokumentation berücksichtigen*[1]

Tab. 7.47 REU.2 BP5 Vergleich

A-SPICE® 3.1	A-SPICE® 4.0
Bewerte Wiederverwendungsvorschläge a) Bewerte die Eignung der bereitgestellten, wiederverwendbaren Komponenten für die vorgesehene Verwendung b) Bewerte die Eignung der bereitgestellten, wiederverwendbaren Produkte für die vorgesehene Verwendung (Müller et al. 2016, S. 242)	**Stelle Produkte zur Wiederverwendung zur Verfügung** a) Stelle das wiederzuverwendende Produkt den betroffenen Parteien zur Verfügung *Anmerkung 6: Siehe HWE.3, SWE.5 oder SYS. 4 für weitere Informationen zur Integration von Hardware-, Software- oder Systemkomponenten*

A-SPICE® 4.0 REU.2 BP4 übernimmt teilweise die Inhalte von A-SPICE® 3.1 REU.2 BP5. Allerdings geht A-SPICE® 4.0 REU.2 BP4 über eine bloße Bewertung hinaus – es fordert einen Nachweis der Eignung.

Hinweise/Interpretation
Da die Anforderungen in A-SPICE® 3.1 REU.2 im Vergleich zu A-SPICE® 4.0 REU.2 oft weit gefasst und teilweise unpräzise waren, lässt sich eine direkte Gegenüberstellung nur schwer vornehmen.

7.5.2.5 BP5: Bewerte Wiederverwendungsvorschläge/Stelle Produkte zur Wiederverwendung zur Verfügung

(Siehe Tab. 7.47).

[1] Damit ist gemeint, dass die vorhandene Dokumentation überprüft wird, um festzustellen, ob sie für die Wiederverwendung in einem anderen Produkt geeignet ist oder entsprechend angepasst werden muss.

Unterschiede

A-SPICE® 3.1 REU.2 BP5 deckt A-SPICE® 4.0 REU.2 BP4 teilweise ab. Allerdings erfordert A-SPICE® 4.0 REU.2 BP4 mehr als eine bloße Bewertung – es verlangt einen Nachweis der Qualifikation.

Zudem ist A-SPICE® 4.0 REU.2 BP5 eine neu eingeführte Basispraxis.

Hinweise/Interpretation

A-SPICE® 4.0 REU.2 BP5 stellt eine Verbindung zu den Prozessen HWE.3, SWE.5 und SYS.4 durch die Anmerkung 6 her.

7.5.2.6 BP6: Setze das Wiederverwendungsprogramm um/ Kommuniziere Informationen über die Wirksamkeit von Wiederverwendungsaktivitäten

(Siehe Tab. 7.48).

Unterschiede

A-SPICE® 3.1 REU.2 BP6 ist in A-SPICE® 4.0 REU.2 nicht vorhanden.

A-SPICE® 4.0 REU.2 BP6 entspricht weitgehend A-SPICE® 3.1 REU.2 BP7. Ein Mechanismus für Rückmeldungen und Bewertungen ist in A-SPICE® 4.0 REU.2 BP6 nicht erforderlich.

Hinweise/Interpretation

Ein einziger Mechanismus kann sowohl die Kommunikation als auch die Benachrichtigung abdecken, sodass keine getrennten Systeme erforderlich sind. Dennoch kann es je nach Unternehmensstruktur notwendig sein, mehrere Mechanismen einzurichten.

Tab. 7.48 REU.2 BP6 Vergleich

A-SPICE® 3.1	A-SPICE® 4.0
Setze das Wiederverwendungsprogramm um a) Führe die im Wiederverwendungsprogramm festgelegten Aktivitäten durch (Müller et al. 2016, S. 242)	**Kommuniziere Informationen über die Wirksamkeit von Wiederverwendungsaktivitäten** a) Richte einen Kommunikationsmechanismus über Erfahrungen und technische Ergebnisse für den Bereitsteller wiederverwendeter Produkte ein b) Richte einen Benachrichtigungsmechanismus über Erfahrungen und technische Ergebnisse für den Bereitsteller wiederverwendeter Produkte ein *Anmerkung 7: Die Kommunikation mit dem Bereitsteller eines wiederverwendeten Produkts kann davon abhängen, ob es sich noch in der Entwicklung befindet*

Tab. 7.49 REU.2 BP7 Vergleich

A-SPICE® 3.1	A-SPICE® 4.0
Hole Rückmeldungen aus der Wiederverwendung ein Richte zwischen den betroffenen Parteien a) einen Rückmelde-Mechanismus, b) einen Bewertungsmechanismus, c) einen Kommunikationsmechanismus und d) einen Benachrichtigungsmechanismus, ein, um den Fortschritt des Wiederverwendungsprogramms zu steuern *Anmerkung 1: Betroffene Parteien können Administratoren des Wiederverwendungsprogramms, Manager von Komponenten, Domäneningenieure, Entwickler, Betreiber und Wartungsteams umfassen* (Müller et al. 2016, S. 242)	**N/A** Es existiert keine BP7 in A-SPICE® 4.0 REU.2

7.5.2.7 BP7: Hole Rückmeldungen aus der Wiederverwendung ein/Es existiert keine BP7 in A-SPICE® 4.0 REU.2

(Siehe Tab. 7.49).

Unterschiede

Wie bereits in BP6 erwähnt, ähnelt A-SPICE® 3.1 REU.2 BP7 weitgehend A-SPICE® 4.0 REU.2 BP6. Ein Mechanismus für Rückmeldungen und Bewertungen ist in A-SPICE® 4.0 REU.2 BP6 nicht erforderlich.

Hinweise/Interpretation

Die Interpretation betrifft A-SPICE® 4.0 REU.2 BP6 und wurde in der vorherigen Basispraxis bereits erwähnt:

Ein einziger Mechanismus kann sowohl die Kommunikation als auch die Benachrichtigung abdecken, sodass keine getrennten Systeme erforderlich sind. Dennoch kann es je nach Unternehmensstruktur notwendig sein, mehrere Mechanismen einzurichten.

7.5.2.8 BP8: Überwache die Wiederverwendung/Es existiert keine BP8 in A-SPICE® 4.0 REU.2

(Siehe Tab. 7.50).

Unterschiede

A-SPICE® 3.1 REU.2 BP8 ist in A-SPICE® 4.0 REU.2 nicht enthalten.

Tab. 7.50 REU.2 BP8 Vergleich

A-SPICE® 3.1	A-SPICE® 4.0
Überwache die Wiederverwendung a) Überwache die Umsetzung des Wiederverwendungsprogramms regelmäßig und b) beurteile die Eignung im Hinblick auf die gegenwärtigen Bedarfe *Anmerkung 2: Die Qualitätsanforderungen für wiederverwendbare Arbeitsprodukte sollten definiert werden* (in Anlehnung an Müller et al. 2016, S. 243)	**N/A** Es existiert keine BP8 in A-SPICE® 4.0 REU.2

Hinweise/Interpretation
N/A.

7.5.2.9 Grafische Zusammenfassung der REU.2 Basispraxisänderungen

Diese grafische Übersicht sollte mit einer gesunden Portion Skepsis betrachtet werden. Die Unterschiede zwischen den beiden Prozessen in den A-SPICE®-Versionen sind so erheblich, dass ein Vergleich kaum sinnvoll möglich ist (Abb. 7.5).

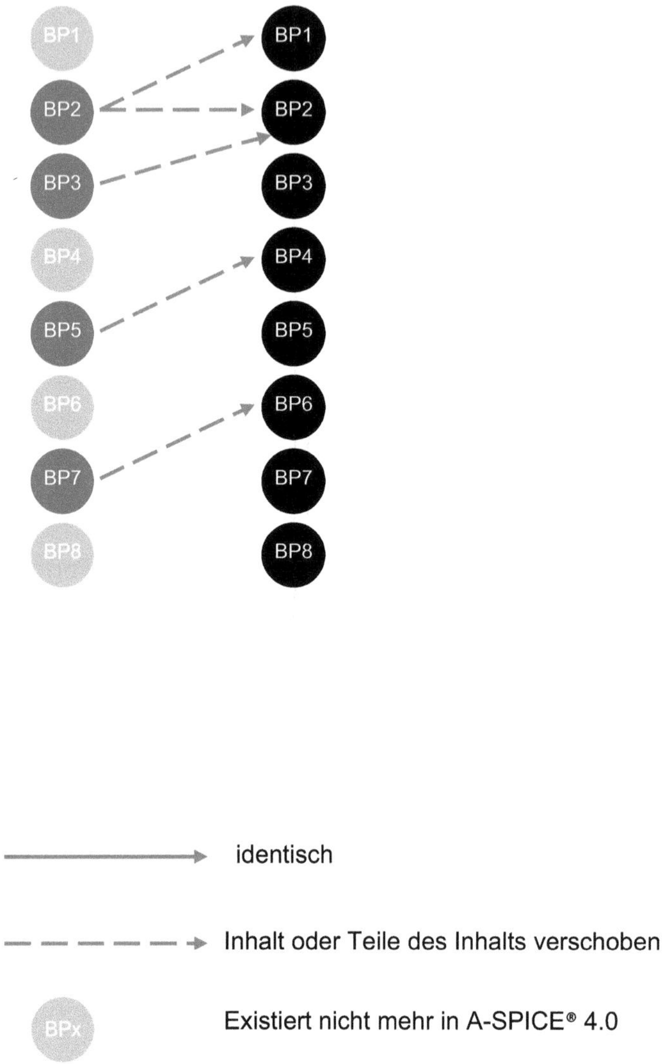

Abb. 7.5 Grafische Zusammenfassung der REU.2 Basispraxisänderungen

Literatur

GfSE (2016) INCOSE Systems Engineering Handbuch: Ein Leitfaden für Systemlebenszyklus-Prozesse und -Aktivitäten. Titel des englischen Originals: INCOSE Systems Engineering Handbook: A Guide for System Life Cycle Processes and Activities (4. Aufl.). DD Walden, GJ Roedler, KJ Forsberg, RD Hamelin and TM Shortell (Hrsg) San Diego, CA: International Council on Systems Engineering. Erschienen im GfSE Verlag. ISBN 978-3-9818805-0-2

Müller M, Dr. Hörmann K, Dittmann L, Zimmer J (2016) Automotive SPICE® in der Praxis, Interpretationshilfe für Anwender und Assessoren, 2. Aktualisierte und erweiterte Auflage. dPunkt. Verlag. ISBN 978-3-8649-326-7

VDA QMC Working Group 13 (2017) Automotive SIG. Automotive SPICE® process assessment/reference model, Version 3.1

VDA Working Group 13 (2023) Automotive SPICE® process assessment/reference model, Version 4.0. https://vda-qmc.de/wp-content/uploads/2023/12/Automotive-SPICE-PAM-v40.pdf

Zusammenfassung

8

Die Anzahl der Basispraktiken wurde reduziert, was zunächst den Eindruck erwecken könnte, dass die Anforderungen für Level 1 in A-SPICE® 4.0 gesenkt wurden. Dieser erste Eindruck täuscht jedoch. Eine detaillierte Analyse der Basispraktiken offenbart, dass deutlich mehr Augenmerk auf die Schnittstellen zwischen den Prozessen sowie deren gegenseitige Verknüpfungen gelegt werden muss. Mehrere Prozesse lassen sich nicht zufriedenstellend bewerten, wenn diese Schnittstellen unbeachtet bleiben – insbesondere jene mit Verbindungen zu MAN.3 Projektmanagement und MAN.5 Risikomanagement.

Zudem geht in einigen Fällen die logische Reihenfolge der Basispraktiken verloren. So wurde in A-SPICE® 3.1 MAN.5 BP1 zunächst der Umfang des Risikomanagements definiert. In A-SPICE® 4.0 MAN.5 hingegen taucht dieser erst in der zweiten Basispraxis auf, ohne zuvor festgelegt worden zu sein. Man könnte zwar annehmen, dass der Umfang des Risikomanagements mit dem des Projekts gleichzusetzen ist, doch ob diese Annahme zutrifft, bleibt fraglich.

Ähnlich verhält es sich mit der Definition von Kriterien in A-SPICE® 4.0. Während A-SPICE® 3.1 zunächst die Kriterien festlegte und sie anschließend nutzte, erscheinen sie in A-SPICE® 4.0 oft plötzlich, ohne eine klare Herleitung. Als ob sie vom Himmel fallen.

Zusammenfassend verfügt A-SPICE® 4.0 über weniger Basispraktiken und erweckt auf den ersten Blick den Eindruck geringerer Anforderungen. Diese Reduktion geht jedoch mit einer gewissen Unklarheit darüber einher, welche konkreten Maßnahmen zur Erfüllung der Anforderungen erforderlich sind (siehe oben genannte Beispiele). Gleichzeitig liegt ein verstärkter Fokus auf den Schnittstellen zwischen den Prozessen.

S. Gülbas, *Automotive SPICE® 3.1 und Automotive SPICE® 4.0*,
https://doi.org/10.1007/978-3-662-72591-7_8

9 Kritik/Beobachtungen

Ich bin mir nicht sicher, ob das Folgende tatsächlich als Kritik an A-SPICE® verstanden werden sollte oder eher eine Schwäche der durchgeführten Assessments widerspiegelt. Vielleicht handelt es sich auch lediglich um eine Beobachtung, die ich während meiner eigenen Assessments gemacht habe oder die mir von Kollegen bei meinem Arbeitgeber berichtet wurde.

A-SPICE® soll bewerten, wie gut ein Prozess sowohl auf Projektebene als auch auf höheren Organisationsebenen implementiert ist. Zu diesem Zweck enthält der Standard ein Prozessreferenzmodell (PRM) sowie ein Prozessbewertungsmodell (PAM), wobei die Basispraktiken und Informationsobjekte (PAM) mit den verschiedenen Prozessergebnissen (PRM) verknüpft sind.

Die Herausforderungen beginnen aus meiner Sicht in dem Moment, in dem ein anderes PAM als das im A-SPICE®-Standard definierte zum Einsatz kommt. In einem solchen Fall wäre zu erwarten, dass die Assessoren das entsprechende A-SPICE® PAM mit dem Prozesszweck und den Ergebnissen des im Projekt verwendeten Modells abgleichen. Dabei sollten Basispraktiken ausgeschlossen werden, die nicht mit den Ergebnissen des tatsächlich im Projekt implementierten Prozesses übereinstimmen (also dem vom A-SPICE® PAM abweichenden). Doch eine solche Vorgehensweise habe ich bisher nicht beobachtet. Stattdessen werden die Basispraktiken stets einzeln bewertet. Wird eine Basispraktik nicht umgesetzt, führt dies oft unmittelbar zu einer Herabstufung – selbst dann, wenn sie aufgrund des spezifischen Prozesskontexts eigentlich nicht anwendbar ist, da das damit verknüpfte Prozessergebnis im A-SPICE® PRM im betreffenden Projektprozess gar nicht existiert (wie beispielsweise durch die Nutzung des Prozessreferenzmodells von SE bzw. ISO 15288).

Ein Beispiel: A-SPICE® 3.1 SUP.8 fordert die Definition von Ablagestrukturen. Wurde der Konfigurationsmanagement-Prozess jedoch gemäß ISO 15288 aufgesetzt, so führte dies zu einer Herabstufung, da Ablagestrukturen dort nicht Teil des

S. Gülbas, *Automotive SPICE® 3.1 und Automotive SPICE® 4.0*,
https://doi.org/10.1007/978-3-662-72591-7_9

Konfigurationsmanagements sind. Laut ISO 15288 werden Ablagestrukturen vielmehr im Informationsmanagement-Prozess behandelt – zumindest in der Version 4.0 des Systems Engineering Handbuchs.

A-SPICE® (oder vielmehr die Art und Weise, wie Assessments durchgeführt werden) setzt Unternehmen faktisch voraus, das A-SPICE eigene PRM zu implementieren. Andernfalls wird es äußerst schwierig, Level 1 zu erreichen. Damit bleibt als Schlussfolgerung, dass das Modell nicht misst, wie gut ein Prozess tatsächlich umgesetzt wurde und ob er seinen Zweck sowie die definierten Ergebnisse erreicht – sondern vielmehr, inwieweit das A-SPICE® PRM erfolgreich umgesetzt wurde.